化学系学生のための
化学工学

森秀樹・加藤格　共編著

JN001905

培風館

執筆者一覧（*は編集委員）

編　者

森《もり》　秀《ひで》樹《き》*　名古屋工業大学教授，工学博士
加《か》藤《とう》　格《いたる》*　東京工業高等専門学校教授，博士(工学)

執 筆 者 [50音順]

岩《いわ》田《た》政《まさ》司《し》*　大阪府立大学教授，工学博士　[8章]
金《かな》澤《ざわ》亮《りょう》一《いち》　都城工業高等専門学校准教授，博士(工学)　[8章]
衣《きぬ》笠《がさ》　巧《たくみ》　新居浜工業高等専門学校教授，博士(工学)　[6章]
工《く》藤《どう》翔《しょう》慈《じ》　群馬工業高等専門学校助教，博士(工学)　[6章]
佐《さ》々《さ》木《き》正《まさ》和《かず》　東洋エンジニアリング(東京工業大学特任教授)，工学博士　[1章]
庄《しょう》司《じ》　良《りょう》*　東京工業高等専門学校教授，博士(工学)　[2, 10章]
関《せき》　宏《ひろ》也《や》　元 東京工業大学，博士(工学)　[9章]
高《たか》羽《ば》洋《ひろ》充《みつ》　工学院大学教授，博士(工学)　[4章]
田《た》中《なか》孝《たか》国《くに》　小山工業高等専門学校准教授，博士(工学)　[10章]
中《なか》村《むら》秀《ひで》美《み》　奈良工業高等専門学校教授，博士(工学)　[7章]
船《ふな》越《こし》邦《くに》夫《お》　鈴鹿工業高等専門学校教授，博士(工学)　[3章]
森《もり》　秀《ひで》樹《き》*　名古屋工業大学教授，工学博士　[5章]
若《わか》杉《すぎ》玲《れい》子《こ》　熊本高等専門学校講師，博士(工学)　[2章]

本書の無断複写は，著作権法上の例外を除き，禁じられています。
本書を複写される場合は，その都度当社の許諾を得てください。

はじめに

日本は明治以来，産業の振興と工業分野の技術向上に努めた結果，ものづくり大国として世界に自動車や家電など多くの工業製品を送り出すようになった。化学分野では，石油を輸入し，プラスチック，合成繊維，医薬品などさまざまな石油化学製品を生み出した。これらの基礎となる学問が「化学」であり，原料や製品を作るための装置を設計する際に必要となる学問が「化学工学」である。高度成長が終わり，大量生産から多品種少量生産への転換や，エネルギー問題や環境問題を意識した持続型循環社会への指向により，化学工学が必要とされる産業は，環境，エネルギー，バイオテクノロジーと多岐にわたり，それぞれの分野で化学工学の手法や考え方が活用されている。

本書は，大学や高専の化学系学生を対象とした化学工学の入門書であり，例題や章末問題を豊富に取り入れて，自分で学習し理解できるように工夫している。高専の学生にとっては，新たに導入されたモデルコアカリキュラムに準拠した内容となっている。また本書は，若手エンジニアの参考書としても役立ててほしい。

第1章「化学工学とは」では，化学工学の全体像，位置づけおよび化学工学を適用する領域を紹介するとともに，化学プロセスの具体的事例を通して，修得すべき知識項目がどのように活用されているかを詳しく解説している。第2章「化学工学の基礎」では，化学工学を学ぶために重要な基本事項，次元，SI単位，物質の状態，物質およびエネルギー収支について例題により解説し，理解を深められるように記述している。第3章「流体の流れ」以降，第10章までの各章では，化学工学のなかで重要な事柄を選び，例題を取り入れながらていねいに解説する。化学工学の基礎を理解して装置設計に至るまでには，化学，物理学，数学の知識に加えて経験的な実験式や法則の取り扱いに習熟する必要があることから，巻末の章末問題の解答は，解説を含めて多くのページを割いて，難しい問題も理解できるように配慮している。

本書は，大学や高専で教鞭をとる先生方と企業でエンジニアとして実務に携わっている方にご協力いただき，各人の豊富な経験や知識をもとに執筆された書である。化学系学生のための入門書として企画されたが，著者らの熱意により高度な内容も含まれており，初学者にとって難しい部分があるかもしれない。その点は授業を担当される先生方にフォローいただければありがたい。

本書を編集するにあたり，多くの化学工学の著書を参照させていただいたことをここに記して感謝の意を表したい。また，本書の出版に際してお世話になった培風館の斉藤淳氏，岩田誠司氏に心よりお礼申し上げる。

2020年4月

編者しるす

目　　次

6.　物質の分離　79

7.　反応速度論と反応工学　97

8. 粒子・流体系の取り扱い ―――― *121*

9. プロセス制御 ―――― *141*

1

化学工学とは

本章では，まず化学工業における化学工学の位置づけを理解するとともに，化学工学の概要を学ぶ。次に，化学プロセスの実例を参考にしながら，化学プロセスの設計への化学工学の具体的な適用事例について紹介し，最後に，化学工学の適用範囲とその重要性を理解するとともに，これからの化学工学について考える。

1.1　化学工業と化学工学

私たちが生み出してきたさまざまな産業が現在の社会を支えている。特に，化学工業は現代社会を支える重要な柱のひとつである。化学工業には，エネルギー資源開発，石油精製，石油化学，一般化学，精密化学，医薬品製造などの多様な産業が含まれる。これらの産業はいずれも大きな投資を必要とする製造装置によって成り立っており，装置産業とよばれている。

化学工業で製造される工業製品としては，各種の燃料，潤滑油，多種多様な化成品，高分子材料，塗料，高機能繊維，高機能素材，医薬品などがあげられ，これらの製品が私たちの生活を支えている。化学工業での製造装置の設計，保守・製造管理，改善・改良などにおいて，化学工学を修得した化学技術者(chemical engineer)はきわめて重要な役割を果たしている。

物質を効率良く反応させる，物質を効率良く加熱または冷却する，物質を効率良く輸送する，異なる物質を効率良く均質に混合する，異なる物質が含まれる混合物から効率良く各々を分離するなどの操作に必要な装置の設計や運転方法，さらに，さまざまな装置が組み合わされた**全体システムの最適化**に対して，化学工学はいろいろな解決策を与える実践的な学問である。このため，上述の化学工業だけではなく，例えば発電(石炭・重油火力，ガスタービンコンバインドサイクル，原子力，地熱など)，造水(浄水設備，海水淡水化など)，廃水処理，有価金属回収などの産業でも，化学工学を修得した化学技術者の役割は大きい。さらに，地球環境保護・循環型社会の実現をめざしたグリーンケミストリーへの取り組みにおいて，化学工学は主要な役割を果たすべく期待されている。

表 1.1 に化学工学を一つの学問として体系立てている要素技術をまとめた。

① まず，化学工学では，石油，ガス，化成品類，肥料，薬効成分など多様な物質を

表1.1　化学工学を体系立てている要素技術

要素技術	補　足
① 化学工学熱力学	さまざまな物質を取り扱うので，物質の性質を知る必要がある。本書の第2章を参照。
② 応用数学	物理現象を定式化するために活用する。
③ 化学工学量論	本書の第2章を参照。
④ 移動現象論（伝熱・流動・物質移動）	運動量移動・熱移動・物質移動。本書の第3,4,6章を参照。
⑤ 単位操作論	流体輸送機器，熱移動機器，混合，撹拌，ろ過，乾燥，蒸留，吸収，吸着，抽出，晶析，沈降，膜分離，粉砕など。本書の第3,4,5,6,8章を参照。
⑥ 反応工学	本書の第7章を参照。
⑦ 粉体工学	本書の第8章を参照。
⑧ プロセス制御工学	本書の第9章を参照。
⑨ 生物化学工学	本書の第10章を参照。
⑩ プロセスシミュレーション	単位操作論に基づき各化学装置をモデル化し，数値計算によって各化学装置やそれらを組み合わせた化学プロセスの挙動を推定する。
⑪ プロセスシステム工学	化学プロセスを大きなシステムとしてとらえ，システムの最適化手法を提供する。
⑫ プロセス経済性評価	設計した化学プロセスの経済性を評価する手法。

取り扱うため，これらの物質の性質（物性，physical properties）を知る必要がある。物性を定式化し推算する方法を提供するなど，化学プロセスの解析や設計に使えるように体系化した熱力学を**化学工学熱力学**とよぶ。機械工学でも同様の熱力学が構築されているが，主として取り扱う物質は空気，燃焼ガス，スチーム，冷媒など，化学工学に比べて大変少ない。

② 例えば，管型反応器の設計において，まず，対象とする化学反応の反応速度解析を実験室規模で行う。次に，得られた反応速度の解析結果を考慮しながら，反応装置内の微小区間の物質収支および熱収支から，設計方程式として微分方程式を構築する。さらに，初期条件・境界条件に基づいて，この微分方程式を積分し装置の大きさを求める。このような一連の作業には**応用数学**が必要である。

③ 化学工学では，次元解析および無次元数を使用した実験データの整理法，質量保存則に基づく物質収支やエネルギー保存則に基づく熱収支のとり方が，**化学工学量論**としてまとめられている。

④ また，運動量移動（例えば，配管内の流体輸送），熱移動（例えば，熱交換器内の伝熱），物質移動（例えば，高分子膜中の透過物質の移動）を，**移動現象論**として同じようにとらえることが化学工学では行われる。バード（Bird, R.B.）らの成書1では，運動量，熱，物質の移動現象がそれらの相似性をもとに移動現象論としてまとめられており，化学技術者にとって移動現象論を学ぶうえでの“バイブル”となっている。参考のために，

表 1.2　移動現象における運動量，熱，物質移動の相似性(バードらの成書 1 に基づいて著者作成)

	運動量移動(流動)	熱 移 動	物 質 移 動
輸 送 物 性	粘　度	熱伝導率	拡散係数
層流下の輸送現象	運動量収支	熱収支	物質収支
基礎方程式	連続の式	連続の式	連続の式
	運動方程式	運動方程式	運動方程式
	エネルギー保存式	エネルギー保存式	エネルギー保存式
乱流下の輸送現象	乱れを時間に対して平滑化した収支式	乱れを時間に対して平滑化した収支式	乱れを時間に対して平滑化した収支式
	渦粘度	渦熱伝導率	渦拡散係数
二相間の輸送現象	界面での運動量移動	界面での熱移動	界面での物質移動
	摩擦係数	伝熱係数	物質移動係数
複数の機器から構成されるシステム内での輸送現象	物質収支	物質収支	物質収支
	運動量収支	運動量収支	運動量収支
	エネルギー収支	エネルギー収支	エネルギー収支

注)　乱流と層流：乱流状態とは不規則に変動する乱れた流れを意味する。一方，不規則変動がない流れを層流とよぶ(3.4 節参照)。

境膜：例えば，円管内の乱流状態の流れでも管壁に近づくと，不規則な乱れが小さくなり流れは層流に近くなる。この層流が支配的な管壁に近い薄い層を境膜とよぶ。

表 1.2 にバードらにより提唱されている相似性に基づいた各移動現象のとらえ方をまとめた。

⑤, ⑥, ⑦ 表 1.1 の**単位操作論**では，種々の単位操作(プロセス機器)を紹介した。化学工学では各々の単位操作について，それぞれの特徴や設計の考え方が個別にまとめられている。本書では，流体輸送機器や熱移動機器，蒸留，ガス吸収，液液抽出，吸着，膜分離を取り上げている。また，化学工学の(学問)体系のなかで，反応器設計に必要な知識を**反応工学**として，粉体を取り扱う一連の単位操作に関する知識を**粉体工学**として，それぞれまとめている。

⑧, ⑨ 複数のプロセス機器で構成される化学プラントを安全に運転するためには，各機器の運転状態(例えば，流量や温度，圧力，組成，液レベル，pH など)を計測し，制御する必要がある。このために必要な知識は**プロセス制御工学**としてまとめている。さらに，発酵などの微生物の代謝反応を利用した生物化学操作について，**生物化学工学**として独立した体系でまとめている。

⑩ 近年のコンピュータの発展にともない，化学プロセスの解析手段として**プロセスシミュレーション**が一般化してきている。コンピュータソフトウェアであるプロセスシミュレータには，化学工学熱力学(各種物性モデルや成分データバンク，分子間相互作用パラメータのデータバンクなど)，単位操作論に基づく各プロセス機器の第一原理モデルとその数学上の解法，各プロセス機器のモデルを組み合わせた全体システムを解くために必要な数学上の解法，洗練されたグラフィックスを多用したヒューマンマシンイ

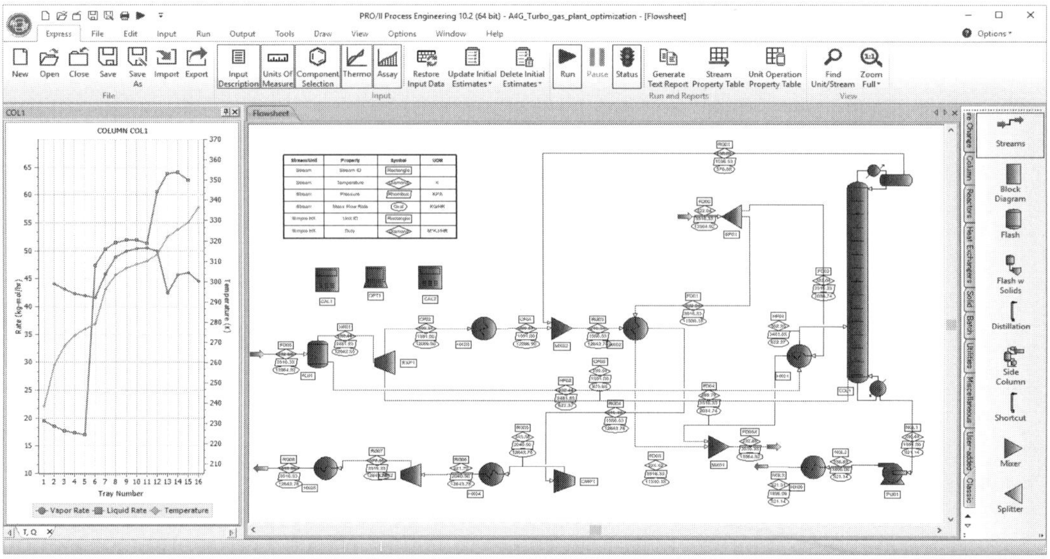

図 1.1　定常状態プロセスシミュレータ“PRO/II™”（AVEVA Software LLC. の許可を得て転載）

ンターフェース（HMI）などが組み込まれている。シミュレータは定常状態（時間の項を含まない）・非定常状態（時間の項を含む）双方に対応しており，化学プロセスの設計から仮想現実・拡張現実を組み合わせた運転員トレーニングシステムなど多様な用途に活用されている。図 1.1 に，代表的な定常状態プロセスシミュレータである AVEVA Software LLC. の“PRO/II™”の HMI のスナップショットを示す。

⑪ 1.2 節で実際の化学プロセスの事例を紹介するが，化学プロセスは多数のプロセス機器が組み合わされた複雑な構成をもつシステムから成り立っている。一方，化学プロセスの設計上，最適なシステムを構築することが大きな課題である。このため，例えば数値計算や推論的な手法で最適なシステムを見いだす手法や，ルールに基づいて複雑な熱回収システムを設計する手法などが提案されている。化学工学の要素技術として，これらを**プロセスシステム工学**と総称する。さらに，プロセスシステム工学でシステム全体からみた運転方法や，安全性の確保などに関する検討も取り扱う。

⑫ 近代ドイツの石炭化学産業や化学染料製造，化学繊維産業，肥料産業，米国の石油採掘・精製産業での要求に対応して，化学工学は実践的な学問として体系化されてきた経緯がある。特に米国では化学技術者を育成するうえで，化学プロセスの経済性を評価する手法を，プロセス経済性評価として化学工学の範疇に取り入れている。**プロセス経済性評価**は，化学工学から導き出された化学プロセスの基本設計情報から建設投資額や運転費の概略値を算出する手法（コスティングとよばれる）と，求められた建設費や運転費などからプロジェクトの経済性を評価する手法から成り立っている。詳細については，チュルトン（Turton, R.）らの成書 2 を参照してほしい。

以上，表 1.1 に示したように，本書では化学工学の初学者向けテキストとして必要な要素技術群が網羅されている。読者には，まずは本書で化学工学をしっかり把握することを勧める。さらに本書で化学工学を学んだ読者が，特定の問題についてさらにより深い知識を得る必要ができた場合には，さらに広く化学工学に関する知識をまとめた便覧類 3, 4, 5 を参照してほしい。

1.2　化学プロセス

これから本書を使って化学工学を学ぶ読者に対して，化学プロセスの一例として，天然ガスを原料としたメタノール合成プロセスを紹介しよう。

メタノールは，ホルマリン，酢酸，メチルメタクリレートなどの化成品，溶剤，ガソリン添加剤となるメチルターシャリーブチルエーテル，LPG 代替燃料のジメチルエーテルなどの合成に必要な原料であり，さまざまな化成品市場のなかでも，生産量の大きな主要製品のひとつである。

図 1.2 に，東洋エンジニアリング株式会社の開発した Toyo Methanol プロセス（文献 6 参照）のフロースキームを示す。現在，メタノールはコスト競争力の点から，主として天然ガスから製造されている。Ni（ニッケル）系触媒を使用した水蒸気改質反応器（図 1.2 中の断熱改質器と水蒸気改質炉）で，水を酸化剤として天然ガスから（1.1）式および（1.2）式に示す水蒸気改質反応と（1.3）式に示す CO シフト反応で，H_2，CO，CO_2 からな

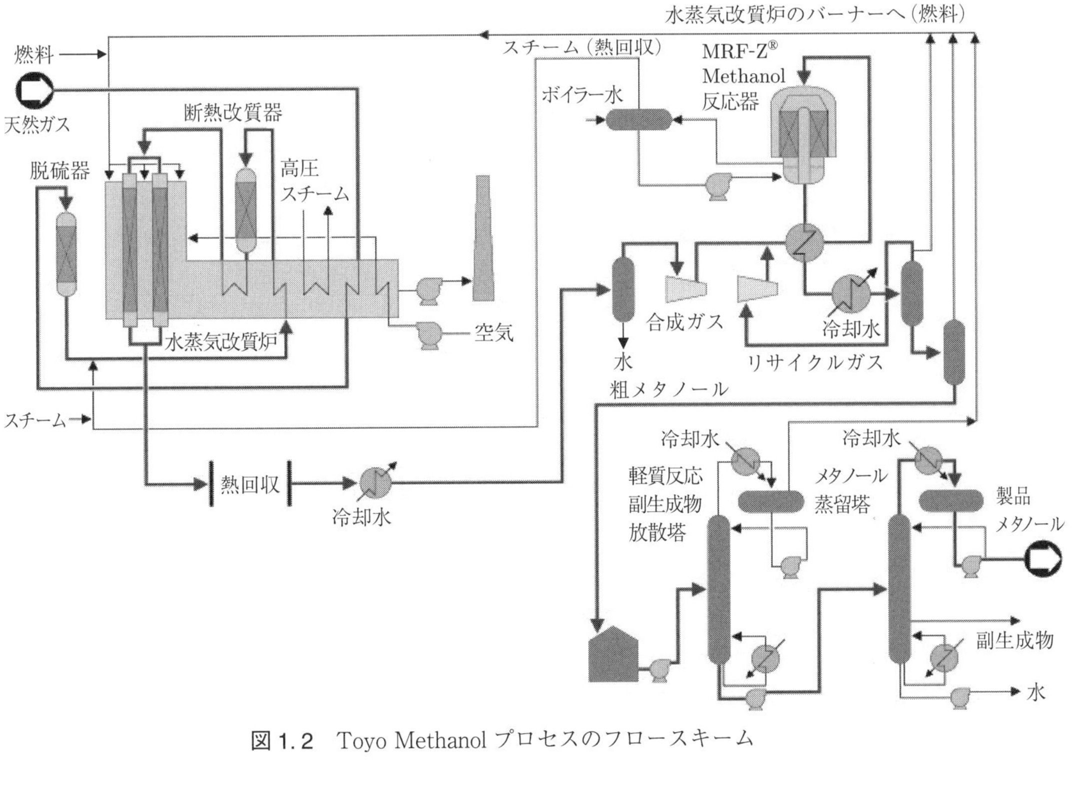

図 1.2　Toyo Methanol プロセスのフロースキーム

る合成ガスが製造される。これらの反応は総和として大きな吸熱反応であるため，水蒸気改質炉では燃料ガスの燃焼によって，反応に必要な熱が供給される。一般的な改質条件は，水蒸気改質炉の出口で，圧力が 2.0〜2.5 MPa，温度が 800〜900 ℃前後である。

$$C_nH_m + nH_2O \rightleftharpoons nCO + (n+m/2)H_2 \quad (1.1)$$

$$CH_4 + H_2O \rightleftharpoons CO + 3H_2 \quad (1.2)$$

$$CO + H_2O \rightleftharpoons CO_2 + H_2 \quad (1.3)$$

なお，天然ガス中に含まれている硫黄化合物は改質反応器の Ni 系触媒の触媒毒となるため，前段に水素添加反応により硫黄分を除去する脱硫器が設置されている。脱硫器には，硫黄化合物の水素添加反応用の Ni/Mo（ニッケル/モリブデン）または Co/Mo（コバルト/モリブデン）触媒と，反応により生成した H_2S を吸着する ZnO（酸化亜鉛）系化学吸着剤が充填されている。

水蒸気改質炉より排出される高温の合成ガスは，排熱ボイラーや熱交換器群で熱回収したのちに，未反応の水を凝縮分離するために冷却水の水温近くまで最終的に冷却される。水が凝縮分離された合成ガスは，メタノールの合成圧力まで圧縮機で昇圧され，MRF-Z® Methanol 反応器へ送られる。

メタノール合成には銅系触媒が用いられ，合成反応は(1.4)式および(1.5)式で示される。メタノール合成反応は発熱反応であり，一般的な反応条件は，圧力が 7〜10 MPa，温度が 210〜300 ℃である。

$$CO + 2H_2 \rightleftharpoons CH_3OH \quad (1.4)$$

$$CO_2 + 3H_2 \rightleftharpoons CH_3OH + H_2O \quad (1.5)$$

MRF-Z® Methanol 反応器内に設けられた熱交換用細管にボイラー水を供給し，合成反応で発生する熱を除去すると同時に，改質反応のスチームを発生させる。

次に，MRF-Z® Methanol 反応器の出口ガスを冷却し，生成したメタノールを凝縮させて粗メタノールとして回収する。メタノール合成反応の性質上，合成ガスを反応器内へ一度流しただけではメタノールの(平衡)収率は高くない。このため，残った未反応合成ガスを MRF-Z® Methanol 反応器へリサイクルする。

粗メタノール中には，メタノールより沸点が低い(軽質とよぶ)反応副生成物や，メタノールより沸点が高い(重質とよぶ)反応副生成物，(1.5)式から副生される水が不純物として含まれている。粗メタノールは，IMPCA（International Methanol Producers & Consumers Association）が，国際貿易で規定するメタノール製品純度 99.75 wt% 以上まで蒸留操作によって精製され，製品メタノールとなる。

図 1.3 に，メタノール合成プロセスの心臓部となる MRF-Z® Methanol 反応器の構造の概略を示す。この反応器はラジアルフロー(輻流)反応器とよばれ，反応物の合成ガスが外周部から内側に向かって半径方向流として流れてゆく。熱交換用細管の外側に固形のメタノール合成触媒が固定床として充填されており，反応器中心に向かって合成反応が進んでゆく。

このような構造の反応器にすることにより，触媒充填層に対して軸方向に流れる通常の反応器に比べて，MRF-Z® Methanol 反応器では圧力損失が小さく，かつ大型化への制約が少ない。

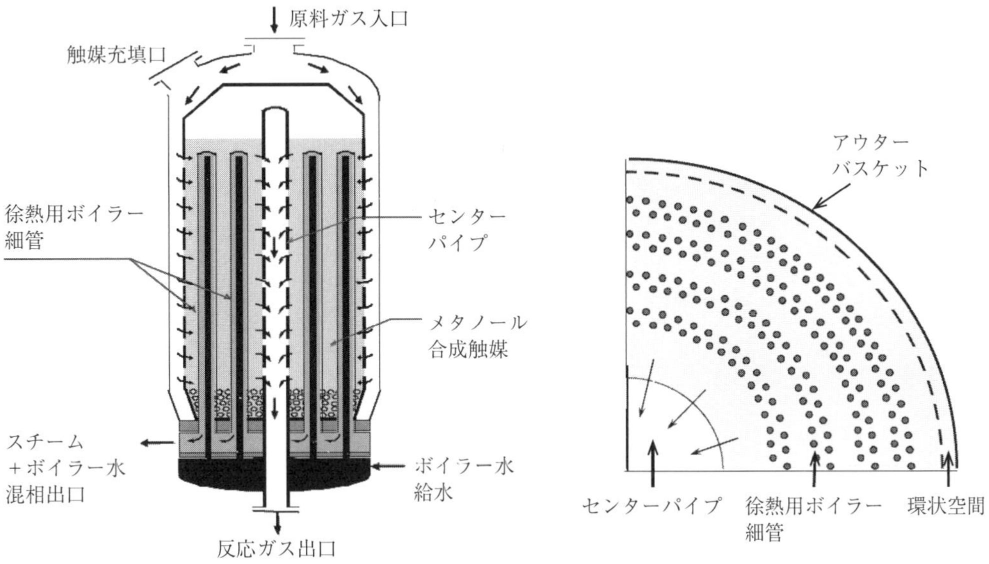

図 1.3 ラジアルフロー反応器(MRF-Z® Methanol 反応器)の構造

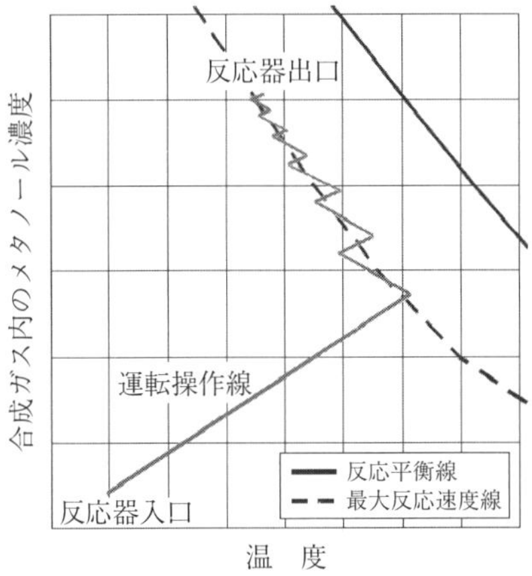

図 1.4 ラジアルフロー反応器(MRF-Z® Methanol 反応器)内の温度分布と最大反応速度線

図 1.4 に，MRF-Z® Methanol 反応器内のメタノール濃度と温度分布の関係を模式図に示した。図中の反応平衡線(Equilibrium line)は，与えられた合成圧と合成ガス組成に対して熱力学により決定される平衡収率を示している。また，図中の最大反応速度線(Max. rate line)は，触媒の充填量と反応速度情報，反応器の形状，伝熱速度などから得られた各温度における反応速度が最大となるメタノールの収率を示している。さらに，図中の折れ線は運転操作線を示している。MRF-Z® Methanol 反応器では，図 1.3 に示すようにラジアルフローで原料である合成ガスを流し，メタノール合成触媒を充填した断熱反応層と冷却部である熱交換用細管を交互に最適に配置することによって，図

1.4 に示したように，最大反応速度線に沿った理想的な温度分布を実現することが可能となり，必要となる触媒量の低減につながっている。

このような化学プロセスの開発，実用化のためには，化学工学上の多面的な実験と考察が必要であり，さまざまな試験装置の製作，反応・流動・伝熱に関する実証試験により，商業規模プラントへのスケールアップ技術が確立される。

最後に，1.1 節で紹介した化学装置の化学工学上の技術要素が，このメタノール合成プラントでどのように活用されているかをまとめてみよう。

(1) **物質を効率良く反応**

水蒸気改質反応器とメタノール合成反応器の設計最適化を行う（反応工学・伝熱・流動）

(2) **物質を効率良く加熱または冷却**

排熱ボイラーや熱回収システムの設計最適化を行う（熱移動機器・伝熱・流動・プロセスシステム工学）

(3) **物質を効率良く輸送**

合成ガス圧縮機およびリサイクルガス圧縮機の最適運転条件を検討する（流体輸送機器・流動・プロセス制御工学）

(4) **異なる物質を効率良く均質に混合**

メタノール合成プラントの場合には大きな問題はないが，例えば，密度の異なる二種類の液体を混合するには適切に検討された機器が必要である（混合・攪拌）

(5) **異なる物質を含む混合物から効率良く各々を分離**

触媒の劣化にともなう運転条件の変更および不純物の種類と量の変動に対応可能であり，かつ経済性に優れた蒸留システムを構築する（分離工学・蒸留・プロセスシステム工学）

(6) **全体システムの最適化**

経済性，運転性，安全性に優れたシステムを構築する（プロセスシミュレーション・プロセスシステム工学・プロセス制御工学）

上述のように，化学工学上の各要素技術が必要に応じて組み合わされて適用されており，化学プロセスを構築するうえで，化学工学が大きな役割を果たしていることが理解できたと思う。

1.3 化学工学の適用分野（領域）

さまざまな物質を反応，加熱・冷却，輸送，混合，分離する際の各々の操作に対して，化学工学によって，総合的に正しいと考えられる解決策を導き出すことができる。このため，化学産業のみならず，さまざまな分野に化学工学は適用されている。表 1.3 に適用分野の一例を示した。

わが国では，第二次世界大戦後に近代的な石油精製・石油化学コンビナートが生まれ，さらに高度経済成長期に，日本各地で複数の石油精製・石油化学コンビナートが新規に建設された。この際，海外から導入された基本技術に基づいて，化学工業の発展と

表 1.3　化学工学および化学工学的手法の適用分野の一例

高度経済成長期	石油精製・石油化学，燃料・汎用化成品製造
	環境保全技術の確立
高機能材料への転換	高機能電子素材の開発・製造
	高性能二次電池材料の開発・製造
	エンジニアリングプラスチックの開発・製造
	炭素繊維製造
	高機能・高付加価値繊維の開発・製造
	バイオ材料の開発・製造
地球環境保全と持続性社会の構築	CO_2 の回収・有効利用・隔離(CCUS)
	再生可能エネルギーとエネルギー供給システムの構築
	水素社会の検討
	バイオ燃料の社会実装

急激な大規模化がなされた。

その後，化学プラントの運転経験をふまえて保有プラントを逐次改良し，さらに独自の研究開発に基づく，さまざまな化学プロセスについてのライセンス技術(特許)が日本で誕生している。このような時代には，化学工学を学んだ技術者の活躍の場所は，主に石油精製や石油化学に代表される化学産業であった。

しかし，高度経済成長期の後半では，化学産業からの排ガスも主要な原因のひとつであった光化学スモッグや，工場廃水による河川・海洋汚染などの公害が大きな社会問題となった。これに対して法規制の強化とともに，高度な環境保全技術の開発と導入によって，現在では公害問題はわが国ではほぼ克服された。この環境保全技術の開発と設備設計にも，化学技術者が大きく寄与した。

その後，オイルショックをへて，燃料や汎用化成品を扱う石油精製・石油化学産業は長い停滞期に入る。現在では，過剰となった設備の整理や，製品分野での選択と集中により，競争力の強化が行われている。さらに，国際競争力が低下した汎用化成品製造から高機能材料への産業転換が行われ，表 1.3 に示したさまざまな素材・高付加価値部材の開発・製造へ，化学工学が適用されている。最近では，温室効果ガスによる地球温暖化への社会的な関心の高まりにともない，持続性社会の構築のための各種のプロジェクトで，化学工学は主要な役割を演じている。

歴史的には，燃料や汎用化成品などの製造設備の設計や保守・改善のために，学問として化学工学は体系化されてきた。ここで，さまざまな問題を解決するために共通した方法は，対象となる現象を支配する基本原理のモデル化であった。今後，社会からの要請に応えて新しい分野へ化学工学を適用するために，化学工学の体系へ新しい内容が加えられ，さらに展開してゆくこととなるだろう。

参 考 文 献

1)　Bird, R. B., Stewart, W. E. and Lightfoot, E. N., “Transport Phenomena Rev. 2nd Ed.”, John Wiley & Sons (2006)

2)　Turton, R., Shaeiwitz, J. A., Bhattacharyya, D. and Whiting, W. B., “Analysis, Synthesis and Design of Chemical Processes 5th Ed.”, Prentice Hall (2018)

3)　化学工学会編，“改訂七版　化学工学便覧”，丸善(2011)

4)　分離技術会編，“分離技術ハンドブック”，化学工業社(2010)

5)　Green, D. W. and Southard, M. Z., “Perry's Chemical Engineers' Handbook 9th Ed.”, McGraw-Hill (2019)

6)　庄司一夫・廣谷邦雄，“ラジアルフロー型反応器(MRF-Z® リアクター)によるメタノールの製造”，触媒，Vol. 52, No. 5, 323-328 (2010)

コラム：画期的な技術開発とは

いわゆる“画期的な技術開発”には，どうも二種類あるように思える。アンモニア合成を例として取り上げる。19 世紀末から 20 世紀初頭にかけて，莫大な電力を使う電孤法による酸化窒素・硝酸製造や，カーバイドを使用した石灰窒素法によるアンモニア合成により，空気中の窒素が固定され肥料などが生産されていた。しかし，これらの空中窒素固定法はコストに大きな問題を抱えていた。

そこで，水素と空気中の窒素を原料とするより効率的なアンモニア直接合成法の開発について，ハーバー(Harber, F., 1868-1934)は，オスミウム触媒を使用して実験室規模での高圧アンモニア合成に 1909 年に成功した。ハーバーの研究成果に関心をもったドイツ BASF 社が，ハーバーの技術の工業化に取り組んだ。同社のミタッシュ(Mittasch, A., 1870-1953)が，より実用的な触媒の探索を担当した。また，同社の冶《や》金技術者であるボッシュ(Bosch, C., 1874-1940)が，アンモニア合成管の材質・高圧技術を担当し，現在でも使われている工業的なアンモニア直接合成法である**ハーバー・ボッシュ法**を確立した。この結果，1913 年に BASF 社は本社に隣接するオッパウにて，ハーバー・ボッシュ法によるアンモニアの工業生産を開始した。ハーバー・ボッシュ法の確立は，革新的な触媒の探索と高圧水素によるアンモニア合成管の水素脆化を克服する材料開発に基づいており，**真に独創的かつ画期的な技術開発**であった。

一方，1960 年代に米国ケロッグ社において，別の意味でのきわめて画期的な技術開発が行われた。当時の市場では，アンモニアプラントの大型化が強く望まれていた。アンモニアプラントの設計・建設に携わっていたケロッグ社は，大型化にあたり従来のプロセス条件を大胆に見直すこととした。

当時のアンモニアプラントでは，合成反応触媒として鉄系触媒を用い，合成圧を 33 MPa とし，原料ガスを圧縮するために多大な電力を必要とするレシプロ圧縮機を用いていた。そこで，ケロッグ社では鉄系触媒はそのままとし，合成圧を 15 MPa まで下げた場合の触媒の必要量を見積もった。その結果，従来の 2 倍程度の触媒があれば，15 MPa における低圧合成が十分可能であることを見いだした。

さらに，従来は低圧スチームで排熱回収を行っていたが，スチームの圧力を 12 MPa まで昇圧した。抽気タービンをこの高圧スチームで駆動し，得られた動力でターボ圧縮機を駆動して，原料ガスを合成圧まで圧縮した。加えて，抽気タービンから排出される低圧化された抽気スチームで，プロセスを駆動することとした。この結果，ケロッグ社の低圧合成プロセスは，エネルギー消費量が少なくかつ大型化が可能な魅力的で独創的なアンモニア合成プロセスとなった。この技術開発は，**現存する技術を上手に組み合わせてプロセスを最適化すること**で達成され，ハーバー・ボッシュ法の新規開発に匹敵する工業的に大変価値がある画期的な技術開発であった。

2

化学工学の基礎

化学工学では，装置への物質の出入りや反応にともなう熱量など多くの計算が必要であり，それにともなって質量・温度・圧力・流量・反応速度など，あるもの（またはある状態）を表すさまざまな物理量（単に量とも表現する）を扱う。物質の量やエネルギーを定量的に扱うことができれば，それらについての収支計算が可能になるため，物質の状態や物性を物理量で表す必要がある。また，これらの収支計算は，化学工学の計算における基礎であり，計算を進める際は，図表や数式の取り扱い方に慣れておくことも必要である。本章では，次元や単位など物理量に関する基礎的な事項をはじめ，化学工学における物質の量やエネルギーの定量的な扱い，すなわち収支計算について学ぶ。

2.1 次元とSI単位

物理量は数値と**単位**（unit）が組み合わされてはじめて量としての意味をもつ。すべての物理量は，数値と単位の組合せで表される。すなわち，物理量は数値と単位の積で表される。

$$物理量 = 数値 \times 単位 \tag{2.1}$$

国際単位系（SI）では，表2.1に示す7個の物理量を基本量として選び，これらの単位である基本単位が制定されている。基本量以外のすべての物理量は，基本量の乗除により表すことができる誘導量（組立量）であり，その単位も基本単位の乗除で表される誘導単位（組立単位）である。例えば，長さmを時間sで除した速度は$m \cdot s^{-1}$のように表される。エネルギーの単位であるJ（ジュール）も組立単位であり，表2.1に示したSI基本単位で表すと$m^2 \cdot kg \cdot s^{-2}$となる。組立単位には，このJ（ジュール）のように利便性の

表2.1　基本量

物理量	記号	SI基本単位	記号	次元の記号
質　量	m	キログラム	kg	M
長　さ	l	メートル	m	L
時　間	t	秒	s	T
電　流	I	アンペア	A	I
温　度	T	ケルビン	K	Θ
物質量	n	モル	mol	N
光　度	I_v	カンデラ	cd	J

観点から固有の名称と記号が定められているものがある。圧力の単位である Pa（パスカル）は SI 基本単位で表すと $\mathrm{kg \cdot m^{-1} \cdot s^{-2}}$ である。

誘導量は基本量の組合せで表されるため，表 2.1 に示す 7 個の基本量を表の右端に示す記号で表すと，誘導量はこれらの記号のべき関数で示すことができる。例えば，速度を次元の記号で表すと $\mathrm{M \cdot T^{-1}}$ である。このようにべき関数で示したものを，その誘導量の「次元」という。角度を表す単位のラジアンとステラジアンは，無次元の誘導単位として扱われる。

2.1.1　単位の換算

物理量の計算に際しては単位に気を配る必要がある。同じ単位をもつ物理量でなければ，足し算はできない。例えば，同じ長さという物理量であっても 4.8 m + 3.2 m = 8.0 m は成立するが，4.8 m + 320 cm は成立しない。そこで，単位の換算が必要になる。

例題 2.1　ジャンボジェット機の分速 18,250 $\mathrm{m \cdot min^{-1}}$ を $\mathrm{km \cdot h^{-1}}$ に換算せよ。

【解】　1 h = 60 min であり，1 km = 10^3 m であるから，

$$\begin{aligned} 18{,}250\ \mathrm{m \cdot min^{-1}} &= 18{,}250\ \mathrm{m \cdot min^{-1}} \times 60\ \mathrm{min \cdot h^{-1}} \times 10^{-3}\ \mathrm{km \cdot m^{-1}} \\ &= 1{,}095\ \mathrm{km \cdot h^{-1}} \quad \text{（単位も数字と同様に四則演算する）} \end{aligned}$$

これまで長さの単位ででてきた cm や km の c や k は，それぞれ m に対してその何倍であるかを表す接頭辞である。表 2.2 に基本単位の接頭辞をまとめる。

表 2.2　単位の接頭語

名　称	記号	大きさ	名　称	記号	大きさ
テ　　ラ（tera）	T	10^{12}	デ　　シ（deci）	d	10^{-1}
ギ　　ガ（giga）	G	10^{9}	セ ン チ（centi）	c	10^{-2}
メ　　ガ（mega）	M	10^{6}	ミ　　リ（milli）	m	10^{-3}
キ　　ロ（kilo）	k	10^{3}	マイクロ（micro）	μ	10^{-6}
ヘ ク ト（hecto）	h	10^{2}	ナ　　ノ（nano）	n	10^{-9}
デ　　カ（deca）	da	10	ピ　　コ（pico）	p	10^{-12}

2.1.2　次 元 解 析

化学工学で扱う物理量は，関係する因子の数が多いため理論的な解析が困難な場合が多い。ある現象に関与する個々の因子の影響を順次求めるには膨大な実験が必要になるが，以下に示す次元解析を行うことで各因子間の関係をいくつかの無次元量の関係に整理することが可能になる。

例えば，内径 D の平滑な円管内を平均流速 u で密度 ρ，粘度 μ の流体が流れている系を考えてみよう。このとき次元解析によって，流体の圧力損失 $\Delta P/L$（L は管の長さ）と D, u, ρ, μ との関係を整理できる。これらの物理量の関係を表す式として，(2.2) 式のようなべき関数を仮定する。

$$\frac{\Delta P}{L}=\mathrm{a}D^{\mathrm{b}}u^{\mathrm{c}}\rho^{\mathrm{d}}\mu^{\mathrm{e}} \tag{2.2}$$

ただし，a は無次元の定数とする。各物理量にそれぞれの次元を代入すると(2.3)式が成立する。

$$[\mathrm{ML^{-2}T^{-2}}]=[-]\,[\mathrm{L}]^{\mathrm{b}}\,[\mathrm{LT^{-1}}]^{\mathrm{c}}\,[\mathrm{ML^{-3}}]^{\mathrm{d}}\,[\mathrm{ML^{-1}T^{-1}}]^{\mathrm{e}} \tag{2.3}$$

ここで M は質量，L は長さ，T は時間を表す次元を，[−] は無次元を意味する。これら 3 種類の次元それぞれについて(2.3)式の右辺と左辺のべき数が一致する必要があるため，以下の 3 式が成立する。

$$\mathrm{M}:\quad 1=\mathrm{d}+\mathrm{e}$$

$$\mathrm{L}:\quad -2=\mathrm{b}+\mathrm{c}-3\mathrm{d}-\mathrm{e}$$

$$\mathrm{T}:\quad -2=-\mathrm{c}-\mathrm{e}$$

これらの関係式を整理して(2.2)式のべき数に代入すると

$$\frac{\Delta P}{L}=\mathrm{a}D^{-1-\mathrm{e}}u^{2-\mathrm{e}}\rho^{1-\mathrm{e}}\mu^{\mathrm{e}}=\mathrm{a}\left(\frac{u^2\rho}{D}\right)\left(\frac{Du\rho}{\mu}\right)^{-\mathrm{e}} \tag{2.4}$$

を得る。あとは流体の圧力損失 $\frac{\Delta P}{L}$ と $\frac{u^2\rho}{D}$ および $\frac{Du\rho}{\mu}$ の関係を実験から求め，未知な a と e を決定すればよい。

このように次元解析を行うことで，(2.2)式の右辺にある D, u, ρ, μ を個別に変えて実験をする場合に比べ，必要な実験量を削減することができる。

2.1.3　無 次 元 数

ある現象について次元解析をすすめていくと，次元のない無次元数となる場合がある。流体の流動を表す**レイノルズ**(Reynolds)**数**(第 3 章)や熱伝達の大きさを表す**ヌッセルト**(Nusselt)**数**などがそれである。レイノルズ数は慣性力と粘性力の比を意味し，レイノルズ数が小さいと流れは層流，大きいと流れは乱流になる。ヌッセルト数は 熱伝達率×代表長さ を熱伝導率で除したものである。ヌッセルト数の次元を単位で考えた場合，ヌッセルト数の分子にあたる熱伝達率の単位は $\mathrm{W \cdot m^{-2} \cdot K^{-1}}$ であり，代表長さの単位 m を乗じると，分子全体の単位は $\mathrm{W \cdot m^{-1} \cdot K^{-1}}$ となる。一方，熱伝導率の単位は $\mathrm{W \cdot m^{-1} \cdot K^{-1}}$ である。分母と分子が同じ単位であり，無次元であることが理解できる。

無次元数であれば，比率や割合のように現象を「定性的」に把握することができるため，化学工学におけるスケールアップの際に大変便利である。無次元数は他にも，反応速度と拡散速度の比である**シーレ**(Thiele)**数**などがあり，これを用いると，反応と拡散のどちらが律速段階になっているかなど，化学工学的に重要な反応プロセスの解析ができる。

無次元数がでてきたら，構成するパラメータの次元または単位から無次元であることを確かめて，そのうえで無次元数の意味を理解するようにしてほしい。

例題 2.2　(2.4)式の $(Du\rho/\mu)$ が無次元であることを確かめよ。

【解】　$(Du\rho/\mu)$ のそれぞれの物理量を，M は質量，L は長さ，T は時間を表す次元に書き換える。

$$\frac{Du\rho}{\mu}=\frac{[\mathrm{L}]\,[\mathrm{LT}^{-1}]\,[\mathrm{ML}^{-3}]}{[\mathrm{ML}^{-1}\mathrm{T}^{-1}]}=[-]$$

ちなみにこの例題の無次元数は第 3 章で扱う流体の流動の状態を表すもので，**レイノルズ**(Reynolds)**数**という。慣性力と粘性力の比を意味し，レイノルズ数が小さいと流れは層流，大きいと流れは乱流になる。一方，$(u^2\rho/D)$ の次元は $[\mathrm{ML}^{-2}\mathrm{T}^{-2}]$ となり，$\Delta P/L$ と一致する。

2.2　物質の状態と物性

物質やエネルギーの収支を計算するためには，温度，圧力，体積によって変化する物質の状態を表す必要がある。温度と圧力によって物質の状態が定められることから，種々の物質の状態を表す物性値を測定し，状態図を作図できる。また，状態方程式を用いて物質の温度，圧力，体積の関係を整理できる。

2.2.1　PVT 関係

物質の圧力，体積，温度の関係を表す**状態図**(phase diagram)は大きく 2 種類があり，一つは圧力 P と体積 V の関係を表す状態図，もう一つは圧力 P と温度 T の関係で表す状態図である。図 2.1 に圧力 P と温度 T の関係を表す状態図を示す。

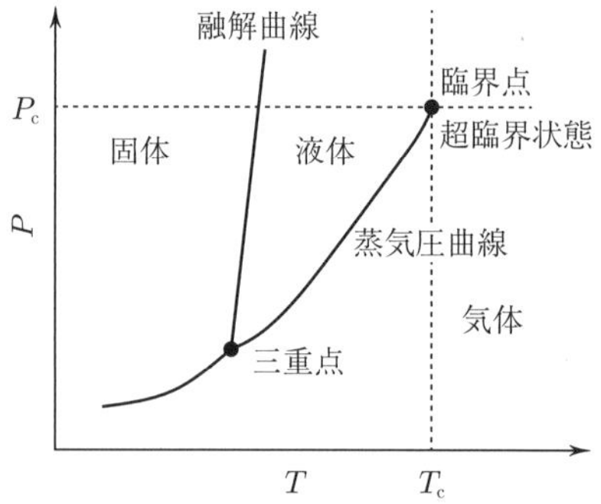

図 2.1　圧力 P と温度 T の関係

温度と圧力によって物質の状態が変化することが状態図から確認できる。**三重点**(triple point)では固体と液体と気体が共存する状態を示し，これは物質によって固有の温度と圧力が存在する。固体と液体を区別する線を**融解曲線**といい，この曲線上の温度と圧力では物質は固体と液体が共存する。液体と気体を区別する線を**蒸気圧曲線**といい，この曲線上の温度と圧力では物質は液体と気体が共存する。臨界温度 T_c と臨界圧力 P_c 以上の状態を**超臨界状態**といい，気液の区別がなくなる。この流体を**超臨界流体**という。気体と液体の区別がつかなくなることは，両者の密度が同じであることを意味する。両方の特徴をもつ状態になると，例えば，流体の溶解度を変化させ，通常は溶解しないものを超臨界状態により溶解させたり，その流体を常圧にもどすことで再び分離させることが可能になる。

2.2.2　理想気体の状態方程式

理想気体とは，分子自体の占める体積と分子間の相互作用が無視でき，低温高圧の条件下でも気体であり続ける気体のことであり，その気体の圧力 P，体積 V，絶対温度 T の関係は，(2.5)式で表される理想気体の**状態方程式**(ideal gas law)で表される。

$$PV = nRT \tag{2.5}$$

ここで，n はその気体の物質量，R は気体定数である。

例題 2.3　理想気体の状態方程式を用いて，標準状態の圧力 $P = 1.013 \times 10^5$ Pa，体積 V，物質量 $n = 1$ mol，絶対温度 $T = 273$ K から気体定数 R の値を単位も含めて求めよ。ただし，標準状態での 1 mol の気体が占める体積を 0.0224 m^3 とする。

【解】　(2.5)式より，

$$R = \frac{PV}{nT} = \frac{1.013 \times 10^5\ \mathrm{Pa} \times 0.0224\ \mathrm{m}^3}{1 \times 273\ \mathrm{K}}$$

$$= 8.31\ \mathrm{J \cdot mol^{-1} \cdot K^{-1}}\quad（単位も含めて演算する）$$

単位を等式のように書いてみると，$\mathrm{Pa} = \mathrm{N \cdot m^{-2}}$，$\mathrm{J} = \mathrm{N \cdot m}$ だから $\mathrm{Pa \cdot m^3} = \mathrm{J}$ となる。

高圧または低温になるにつれて，理想気体の状態方程式は実在気体の圧力 P，体積 V，絶対温度 T の関係を表現できなくなる。この場合，分子自体の体積や分子間相互作用が無視できなくなるため，(2.5)式は成立しなくなる。分子の体積と分子間力による影響を補正したファンデルワールス(van der Waals)の状態方程式を用いて圧力 P，体積 V，絶対温度 T の関係を表現することになる。

2.3　物質収支の計算

物質が反応器に入ったり出たりする。その際，反応によって増減もある。プロセスの各段階での物質の流れを定量的に計算することを**物質収支**(material balance)**計算**という。物質収支計算によって，目標とする生産量を実現するために必要となる原料の投入量がわかるようになる。物質収支の概念図を図 2.2 に示す。物質収支式は「原子は消滅したり，新たに生成したりしない」という質量保存則に基づいており，特定の装置またはプラント内で質量は増えも減りもしないという原則に基づくものである。ケミカルエンジニアは機械エンジニアや電気エンジニアと異なり，プロセスにおける物質収支計算ができることが必須である。

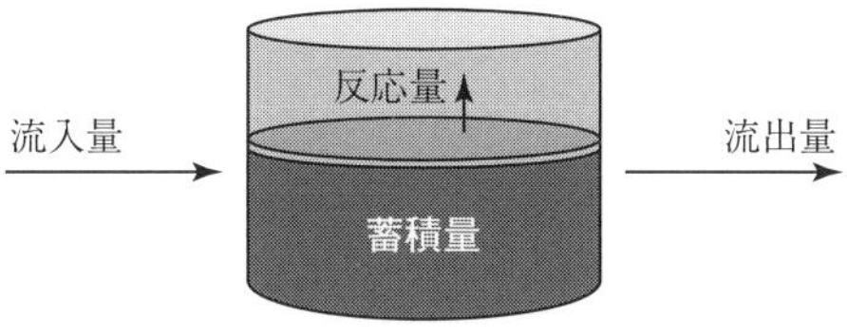

図 2.2　物質収支の概念図

2.3.1 系をとらえる

プロセス内で物質収支の計算を行う際にポイントとなるのが，プロセス内のどの範囲で収支を考えるかである。このとらえる範囲を**系**とよび，図 2.3 に示すように大別して(a)～(c)のような系のとらえ方があげられる。

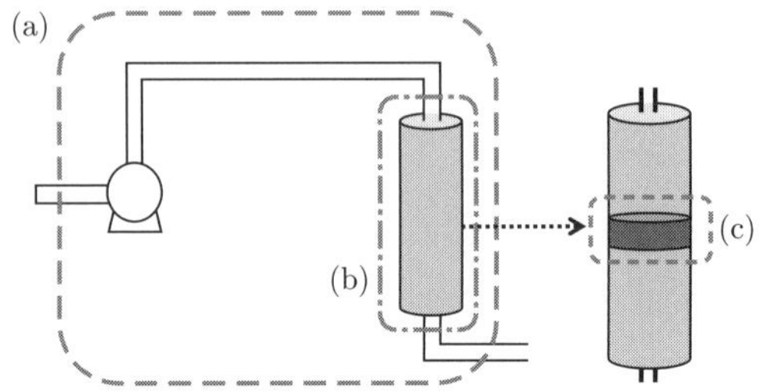

図 2.3　プロセス内での系の考え方。((a) システムにおいて，(b) 反応装置において，(c) 反応装置の微小空間において)

系をうまくとらえて収支関係を立てることで，その後の計算式や相関関係をより端的に表現することができる。

2.3.2 物質収支式

ある成分についての**物質収支**は，積分量を基準に考える場合と，速度を基準にして考える場合とがある。積分量を基準とした場合は(2.6)式が成立する。

蓄積量 = 流入量 − 流出量 ± 反応による生成または消失量　(2.6)

ここで，反応がともなわない場合の物質収支は(2.7)式となる。

蓄積量 = 流入量 − 流出量　(2.7)

また，定常状態では 蓄積量=0 となるため，(2.8)式となる。

流入量 = 流出量 ± 反応による生成または消失量　(2.8)

一方，速度で表現した物質収支式は，(2.9)式となる。

蓄積速度 = 流入速度 − 流出速度 ± 反応による生成または消失速度　(2.9)

ここで，反応がともなわない場合の物質収支は(2.10)式となる。

蓄積速度 = 流入速度 − 流出速度　(2.10)

また，定常状態では 蓄積量=0 となるため，(2.11)式となる。

流入速度 = 流出速度 ± 反応による生成または消失速度　(2.11)

いずれの表し方も，複数の成分が共存する場合には，全成分の物質収支式とそれぞれの成分ごとの物質収支式を立てて計算することになる。全成分の物質収支式では質量保存則が成り立つとして考え，(2.6)～(2.11)式の右辺の“反応による生成または消失”の項は入れない。物質収支計算は化学工学の基礎であり，計算手順も含めて理解しよう。

2.3.3 反応をともなわない物質収支計算

まず，反応をともなわない場合の物質収支の計算について説明する。図 2.2 のような装置図を書き，系に出入りする流れの流量や濃度など必要な情報を書き入れる。それから物質収支式を立てていく。具体的には，以下の例題を解きながら，物質収支計算の流れを理解しよう。

例題 2.4　一定流量の純水が流入している培養器に，30 wt% のエタノール水溶液を 1 分間に 1.0 kg の割合で連続的に添加している。完全混合で流出している培養器出口の培地中のエタノール濃度は 1.0 wt% とする。エタノールの生成も消費もないものとして，流入している純水の質量流量を計算せよ。

【解】　まず収支の概念図を書くこと。一例を図 2.4 に示す。次に，概念図に必要な情報（濃度や流量）を書き入れる。それから，物質収支式（2.9）“蓄積速度＝流入速度－流出速度＋反応速度”にあてはめる。定常状態が仮定できるから 蓄積速度＝0 であり，反応もないため 反応速度＝0 である。そのため 流入速度＝流出速度 となる。出口流量を y とすると

全成分の物質収支　$1.0\ \mathrm{kg \cdot min^{-1}} + x\ \mathrm{kg \cdot min^{-1}} = y\ \mathrm{kg \cdot min^{-1}}$

エタノールの物質収支　$1.0\ \mathrm{kg \cdot min^{-1}} \times 0.3 = y\ \mathrm{kg \cdot min^{-1}} \times 0.01$

$\therefore\quad x = 29\ \mathrm{kg \cdot min^{-1}}$

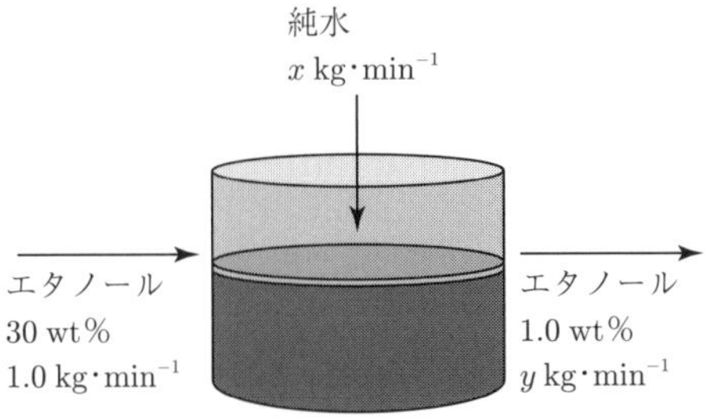

図 2.4　物質収支計算のための概念図

2.3.4　反応をともなう物質収支計算

次に，反応をともなう物質収支計算を練習する。この場合，化学反応式を考える必要がある。例えば，$a\mathrm{A} + b\mathrm{B} \rightarrow c\mathrm{C}$ という化学反応であれば，量論係数 $a : b$ の割合で原料が供給される場合はむしろ少なく，一般的には原料のどちらかが過剰に供給される。また，反応率も 100 % であることは少ない。そのため，反応器出口には未反応の反応物の流出が必ずある。化学量論関係を考慮しつつ物質収支式を立てる必要があるため，例題 2.4 のような質量基準ではなく，物質量基準で物質収支式を立てたほうがよいことがある。

例題 2.5　硫酸の製造工程のうち，亜硫酸ガス SO_2 を硫酸ガス SO_3 に酸化する次の反応 $2\,SO_2 + O_2 \rightarrow 2\,SO_3$ を行う反応器においては，空気を過剰に供給する。SO_2 を 10 $\mathrm{mol \cdot h^{-1}}$ で供給し，量論比が 1.5 倍になるように空気（N_2 80 %，O_2 20 %）を供給している。反応率を 50 % としたとき，反応器出口での SO_2, SO_3, O_2, N_2 の流量をそれぞれ求めよ。

【解】　成分ごとに物質収支計算を行うことになる。例題 2.4 と同様に，まず収支の概

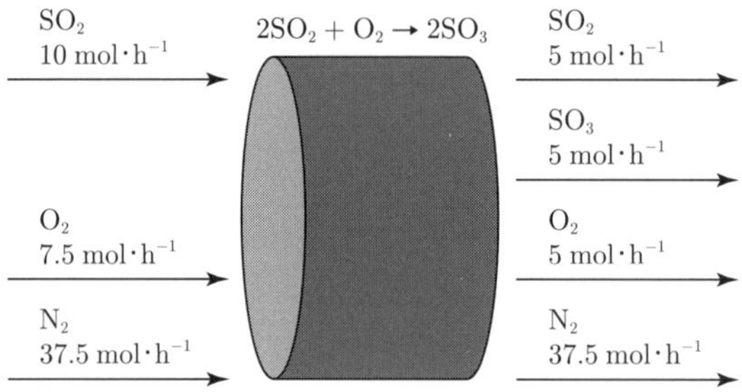

図 2.5　物質収支計算のための概念図

念図を書き，必要な情報(流量)を書き入れる(図 2.5)。それから，それぞれの成分について収支計算を行う。

SO_2：反応率 50 % から供給した SO_2 は半分が消費され，もう半分は未反応のまま流出する。流入速度－反応速度＝流出速度 から，$10\ \mathrm{mol \cdot h^{-1}} - 10\ \mathrm{mol \cdot h^{-1}} \times 0.5 = 5\ \mathrm{mol \cdot h^{-1}}$

SO_3：量論関係から，SO_3 の生成速度は，SO_2 の消費速度と等しくなる。

O_2：SO_2 $10\ \mathrm{mol \cdot h^{-1}}$ から量論比 1.5 より，O_2 供給量は“$10\ \mathrm{mol \cdot h^{-1}} \times 1/2 \times 1.5 = 7.5\ \mathrm{mol \cdot h^{-1}}$”となる。$O_2$ の消費量は SO_2 が $5\ \mathrm{mol \cdot h^{-1}}$ 反応することから，その 1/2 の $2.5\ \mathrm{mol \cdot h^{-1}}$ となる。流入速度－反応速度＝流出速度 から $7.5\ \mathrm{mol \cdot h^{-1}} - 2.5\ \mathrm{mol \cdot h^{-1}} = 5\ \mathrm{mol \cdot h^{-1}}$。よって，出口からの流出は $5\ \mathrm{mol \cdot h^{-1}}$ となる。

N_2：空気の成分比(N_2 80 %，O_2 20 %)から供給した O_2 の 5 倍が N_2 の供給速度となり，窒素は反応に関与しないため，流入速度＝流出速度 となる。

2.4　エネルギー収支の計算

前節では物質の流れに着目し，その質量や物質量を基準として物質収支を計算したが，反応器におけるプロセスでは，エネルギーの流れにも着目し，その出入りを計算して**エネルギー収支**を計算することが必要になる。エネルギー収支は**熱力学第一法則**に基づく。熱力学第一法則は，別名**エネルギー保存則**(law of the conservation of energy)ともいい，(2.12)式で表される。

$$\begin{pmatrix}\text{系内での}\\ \text{エネルギー蓄積量}\end{pmatrix} = \begin{pmatrix}\text{流入した}\\ \text{エネルギー}\end{pmatrix} - \begin{pmatrix}\text{流出した}\\ \text{エネルギー}\end{pmatrix} \pm (\text{反応熱}) \qquad (2.12)$$

エネルギー収支の概念図を図 2.6 に示す。流入または流出したエネルギーは仕事や熱量の形で説明され，熱力学との関係が深い。化学プロセスでのエネルギー収支を考える場合，内部エネルギーの変化を含めたエンタルピー(enthalpy)を用いて簡略化した計算が可能である。多くの化学プロセスでは全エネルギー収支に対する運動エネルギーや位置エネルギーおよび機械的仕事の寄与が小さく，エンタルピー(熱)収支式を用いた計算でも差支えない[*)]。エンタルピー収支を，化学反応をともなわない場合と化学反応をともなう場合とに分けて学ぶ。

---

*）流れのエネルギー収支など，運動エネルギーや位置エネルギーが無視できない場合は，熱力学第一法則に則って計算を進めなければならない。

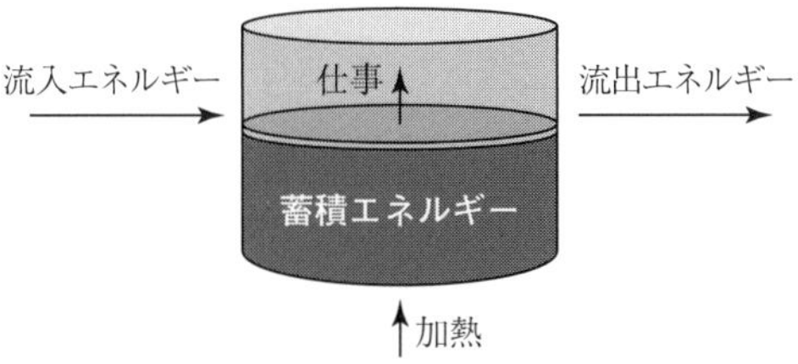

図 2.6　エネルギー収支の概念図

2.4.1　化学反応をともなわないエンタルピー変化

物質を加熱または冷却すると温度が変化し，**相変化**も起こることがある。相の変化とは，固体が液体になることなど，ある温度になると固体が液体に変化しはじめ，系に存在するすべての固体が液体に変化するまでは温度の変化は起きない。熱を加えたとき温度が変化する熱を**顕《けん》熱**，熱を加えても温度が変化せず相変化が起きるときの熱を**潜《せん》熱**という。それぞれを区別して計算する必要がある。

ある物質 1 mol の温度を 1 K 上昇させるのに必要な顕熱を**モル熱容量**という。これには，系の体積が変化しない場合の**定容モル熱容量** C_v と，系の圧力が一定の場合の**定圧モル熱容量** C_p とがある。液体と固体では温度変化にともなう体積変化は比較的小さいため，$C_p \fallingdotseq C_v$ である。気体の場合は体積変化が無視できない。理想気体の場合は，$C_p - C_v = R$ となる。ここで R は気体定数である。

相変化がなく一定圧力下で，温度が T_1 から T_2 に変化するときの 1 mol 当たりのエンタルピー変化 ΔH は(2.13)式のように表せる。

$$\Delta H = \int_{T_1}^{T_2} C_p \, dT = \overline{C_p}(T_2 - T_1) \tag{2.13}$$

ここで C_p は本来 温度 T の関数であるが，本書では検討する温度範囲における平均の比熱容量 $\overline{C_p}$ に T_1 から T_2 への温度差を乗ずることでエンタルピー変化を求める方法にとどめる。また，ある物質 1 kg の温度を 1 K 上昇させるのに必要な顕熱を**比熱容量**，または単に比熱という。以下に，質量基準でエンタルピー変化を計算する例題を解説する。

例題 2.6　大気圧下，150 ℃の過熱水蒸気 1 kg を冷却し，−5 ℃の過冷却の氷 1 kg にするために必要な冷却熱量を求めよ。ただし，氷，水，水蒸気の比熱容量はそれぞれ 2.100, 4.187, 1.89 $kJ \cdot kg^{-1} \cdot K^{-1}$，0 ℃における氷の融解潜熱は 335 $kJ \cdot kg^{-1}$，100 ℃における水の蒸発潜熱は 2257 $kJ \cdot kg^{-1}$ とする。

【解】　水蒸気の冷却①→凝縮②→水の冷却③→凝固④→氷の冷却⑤の順にそれぞれのエンタルピー変化を順次計算し，総和をとればよい。

①　1 kg 水蒸気を 150 ℃から 100 ℃に冷却するエンタルピー：

$$1.89 \times (150 - 100) = 94.5 \ kJ \cdot kg^{-1}$$

②　1 kg 水蒸気が水に相変化するエンタルピー：　2257 $kJ \cdot kg^{-1}$

③　1 kg 水が 100 ℃から 0 ℃に冷却するエンタルピー：

$$4.187 \times (100 - 0) = 418.7 \ kJ \cdot kg^{-1}$$

④　1 kg 水が氷に相変化するエンタルピー：　335 kJ·kg^{-1}

⑤　1 kg 氷が 0 ℃から −5 ℃に冷却するエンタルピー：

$$2.100 \times (0-(-5)) = 10.5\ \mathrm{kJ \cdot kg^{-1}}$$

したがって，①〜⑤までの総和をとり

$$冷却熱量 = 94.5 + 2257 + 418.7 + 335 + 10.5 = 3115.7\ \mathrm{kJ \cdot kg^{-1}}$$

水の蒸発潜熱の大きさがうかがえる。

実際の C_p は温度 T の 3 次関数 $C_p = a + bT + cT^2 + dT^3$ として近似され，各物質の係数 a, b, c, d がデータベースとして与えられており，これらを(2.13)式に代入し，任意の温度間でのエンタルピー変化を求める。

2.4.2　化学反応をともなうエンタルピー変化

化学反応をともなう場合には，反応熱を考慮する必要がある。加えて，物質の変化があるため，前項で解説したエンタルピー変化については反応物や生成物についても計算する必要がある。標準状態 298.2 K と所定温度の温度差に相当するエンタルピーを計算し，そして流入エンタルピーと流出エンタルピーをそれぞれ計算して，最後に収支式に代入する。

反応熱や生成熱の計算には，**ヘス(Hess)の法則**を適用する。ヘスの法則とは，**総熱量保存の法則**ともよばれ，化学反応の反応熱の計算に用いられる。反応熱の総和は，反応前後の物質の種類と状態のみで決まり，変化の経路によらない。単体の生成熱を基準に考えて，その生成熱を 0 とする。このとき化合物の生成熱が，基準である単体に比べてどの程度になるかを計算する。例えば，気体の状態の二酸化炭素の生成熱が 394 kJ·mol^{-1} とし，気体の一酸化炭素の生成熱を 283 kJ·mol^{-1} とすると，気体の一酸化炭素から気体の二酸化炭素への酸化反応の反応熱は 394 − 283 = 111 kJ·mol^{-1} となる。この計算で注意しなければならないのは，同じ物質でも状態によって生成熱は大きく異なることである。同じ H_2O であっても，液体である水の生成熱は 41 kJ·mol^{-1} である一方，気体である水蒸気の生成熱は 286 kJ·mol^{-1} である。その差 286 − 41 = 245 kJ·mol^{-1} は，水の蒸発熱に一致する。

例題 2.7　例題 2.5 で取り上げた硫酸の製造工程のうち，$2SO_2 + O_2 \rightarrow 2SO_3$ を行う反応器において，500 ℃に加熱した燃焼空気 50 mol·h^{-1} を供給し，さらに，原料となる 500 ℃に加熱した SO_2 を 10 mol·h^{-1} で供給し，反応率を 50 % としたとき，反応器出口温度を 550 ℃として，反応器に加えるべき熱量を求めよ。ただし，SO_2, SO_3, O_2, N_2 それぞれの標準生成熱は −297.0, −395.2, 0, 0 kJ·mol^{-1}，平均モル熱容量はそれぞれ 46.4, 65.0, 31.3, 30.0 J·mol^{-1}·K^{-1} とする。

【解】　例題 2.5 で示した概念図と同様に物質の流れを整理したものを図 2.7 に示す。

$2SO_2 + O_2 \rightarrow 2SO_3$ の標準反応熱は，(2.14)式で表される**ヘスの法則**により計算する。

$$標準反応熱 = 生成物の標準生成熱 - 反応物の標準生成熱 \qquad (2.14)$$

SO_2 1 mol 当たりで計算する。

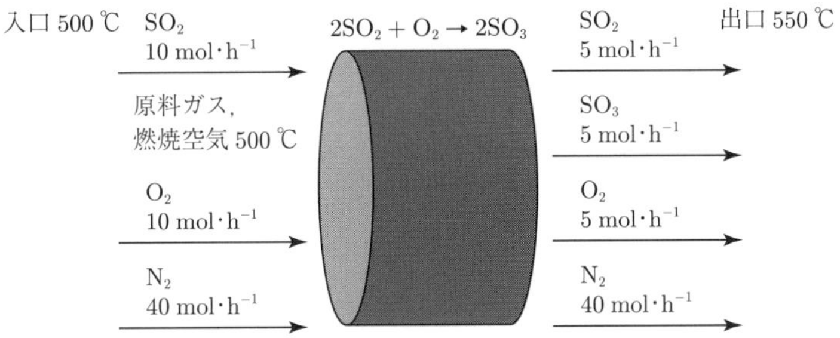

図 2.7 反応をともなうエネルギー収支計算のための概念図

標準反応熱 ＝ SO_3 の生成熱 － SO_2 の生成熱 － O_2 の生成熱

$$= -395.2 - (-297.0) - 0 = -98.2\ \mathrm{kJ \cdot mol^{-1}}$$

となり，符号がマイナスとなるので発熱反応であることがわかる。$5\ \mathrm{mol \cdot h^{-1}}$ を乗じて，反応熱は $491\ \mathrm{kJ \cdot h^{-1}}$ と計算される。

次に，流入エンタルピーを計算する。入り口温度 500 ℃は絶対温度 773.2 K である。流入エンタルピーも流出エンタルピーも標準状態との温度差で与えられ，(2.15)式で表される。

$$\text{流入(出)エンタルピー} = \sum(\text{流量} \times \text{平均モル熱容量} \times \text{基準温度との温度差}) \tag{2.15}$$

したがって，

流入エンタルピー ＝ SO_2 の流入エンタルピー＋O_2 の流入エンタルピー
＋N_2 の流入エンタルピー

$$= 10\ \mathrm{mol \cdot h^{-1}} \times 46.4\ \mathrm{J \cdot mol^{-1} \cdot K^{-1}} \times (773.2 - 298.2)$$
$$+ 10\ \mathrm{mol \cdot h^{-1}} \times 31.3\ \mathrm{J \cdot mol^{-1} \cdot K^{-1}} \times (773.2 - 298.2)$$
$$+ 40\ \mathrm{mol \cdot h^{-1}} \times 30.0\ \mathrm{J \cdot mol^{-1} \cdot K^{-1}} \times (773.2 - 298.2) = 939.1\ \mathrm{kJ \cdot h^{-1}}$$

同様に，流出エンタルピーを計算する。出口温度 550 ℃は絶対温度 823.2 K である。流出エンタルピーも(2.15)式で与えられるので，

流出エンタルピー ＝ SO_2 の流出エンタルピー＋SO_3 の流出エンタルピー
＋O_2 の流出エンタルピー＋N_2 の流出エンタルピー

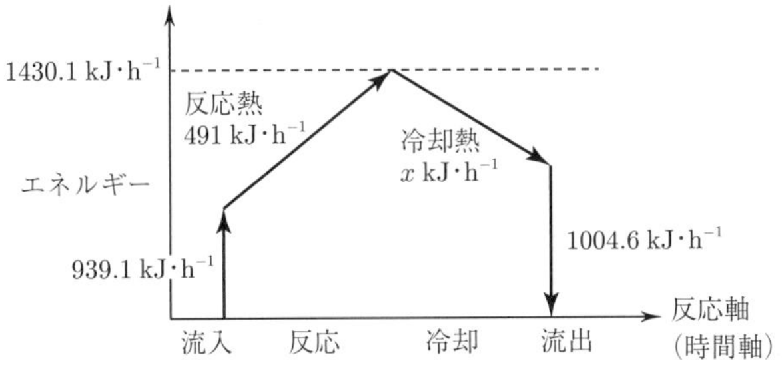

図 2.8 エネルギー収支計算のためのエネルギー出入りの模式図。横軸の反応軸は反応の進行を時間で便宜的に示したものである。

$$
\begin{aligned}
&= 5\ \mathrm{mol \cdot h^{-1}} \times 46.4\ \mathrm{J \cdot mol^{-1} \cdot K^{-1}} \times (823.2 - 298.2) \\
&\quad + 5\ \mathrm{mol \cdot h^{-1}} \times 65\ \mathrm{J \cdot mol^{-1} \cdot K^{-1}} \times (823.2 - 298.2) \\
&\quad + 5\ \mathrm{mol \cdot h^{-1}} \times 31.3\ \mathrm{J \cdot mol^{-1} \cdot K^{-1}} \times (823.2 - 298.2) \\
&\quad + 40\ \mathrm{mol \cdot h^{-1}} \times 30.0\ \mathrm{J \cdot mol^{-1} \cdot K^{-1}} \times (823.2 - 298.2) = 1004.6\ \mathrm{kJ \cdot h^{-1}}
\end{aligned}
$$

最後に，加熱熱量をエネルギー収支計算によって求める。理解の助けとして，図 2.8 にエネルギーの出入りを示す。

$$
\begin{aligned}
\text{加熱熱量} &= (\text{流出エンタルピー}) - (\text{流入エンタルピー}) - (\text{反応熱}) \\
&= 1004.6\ \mathrm{kJ \cdot h^{-1}} - 939.1\ \mathrm{kJ \cdot h^{-1}} - 491\ \mathrm{kJ \cdot h^{-1}} = -425.5\ \mathrm{kJ \cdot h^{-1}}
\end{aligned}
$$

となる。符号がマイナスとなったため，加熱ではなく冷却が必要ということがわかる。

この例題のように，基準物質 1 mol 当たりの数字でエネルギー収支計算をすることが必要である。また，符号に気をつけて計算することも必要である。

物質収支計算は大変重要なので，違うタイプの物質収支計算の例題を紹介する。

例題 2.8 プロパン C_3H_8 を 20 % の過剰空気で完全燃焼した場合の燃焼ガスの組成を，水蒸気を除いた乾き基準で示せ。ただし，空気の組成は N_2 80 %，O_2 20 % とする。

【解】 はじめに反応式を書いて，完全燃焼に必要な酸素量を計算する。

$C_3H_8 + 5O_2 \rightarrow 3CO_2 + 4H_2O$ でプロパン 1 mol を基準にすると，必要な酸素量は 5 mol となる。次に，実際の酸素の量を計算する。20 % 過剰量ということから，供給された酸素量は 6 mol ということになる。また，反応せずに残る酸素量は 1 mol であることがわかる。空気の組成から，供給された酸素量の 4 倍が窒素の供給量であり，窒素は反応に関与しないので，窒素量は 24 mol ということになる。生じた二酸化炭素は反応式の係数から 3 mol である。出口ガスの全 mol 数は，$1 + 24 + 3 = 28$ mol なので，百分率で示すと窒素は $24/28 = 0.857$ で 85.7 %，他のガスも同様に発生 mol 数を全 mol 数で除して計算すると，二酸化炭素 10.7 %，酸素 3.57 % となる。

この問題が仮に湿り基準ということであれば，発生した水蒸気も考慮して組成を決定すればよく，この場合，出口ガスの全 mol 数は，$1 + 24 + 3 + 4 = 32$ mol なので，百分率で示すと窒素 75.0 %，二酸化炭素 9.38 %，酸素 3.13 %，水蒸気 12.5 % となる。

章末問題

2.1 水の比熱 $= 1.000\ \mathrm{kcal \cdot kg^{-1} \cdot ℃^{-1}}$ を SI 単位に換算せよ。ただし，$1\ \mathrm{cal} = 4.187\ \mathrm{J}$ とする。

2.2 ある蒸発装置において，10 wt% の塩化ナトリウム水溶液 $40.0\ \mathrm{kg \cdot s^{-1}}$ を濃縮して 20 wt% にしたい。水の蒸発速度を求めよ。

2.3 ある反応器にプロパンと空気を理論空気比で連続的に供給し完全燃焼させている。出口ガスの組成を計算せよ。

2.4 1 mol のメタンを 300 K から 1500 K まで加熱するのに要する熱量を求めよ。ただし，300 K から 1500 K でのメタンの平均モル比熱容量は $65.3\ \mathrm{kJ \cdot mol^{-1} \cdot K^{-1}}$ とする。

2.5 発熱量 $4.0 \times 10^4\ \mathrm{kJ \cdot kg^{-1}}$ の重油を $50\ \mathrm{kg \cdot h^{-1}}$ で燃焼させ，25 ℃の水を $100\ \mathrm{kg \cdot h^{-1}}$ 蒸発させたい。重油が完全燃焼した場合に熱損失は何 % になるか。ただし，25 ℃から 100 ℃での水の平均熱容量 $\overline{C_p}$ を $4.18\ \mathrm{kJ \cdot kg^{-1} \cdot K^{-1}}$，100 ℃における水の蒸発熱は $2257\ \mathrm{kJ \cdot kg^{-1}}$ とする。

3

流体の流れ

化学工業などのプラントでは，原料タンクと反応装置，分離装置，貯蔵槽などはパイプ(円管)によってつながっており，それら円管内を気体や液体，場合によっては固体が移動している。一般に，気体と液体とをあわせて**流体**(fluid)という。原料や中間生成物，製品をスムーズに輸送したり，反応装置内で反応物どうしが均一に混ざり反応が進行するように，流動状態を正確に把握する必要がある。流動を含む**運動量移動**(momentum transfer)と**熱移動**(heat transfer)，および**物質移動**(mass transfer)には類似性があるため，化学工学ではこれら3つの現象をまとめて**移動現象論**(transport phenomena)という学問体系が確立している。

3.1　流体の性質

3.1.1　圧縮性流体と非圧縮性流体

流体の密度は温度と圧力の関数である。圧力を加えると体積が変化する流体を**圧縮性流体**(compressible fluid)といい，圧力を加えても体積が変化しない流体を**非圧縮性流体**(incompressible fluid)という。実在の流体は厳密にはすべて圧縮性流体であるが，特に液体は圧力を加えても体積がほとんど変化しないため非圧縮性流体として扱うことができる。

3.1.2　粘　　性

流体を移動させるために流体の外部から力を加えると，流体内でこれを妨げようとする力が生じる。このような性質を流体の**粘性**(viscosity)という。

図 3.1(a)のように，面積 A [m^2]，間隔 x_0 [m] の2枚の平行平板で流体を挟み，上方の板に力 F [N] を加え一定速度 u_0 [m·s^{-1}] で水平に動かす場合を考える。平板の移動開始直後は図 3.1(b)のように，上方の平板に引きずられるように上方の平板に接している流体が動きはじめるが，下方の流体は静止したままである。その後十分に時間が経過すると，下方の流体は上方の流体に引きずられるように移動するが，下方の平板と流体との界面での流体の速度は0となるので，図 3.1(c)のように流体内に速度分布が存在する。下方の平板からの距離が x [m] の位置での流体の速度を u [m·s^{-1}] とすると，次式が成り立つ。

$$\frac{F}{A} = \tau = \mu\frac{u_0}{x_0} = \mu\frac{u}{x} \tag{3.1}$$

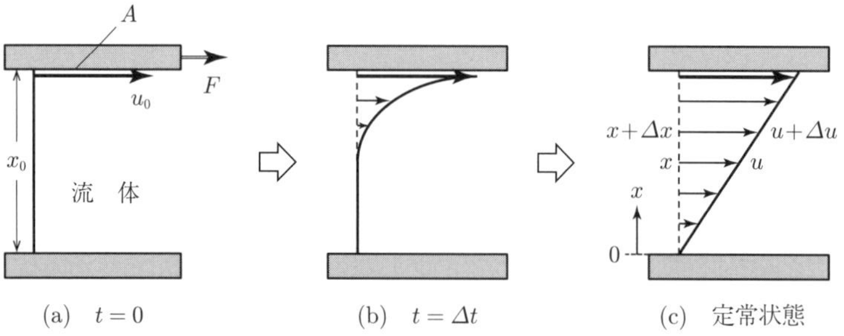

図 3.1　流体の粘性

よって力 F は平面面積 A と速度 u に比例し，平面間距離 x に反比例する。また F/A $[\mathrm{N \cdot m^{-2}}]$ は上方の平板の単位面積当たりに加わる力で，単位面積の上部平面に接する流体の抵抗力である。これを**せん断応力**(shear stress)といい，τ $[\mathrm{N \cdot m^{-2}}]$ で表される。(3.1)式の u/x を $\mathrm{d}u/\mathrm{d}x$ と置き換えると，

$$\tau = \mu \frac{\mathrm{d}u}{\mathrm{d}x} \tag{3.2}$$

となる。これを**ニュートンの粘性法則**(Newton's law of viscosity)という*)。(3.1)，(3.2)式中の μ は**粘度**(viscosity)とよばれ，SI は $[\mathrm{kg \cdot m^{-1} s^{-1}}] = [\mathrm{Pa \cdot s}]$ である。粘度を CGS 系で表すと $[\mathrm{g \cdot cm^{-1} \cdot s^{-1}}]$ となり，これを P (poise)という。例えば，水の粘度は約 1 $\mathrm{cP} = 1 \times 10^{-2}\,\mathrm{P} = 1 \times 10^{-3}\,\mathrm{kg \cdot m^{-1} \cdot s^{-1}}$ である。また，粘度 μ を密度(density) ρ $[\mathrm{kg \cdot m^{-3}}]$ で割ったものを**動粘度**(kinetic viscosity) ν $[\mathrm{m^2 \cdot s^{-1}}]$ という。

$$\nu = \frac{\mu}{\rho} \tag{3.3}$$

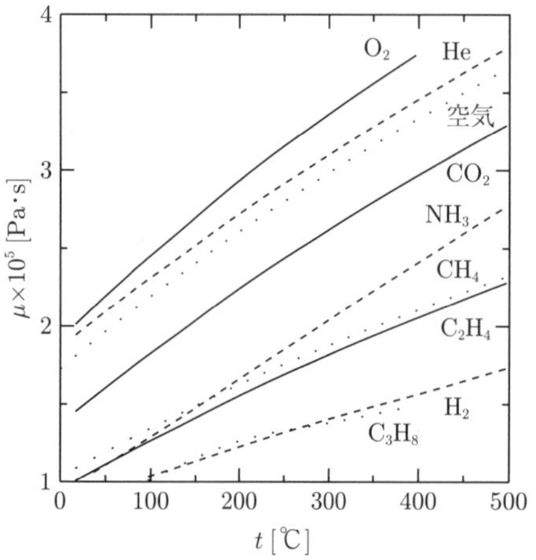

図 3.2　気体の粘度の温度依存性
(化学便覧 基礎編Ⅱ 改訂 5 版，日本化学会編，丸善(2004)，pp. Ⅱ-35－Ⅱ-37 より引用)

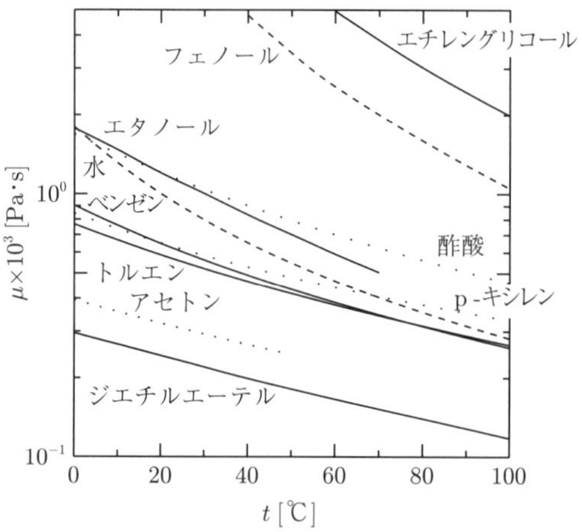

図 3.3　液体の粘度の温度依存性
(化学便覧 基礎編Ⅱ 改訂 5 版，日本化学会編，丸善(2004)，pp. Ⅱ-39－Ⅱ-49 より引用)

*)　(3.2)式は $x=x$ の面で原点より遠い側の流体要素が近い側の流体要素に及ぼす力を表し，$\tau = -\mu \frac{\mathrm{d}u}{\mathrm{d}x}$ は原点側の流体要素が遠い側の流体要素に及ぼす力を表す。(R.B. Bird, W.E. Stewart, E.N. Lightfoot, Transport Phenomena, Revised 2nd Ed., p.12 & p.19, John Wiley & Sons(2007))

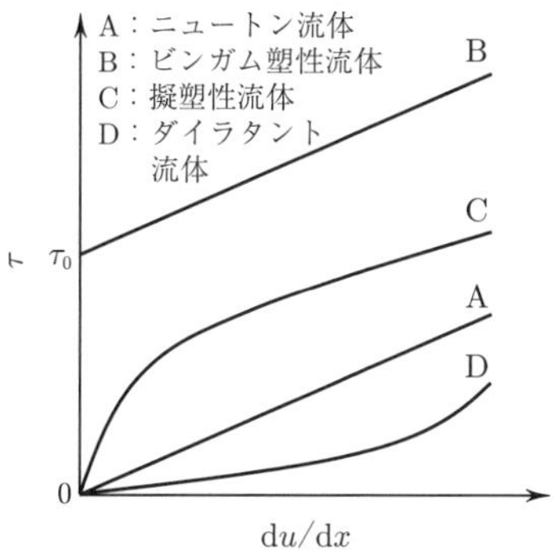

図 3.4　流体の種類

粘度は温度によって大きく変化する。気体および液体の粘度の温度依存性を図 3.2, 3.3 に示す。温度が上昇すると，気体の粘度は増加するが，液体の粘度は減少する。一方，圧力を変化させても粘度はほとんど変化せず，高圧の場合を除き，一定と考えてよい。

水や空気などの流体は，ニュートンの粘性法則に従って，せん断応力 τ は**速度勾配**(velocity gradient) $\mathrm{d}u/\mathrm{d}x$ に比例し(図 3.4 の A)，その傾きは粘度 μ である。このような流体を**ニュートン流体**(Newtonian fluid)という。しかし流体のなかには，τ と $\mathrm{d}u/\mathrm{d}x$ の関係がニュートン流体のような原点を通る直線にならないものもある。固体粒子が懸濁しているスラリー(slurry)では，図 3.4 の B のように，ある一定のせん断応力(降伏応力：yield stress, τ_0)が加わるまで流体は移動しないが，それ以上のせん断応力が加わると速度勾配に対し直線的に変化する。このような流体を**ビンガム塑性流体**(Bingham plastic fluid)という。コロイド溶液や高分子化合物の溶液などは，図 3.4 の C のように原点を通るが上に凸の曲線関係を示し，このような流体を**擬塑性流体**(pseudo plastic fluid)という。デンプンや微粒子などの高濃度の懸濁液は図 3.4 の D のように，せん断応力が大きくなると流れにくくなる性質を示す。そのような流体を**ダイラタント流体**(dilatant fluid)という。ビンガム塑性流体，擬塑性流体，ダイラタント流体は**非ニュートン流体**(non-Newtonian fluid)といわれる。

3.2　管内流体の物質収支

ある位置において，温度や圧力，流速，濃度などの物理量が時間によって変化しない状態を**定常状態**(steady state)といい，定常状態での流体の流れを**定常流**(steady flow)という。

図 3.5 のように，円管内を流体が定常状態で流れている場合を考える。円管内の位置 1 において，円管の断面積を A_1 [$\mathrm{m^2}$]，そこを流れる流体の密度を ρ_1 [$\mathrm{kg \cdot m^{-3}}$]，平均流速(average velocity)を $\bar{u}_1$ [$\mathrm{m \cdot s^{-1}}$]，位置 2 での円管の断面積を A_2 [$\mathrm{m^2}$]，流体の密度を ρ_2 [$\mathrm{kg \cdot m^{-3}}$]，平均流速を $\bar{u}_2$ [$\mathrm{m \cdot s^{-1}}$] とする。単位時間当たりに断面 1, 2 を流れる流体の質量は，

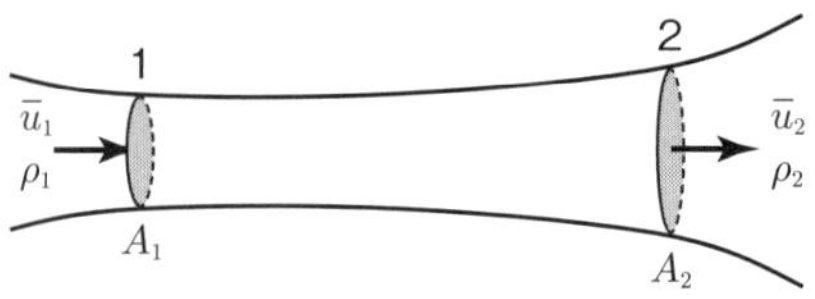

図 3.5　管内の流れ

$$\text{位置 1：}\quad \rho_1\bar{u}_1A_1 = w_1 \qquad (3.4\text{a})$$

$$\text{位置 2：}\quad \rho_2\bar{u}_2A_2 = w_2 \qquad (3.4\text{b})$$

となる。ここで w_1, w_2 [kg·s^{-1}] は単位時間当たりに流れる流体の質量で，**質量流量**(mass flow rate)という。断面 1 と断面 2 とで**質量保存の法則**(law of conservation of mass)が成り立つので，

$$w_1 = w_2 \qquad (3.5)$$

$$\Leftrightarrow\ \rho_1\bar{u}_1A_1 = \rho_2\bar{u}_2A_2 \qquad (3.6)$$

となる。(3.5)，(3.6)式は，断面 1-2 間を通過する流体の物質収支式で，第 2 章の(2.7)式で 蓄積量＝0 の場合と等しい。$\rho_j\bar{u}_j = G_j$ (j=1, 2) とおくと，(3.5)式は，

$$G_1A_1 = G_2A_2 \qquad (3.7)$$

となる。ここで G_1, G_2 [kg·m^{-2}·s^{-1}] は単位時間単位面積当たりに流れる流体の質量で，**質量流束**(mass flux)という。化学工学では，単位時間単位面積当たりに移動する物理量を**流束**(flux)という。(3.6)，(3.7)式を**連続の式**(equation of continuity)という。

一方，流体が液体のような非圧縮性流体の場合，位置によって密度は変化しないため $\rho_1 = \rho_2$ と考えてよく，(3.6)式は，

$$\bar{u}_1A_1 = \bar{u}_2A_2 = V \qquad (3.8)$$

となる。ここで V [m^3·s^{-1}] は**体積流量**(volumetric flow rate)である。

例題 3.1　図 3.6 のように，3B 鋼管(内径 80.7 mm)と 2B 鋼管(内径 52.9 mm)をつなぎ，大気圧下で断面 1 より 20 ℃のメタノール MeOH(密度 791.0 kg·m^{-3})を質量流量 5.50 kg·s^{-1} で供給した。断面 2 より放出される MeOH の平均流速 $\bar{u}_2$ [m·s^{-1}] を求めよ。

【解】　3B および 2B 鋼管内を流れる MeOH の質量流量はともに 5.50 kg·s^{-1} なので，2B 鋼管内を流れる MeOH の平均流速 $\bar{u}_2$ は(3.4b)式より，

$$\bar{u}_2 = \frac{w_2}{\rho_2A_2} = \frac{5.50}{791.0\times(52.9\times10^{-3}/2)^2\pi} = 3.26\ \text{m·s}^{-1}$$

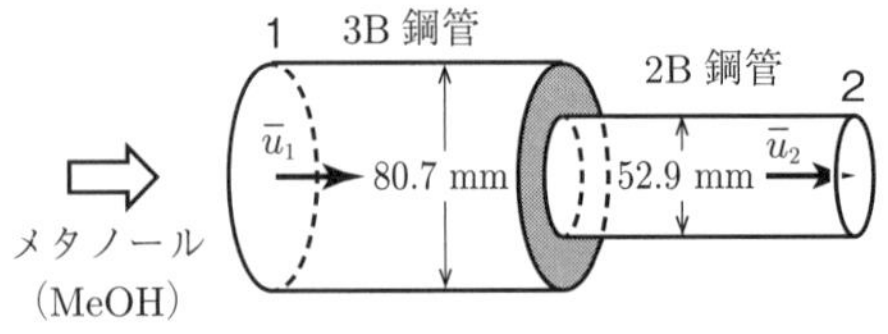

図 3.6　管径の異なる円管内での流体の流れ

3.3　管内流体のエネルギー収支

円管内等を流体が流れるときに，流体のもつ各種エネルギーの形態と 1 kg 当たりのエネルギー量は表 3.1 のように表せる。

表 3.1　流体のもつ各種エネルギーの形態と 1 kg 当たりのエネルギー量

エネルギー形態	1 kg 当たりのエネルギー量 [J·kg^{-1}]
位置エネルギー(potential energy)	gz
運動エネルギー(kinetic energy)	$\dfrac{1}{2}\bar{u}^2$
圧力エネルギー(pressure energy) *)	Pv
内部エネルギー(internal energy)	U
熱(heat)	q
機械的仕事(work)	W'

図 3.7 のような管路内の定常流について考える。高さ z_1, z_2 それぞれにある位置 1, 2 について，円管内を流れる流体の平均流速を $\bar{u}_1, \bar{u}_2$ [m·s^{-1}]，圧力 P_1, P_2 [Pa]，内部エネルギーを U_1, U_2 [J·kg^{-1}] とする。また 1-2 間で，流体にポンプ等により機械的仕事 W' [J·kg^{-1}] を，加熱器により熱 q [J·kg^{-1}] を加えるものとする。**エネルギー保存則**(law of conservation of energy)より，位置 1 を通過する流体が有するエネルギーと位置 1, 2 のあいだで加えられるエネルギーとの和は，位置 2 を通過する流体が有するエネルギーに等しくなる。よって**エネルギー収支**(energy balance)は，

$$\underbrace{gz_1+\frac{1}{2}\bar{u}_1^2+P_1v_1+U_1}_{\text{1 に入るエネルギー}}+\underbrace{W'+q}_{\text{1-2 間で得たエネルギー}}=\underbrace{gz_2+\frac{1}{2}\bar{u}_2^2+P_2v_2+U_2}_{\text{2 から出るエネルギー}} \tag{3.9}$$

となる。ただし v [m^3·kg^{-1}] は**比容**(specific volume)で，密度の逆数 $1/\rho$ である。圧力

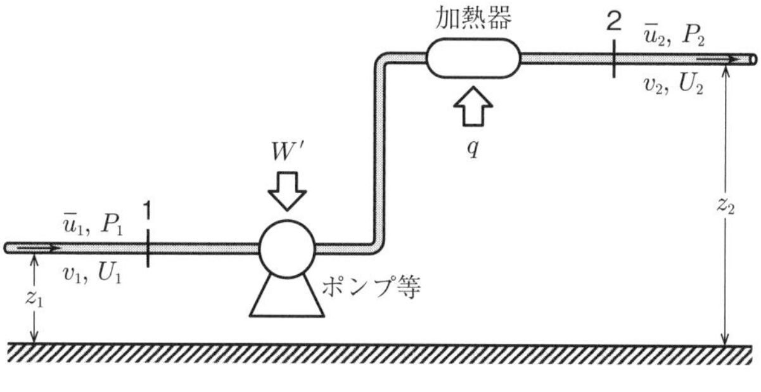

図 3.7　エネルギーの概念図

*)　任意の断面において，圧力 P に抗して流体が移動するためには，流体 1 kg 当たり Pv の仕事が上流側の流体から下流側に加えられなければならない。多くの成書で Pv を圧力エネルギーと表記しており本書もそれに倣ったが，正確には，上流側の流体から下流側の流体になされる「圧力仕事」である。

エネルギーと内部エネルギーの和は流体 1 kg 当たりの**エンタルピー**(enthalpy) i [J·kg^{-1}] に等しいので,

$$i_j = P_j v_j + U_j \qquad (j = 1, 2) \tag{3.10}$$

となり，よって(3.9)式は,

$$gz_1 + \frac{1}{2}\bar{u}_1^2 + i_1 + W' + q = gz_2 + \frac{1}{2}\bar{u}_2^2 + i_2 \tag{3.11}$$

と表すこともできる。

流体に加えられた熱エネルギー q と，熱エネルギーに変換された各エネルギーの和 F [J·kg^{-1}] は，流体の内部エネルギーの増加と膨張による仕事に等しいので,

$$q + F = (U_2 - U_1) + \int_{v_1}^{v_2} P\,\mathrm{d}v \tag{3.12}$$

となる。(3.12)式を(3.9)式に代入し,

$$P_2 v_2 - P_1 v_1 = \int_{v_1}^{v_2} P\,\mathrm{d}v + \int_{P_1}^{P_2} v\,\mathrm{d}P \tag{3.13}$$

の関係を用いると,

$$gz_1 + \frac{1}{2}\bar{u}_1^2 + W' = gz_2 + \frac{1}{2}\bar{u}_2^2 + \int_{P_1}^{P_2} v\,\mathrm{d}P + F \tag{3.14}$$

となる。これは**機械的エネルギー収支式**(equation of mechanical energy balance)，または**ベルヌーイの式**(Bernoulli's equation)の一般形である。(3.14)式より，流体 1 kg を輸送するのに必要なエネルギーは,

$$W' = \frac{\bar{u}_2^2 - \bar{u}_1^2}{2} + g(z_2 - z_1) + \int_{P_1}^{P_2} v\,\mathrm{d}P + F \tag{3.15}$$

となる。円管内を流体が質量流量 w [kg·s^{-1}] で流れている場合，この流体を輸送するのに必要な動力 W [W] は,

$$W = wW' \tag{3.16}$$

となる。

次のような場合，(3.14)式の各項は以下のようにおくことができる。

(1) 流体が液体などの非圧縮性流体の場合：

$$\int_{P_1}^{P_2} v\,\mathrm{d}P = v(P_2 - P_1) \tag{3.17}$$

(2) 流体が粘性のない完全流体の場合：

$$F = 0 \tag{3.18}$$

(3) 管路が水平管の場合：

$$z_1 = z_2 \quad \Rightarrow \quad g(z_2 - z_1) = 0 \tag{3.19}$$

(4) 流体が非圧縮性流体で，管路内が等温かつ同一管径の場合：

$$\bar{u}_1 = \bar{u}_2 \quad \Rightarrow \quad \frac{\bar{u}_2^2 - \bar{u}_1^2}{2} = 0 \tag{3.20}$$

(5) 熱エネルギーに変換されたエネルギーが流体の粘性による摩擦抵抗のみで，管路の急激な変化等がない場合：

$$F = F_\mathrm{f} \tag{3.21}$$

ここで F_f [J·kg^{-1}] は**摩擦エネルギー損失**(friction energy loss)である。

(6) 流体が非圧縮性流体で，管路が水平一様管，かつ動力がない場合：

$$-v\Delta P_{\mathrm{f}}+F_{\mathrm{f}}=0 \quad \Rightarrow \quad F_{\mathrm{f}}=v\Delta P \tag{3.22}$$

例題 3.2　図 3.8 のように，貯水槽 1 から 15 m 上方の位置 2 までポンプを用いて水を輸送したい。貯水槽 1 から位置 2 までは 2B 鋼管(内径 52.9 mm)でつながっている。貯水槽 1 および位置 2 にある貯水槽は大気開放されており，位置 2 にある貯水槽へ放出される水の平均流速は $2.0\ \mathrm{m \cdot s^{-1}}$ であった。ポンプによる動力が 750 W のとき，熱エネルギーに変換された各エネルギーを求めよ。

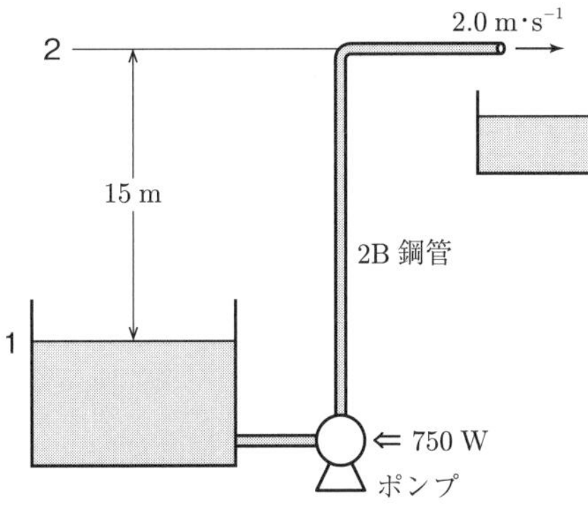

図 3.8　ポンプを用いた流体の輸送

【解】　貯水槽 1 の水面の高さを 0 m とし，(3.14)式のベルヌーイの式の一般形を考える。2B 鋼管内を流れる水の質量流量は，

$$w=\left(\frac{52.9\times10^{-3}}{2}\right)^2\pi\times2.0\times1000=4.40\ \mathrm{kg\cdot s^{-1}}$$

よってポンプによる機械的仕事は

$$W'=\frac{750}{4.40}=170\ \mathrm{J\cdot kg^{-1}}$$

貯水槽 1 の断面積は 2B 鋼管の内径に比べ十分に大きいため，貯水槽 1 の液面の降下速度 $\bar{u}_1$ は $0\ \mathrm{m\cdot s^{-1}}$ としてよい。よって(3.14)式より，

$$\frac{0^2}{2}+9.8\times0+170=\frac{2.0^2}{2}+9.8\times15+F \qquad \therefore \quad F=21.0\ \mathrm{J\cdot kg^{-1}}$$

3.4　管内の流れのさまざまな性質

3.4.1　層流と乱流

化学プラント等では流体を輸送する際，円管を用いる場合がほとんどである。流体を円管内に流す場合，流体の粘性により円管の中心部で流体の速度が最も速くなり，一方，流体と円管壁との界面では流体の速度が 0 になる。円管の中心部から管壁との界面までの流体の速度の分布は，流体の流動状態によって変化する。

円管内に流体を流す際，流速が遅いときは流体の各要素が流れの方向に向かって平行に移動する。このような状態を**層流**(laminar flow)という。円管内を流体が層流で流れるときの流体の速度分布を図3.9(a)に示す。流体の速度は，中心部が最も速く，中心部から離れるについてだんだんと遅くなり，円管壁との界面で速度は0となる放物線状の分布を示す。また，流体の平均流速 $\bar{u}$ [m·s^{-1}] は，中心部の流速を $u_{\max}$ [m·s^{-1}] とすると，

$$\bar{u}=\frac{1}{2}u_{\max} \tag{3.23}$$

となる。

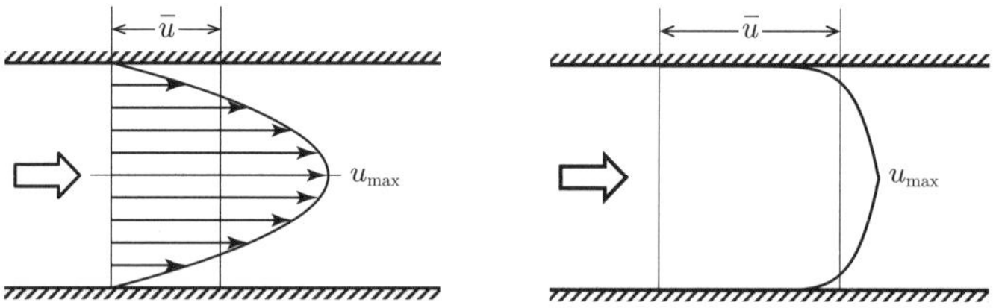

(a) 層 流　　(b) 乱 流

図3.9 流動の機構

流速を速くすると，流体粒子が流れの主流以外の方向にも分速度をもち，大きさも絶えず変化をしながら乱れた流れが起きる。このような状態を**乱流**(turbulent flow)という。円管内を流体が乱流で流れるときの流体の速度分布を図3.9(b)に示す。流体の速度は，円管壁との界面で速度が0になるが，中心部近傍では速度がほぼ同じになる。乱流の場合の平均流速は，中心速度 $u_{\max}$ の0.81〜0.83倍になる。

流体の流れの状態の判定には**レイノルズ数**(Reynolds number, Re)が用いられる。流れの代表長さを l [m]，平均流速を $\bar{u}$ [m·s^{-1}]，流体の密度を ρ [kg·m^{-3}]，粘度を μ [kg·m^{-1}·s^{-1}] とすると Re は，

$$Re=\frac{\rho\bar{u}l}{\mu}\quad\left(=\frac{\text{慣性力(inertial force)}}{\text{粘性力(viscous force)}}\right) \tag{3.24}$$

で表される。レイノルズ数は**無次元数**(dimensionless number)であるため，単位系をSIなどに統一することにより，大きさの異なる装置内の流動状態を比較することができる。レイノルズ数は，流体にはたらく慣性力と粘性力との比を示している。

流体が円管内を流れる場合，流れの代表長さ l は円管の内径 D [m] を用いることができる。

$$Re=\frac{\rho\bar{u}D}{\mu}=\frac{GD}{\mu} \tag{3.25}$$

ここで，G [kg·m^{-2}·s^{-1}] は質量流束である。水平円管内では，$Re<2100$ の場合 流体の流れは層流であり，$Re>4000$ の場合 流れは乱流である。$2100\leq Re\leq 4000$ の場合 流体の流れは不安定であり，この範囲の流れは**遷移域**(transition flow)とよばれている。

例題3.3 2B鋼管(内径52.9 mm)内に20℃のメタノールMeOH(密度791.0 kg·m^{-3}，粘度 5.80×10^{-4} kg·m^{-1}·s^{-1})が質量流量3.0 kg·s^{-1}で流れている。2B鋼管内のMeOH

の流れは層流か乱流か。

【解】 2B 鋼管の断面積 A は,

$$A = \left(\frac{52.9 \times 10^{-3}}{2}\right)^2 \pi = 2.20 \times 10^{-3}\ \mathrm{m}^2$$

2B 鋼管内を流れる MeOH の平均流速 $\bar{u}$ は,

$$\bar{u} = \frac{3.0}{791 \times 2.20 \times 10^{-3}} = 1.72\ \mathrm{m \cdot s^{-1}}$$

よってレイノルズ数は(3.25)式より,

$$Re = \frac{791 \times 1.72 \times 52.9 \times 10^{-3}}{5.80 \times 10^{-4}} = 1.24 \times 10^5 > 4000$$

よって, 2B 鋼管内を流れる MeOH の流れは乱流である。

管路の断面が円形でない場合は, 流れの代表長さ l として次のような**水力相当直径**(hydraulic equivalent diameter)D_e を用いると, 円管と同様に扱うことができる。

$$D_e = 4 \times \frac{S}{l_p} \tag{3.26}$$

ただし, S [m^2] は流れの断面積, l_p [m] は流体が接触している固体壁の長さ, すなわち**濡れ辺長**(wetted perimeter)である。図 3.10 のような, 長方形流路(rectangular channel), 溝流路(open channel), 環状路(annular space)内を流体が流れる場合の水力相当直径 D_e は以下のようになる。

$$長方形流路: D_e = 4 \times \frac{ab}{2(a+b)} = \frac{2ab}{a+b} \tag{3.27}$$

$$溝 流 路: D_e = \frac{4ab}{2a+b} \tag{3.28}$$

$$環 状 路: D_e = 4 \times \frac{(\pi/2^2)(D_1^2 - D_2^2)}{\pi(D_1 + D_2)} = D_1 - D_2 \tag{3.29}$$

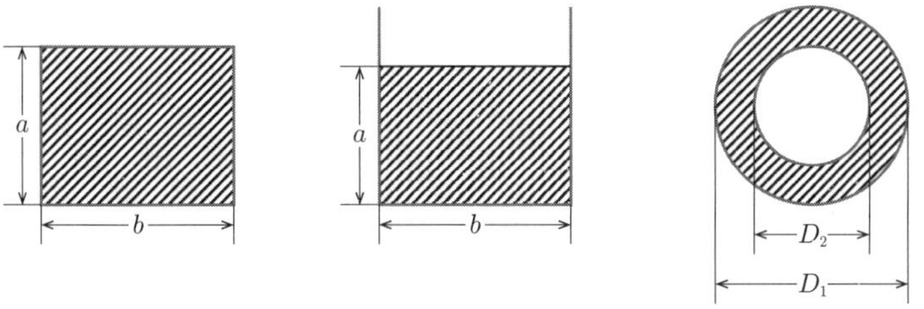

(a) 長方形流路 (b) 溝流路 (c) 環状路

図 3.10 長方形流路, 溝流路, 環状路

3.4.2 円管内の層流

図 3.11 のような半径 r_0 [m] の水平円管内を液体などの非圧縮性流体が層流かつ定常流で流れている場合を考える。流体中に半径 r [m], 長さ L [m] の円柱を仮定し, その円柱にはたらく力のつり合いを考える。円柱の両端面(面積 : πr^2 [m^2])にはそれぞれ圧力 P_1, P_2 [Pa] が反対方向に作用し, 円柱の側面(面積 : $2\pi rL$ [m^2])には流れと反対

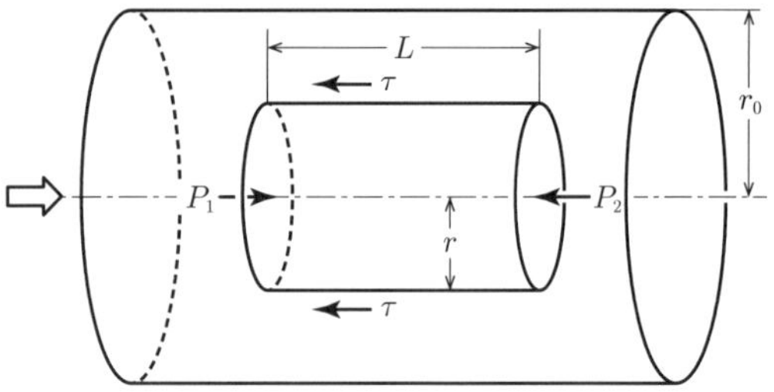

図 3. 11　円管内の層流(1)

方向に流体の粘性による内部摩擦力 τ [N·m^{-2}] がはたらいている。円柱に作用する力のつり合いは,

$$\pi r^2(P_1 - P_2) = \pi r^2 \Delta P = -2\pi r L\tau \tag{3.30}$$

となる。層流の場合, ニュートンの粘性法則が成り立つので, (3.2)式の距離 x を円管壁からとると, 系である円柱に作用する外力としての τ は

$$\tau = -\mu \frac{\mathrm{d}u}{\mathrm{d}x} \tag{3.3$'$}$$

となる。(3.3)′式を(3.30)式に代入して x を半径 r で置き換えると($\mathrm{d}x = -\mathrm{d}r$),

$$\mathrm{d}u = -\frac{\Delta P}{2\mu L} r\,\mathrm{d}r \tag{3.31}$$

(3.31)式を, $r = r_0$ のとき $u = 0$, $r = r$ のとき $u = u$ の境界条件で積分すると,

$$\int_u^0 \mathrm{d}u = -\frac{\Delta P}{2\mu L}\int_r^{r_0} r\,\mathrm{d}r$$

$$\Leftrightarrow\ u(r) = \frac{\Delta P}{4\mu L}(r_0^2 - r^2) \tag{3.32}$$

となる。(3.32)式より, 円管の中心から r [m] 離れた場所での流体の速度 $u(r)$ [m·s^{-1}] は r^2 の関数になるため, 層流の場合, 円管内の速度分布は放物線状となる。

流体が円管内を流れるとき, 中心部($r = 0$)での速度が最大になるため, その速度を $u_{\max}$ とおくと, (3.32)式は,

$$u_{\max} = \frac{\Delta P\, r_0^2}{4\mu L} \tag{3.33}$$

となる。(3.32)式に(3.33)式を代入すると,

$$u(r) = u_{\max}\left[1 - \left(\frac{r}{r_0}\right)^2\right] \tag{3.34}$$

となる。

(3.34)式は半径 r 上のある点での流体の流速である(図 3.12)。$r = r$ における $\mathrm{d}r$ の幅の微小面積要素を通過する流体の流量は, $u(r) \cdot 2\pi r\,\mathrm{d}r$ となる。これを半径 0 から r_0 まで積分すると全流量 Q [m^3·s^{-1}] が得られる。円管内を流れる流体の平均流速 $\bar{u}$ [m·s^{-1}] は, 全流量 Q [m^3·s^{-1}] を円管の断面積(πr_0^2)で割って得られる。

$$\bar{u} = \frac{1}{\pi r_0^2}\int_0^{r_0}\{u(r) \cdot 2\pi r\}\,\mathrm{d}r \tag{3.35}$$

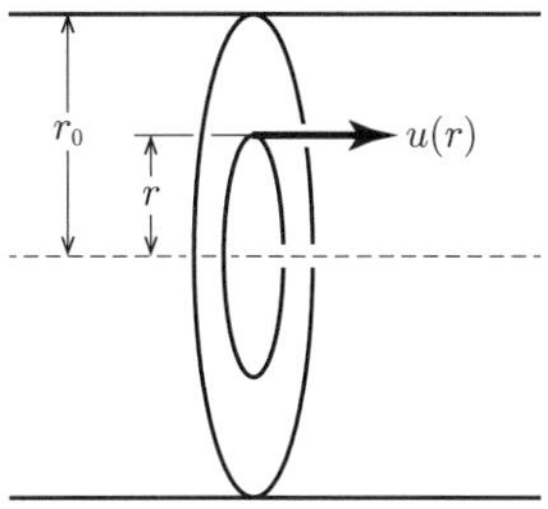

図 3.12　円管内の層流(2)

(3.35)式に(3.33)式を代入すると，

$$\bar{u} = \frac{\Delta P\, r_0^2}{8\mu L} = \frac{1}{2} u_{\max} \tag{3.36}$$

となる。これより平均流速 $\bar{u}$ は中心速度 $u_{\max}$ の 1/2 となる。

(3.36)式を変形すると，

$$\frac{\Delta P}{L} = \frac{8\mu\bar{u}}{r_0^2} \tag{3.37}$$

となり，円管の内径を D $(=2r_0)$ [m] とすると(3.37)式は，

$$\Delta P = \frac{32\mu L\bar{u}}{D^2} \tag{3.38}$$

となる。(3.38)式は，円管内を流体が層流で流れるときの流体の内部抵抗による圧力損失を示す式で，**ハーゲン・ポアズイユの式**(Hagen-Poiseuille equation)という。

3.4.3　円管内の乱流

円管内を流体が乱流で流れている場合，流れが定常流であっても各点での流れの方向や流速は絶えず変化している。しかし，時間的な平均値を用いることにより，工学的に扱うことができる。乱流中の速度分布は，レイノルズ数や管壁面の粗さによって変化する。速度分布を定量的に表す関係式には，実験式である指数法則と，半理論式である対数法則がある。

(1) 指数法則　管壁近傍を除くと,円管内の速度分布は以下の式で表すことができる。

$$\frac{u}{u_{\max}} = \left(\frac{x}{r_0}\right)^{1/n} = \left[1 - \left(\frac{r}{r_0}\right)\right]^{1/n} \tag{3.39}$$

ここで n は，流体のレイノルズ数や管壁面の粗さによって変化する。平滑面管の場合，

$Re = 4\times10^3 \sim 3\times10^6$ のとき　　$n = 6 \sim 10$

$Re = 2\times10^4 \sim 10^5$ のとき　　$n = 7$

特に $n=7$ の場合，**7 乗根法則**(seventh root law)という。

(2) 対数法則　管壁から中心部までを 3 部分に分けると，各部分での速度分布は次式で表すことができる(図 3.13)。

$x^+ < 5$ のとき　　$u^+ = x^+$　　(3.40a)

$5 < x^+ < 30$ のとき　　$u^+ = -3.05 + 5.0 \ln x^+$　　(3.40b)

$30 < x^+$ のとき　　$u^+ = 5.5 + 2.5 \ln x^+$　　(3.40c)

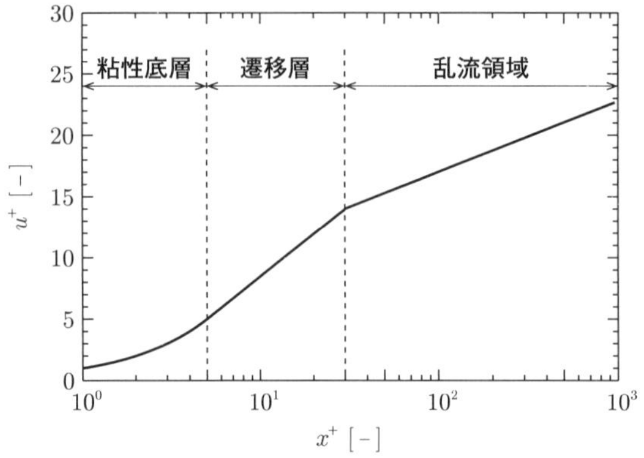

図 3. 13　円管内の乱流

ここで，x^+, u^+ は

$$x^+ = \frac{\rho u^* x}{\mu} = \frac{(r_0 - r)\rho u^*}{\mu} \tag{3.41}$$

$$u^+ = \frac{u}{u^*} \tag{3.42}$$

で表される無次元数であり，u^* は

$$u^* = \sqrt{\frac{\tau_w}{\rho}} \tag{3.43}$$

で表され，**摩擦速度**(friction velocity)という。また τ_w [Pa] は，管壁面にはたらく摩擦せん断力である。

$x^+ < 5$ は管壁近傍であり，流体の流れは層流で，流速は管壁からの距離に比例する。この部分を**粘性底層**(laminar sublayer)とよぶ。$30 < x^+$ は円管の中心部分であり，流体の流れは完全な乱流で，速度勾配は粘性底層部に比べはるかに小さい。この部分を**乱流領域**(turbulent region)という。$5 < x^+ < 30$ は粘性底層と乱流領域との中間で，**遷移層**(buffer layer)とよばれる。

3.5　摩擦などによるエネルギー損失

流体が管路内を流れる際，流体の内部摩擦に加え管路断面の急激な変化や管路内の継手や弁等によりエネルギー損失が生じる。ここでは，それぞれのエネルギー損失の計算法について説明する。

3.5.1　直管内の流れによるエネルギー損失

管径が一定の水平円管内を流体が流れる場合のエネルギー損失は，円管壁と流体とのあいだの摩擦，および流体の内部摩擦によるもので，これらを**摩擦エネルギー損失**(friction energy loss)といい，摩擦エネルギー損失に流体の密度を掛けたものを**摩擦圧力損失**という。

流体が管路内を流れることによる摩擦エネルギー損失 F_f [J·kg^{-1}] は，**ファニングの式**(Fanning's equation)を用いることにより推算できる。

$$F_f = \frac{\Delta P_f}{\rho} = 4f\left(\frac{\bar{u}^2}{2}\right)\left(\frac{L}{D}\right) \tag{3.44}$$

ただし，ΔP_f [Pa] は摩擦圧力損失，L [m] は管長，D [m] は管径である。また，f は摩擦係数(friction factor)で次元をもたない係数である。

(3.44)式中の摩擦係数 f は，管内を流れる流体の流動状態によって算出方法が異なる。流れが層流のとき，f は，

$$f = \frac{16}{Re} \tag{3.45}$$

である。これは(3.38)式中の ΔP を ΔP_f とし，(3.44)式に代入して求めることができる。

$$\frac{1}{\rho}\frac{32\mu L\bar{u}}{D^2} = 4f\left(\frac{\bar{u}^2}{2}\right)\left(\frac{L}{D}\right)$$

$$\Leftrightarrow\ f = \frac{32\mu}{2\rho\bar{u}D} = \frac{16}{Re} \tag{3.46}$$

一方，流れが乱流のときは，図 3.14 の摩擦係数 f とレイノルズ数 Re の関係を用いて，円管内のレイノルズ数から読み取る。ここで，図 3.14 中の k [m] は円管壁の粗さである。

流体が水平円管内を流れる場合の摩擦エネルギー損失や摩擦圧力損失の算出方法は，以下のとおりである。

①　(3.25)式を用いて円管内の流体のレイノルズ数 Re を計算し，流体の流動状態が層流か乱流かを判定する。

②-a　流体の流動状態が層流の場合：　①で求めたレイノルズ数の値を(3.46)式に代入し，摩擦係数 f を求める。

②-b　流体の流動状態が乱流の場合：　図 3.14 を用いて，円管壁の粗さと内径から k/D を計算し摩擦係数 f とレイノルズ数の関係を求め，①で求めたレイノルズ数に対応する摩擦係数の値を読み取る。

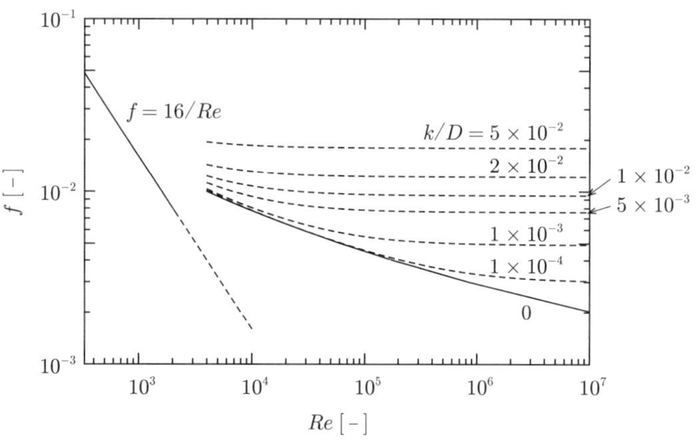

図 3.14　摩擦係数 f とレイノルズ数 Re の関係

③　②で求めた摩擦係数 f をファニングの式(3.44)に代入し，摩擦エネルギー損失 F_f や摩擦圧力損失 ΔP_f を求める。

例題 3.4　長さ 75 m の 3B 鋼管(内径 80.7 mm，粗さ 8×10^{-2} mm)に 20℃のエタノール EtOH (密度 784.9 kg·m^{-3}，粘度 1.200×10^{-3} Pa·s)を流した。EtOH の質量流量が，

(1)　0.14 kg·s^{-1} のとき，

(2)　4.56 kg·s^{-1} のとき，

摩擦エネルギー損失 F_f [J·kg^{-1}] と摩擦圧力損失 ΔP_f [Pa] を求めよ。

【解】　3B 鋼管の断面積 A：　$A=\left(\dfrac{8.07\times10^{-2}}{2}\right)^2\pi=5.11\times10^{-3}\ \mathrm{m^2}$

(1)　EtOH の質量流数が 0.14 kg·s^{-1} のとき：

平均流速は，$\bar{u}=\dfrac{0.14}{784.9}\Big/5.11\times10^{-3}=3.49\times10^{-2}\ \mathrm{m\cdot s^{-1}}$

3B 鋼管内を流れる EtOH のレイノルズ数は，

$$Re=\frac{\rho\bar{u}D}{\mu}=\frac{784.9\times3.49\times10^{-2}\times8.07\times10^{-2}}{1.2\times10^{-3}}=1842$$

レイノルズ数が 2100 以下であるため，この流れは層流である。よって，摩擦係数 f は(3.45)式より，

$$f=\frac{16}{Re}=\frac{16}{1842}=8.69\times10^{-3}$$

これをファニングの式((3.44)式)に代入すると，摩擦エネルギー損失は，

$$F_f=4\times8.69\times10^{-3}\times\left(\frac{(3.49\times10^{-2})^2}{2}\right)\left(\frac{75}{8.07\times10^{-2}}\right)=1.97\times10^{-2}\ \mathrm{J\cdot kg^{-1}}$$

また摩擦圧力損失は，

$$\Delta P_f=F_f\times\rho=1.97\times10^{-2}\times784.9=15.4\ \mathrm{Pa}$$

(2)　EtOH の質量流量が 4.56 kg·s^{-1} のとき：

平均流速は，$\bar{u}=\dfrac{4.56}{784.9}\Big/5.11\times10^{-3}=1.14\ \mathrm{m\cdot s^{-1}}$

3B 鋼管内を流れる EtOH のレイノルズ数は，

$$Re=\frac{\rho\bar{u}D}{\mu}=\frac{784.9\times1.14\times8.07\times10^{-2}}{1.2\times10^{-3}}=6.00\times10^4$$

レイノルズ数が 4000 以上のため，この流れは乱流である。円管壁の粗さが 8×10^{-2} mm のため，$k/D=0.001$ となる。$Re=6.00\times10^4$，$k/D=0.001$ の場合の摩擦係数は図 3.14 より，$f=0.006$。これをファニングの式に代入すると摩擦エネルギー損失は，

$$F_f=4\times0.006\times\left(\frac{1.14^2}{2}\right)\left(\frac{75}{8.07\times10^{-2}}\right)=14.5\ \mathrm{J\cdot kg^{-1}}$$

また摩擦圧力損失は，

$$\Delta P_f=F_f\times\rho=14.5\times784.9=1.14\times10^4\ \mathrm{Pa}$$

3.5.2 管路拡大・縮小によるエネルギー損失

図 3.15(a)のように管路断面が急激に拡大する場合，拡大直後に流体の渦が発生し機械的エネルギーの損失が起こる。管路の断面積が A_1 [m^2] から A_2 [m^2] に急激に拡大し，平均流速が $\bar{u}_1$ [m·s^{-1}] から $\bar{u}_2$ [m·s^{-1}] に減少する場合，エネルギーの**拡大損失**(enlargement loss)F_e [J·kg^{-1}] は，

$$F_e = \frac{(\bar{u}_1 - \bar{u}_2)^2}{2} = \left(1 - \frac{A_1}{A_2}\right)^2 \frac{\bar{u}_1^2}{2} \tag{3.47}$$

となる。断面 1, 2 における流体の圧力を P_1, P_2 [Pa] とし，(3.14)式のベルヌーイの式の一般形を考える。$z_1 = z_2$，$W' = 0$ を代入すると，(3.14)式は，

$$\frac{P_1 - P_2}{\rho} = \frac{\bar{u}_2^2 - \bar{u}_1^2}{2} + \frac{(\bar{u}_1 - \bar{u}_2)^2}{2} = \bar{u}_2(\bar{u}_2 - \bar{u}_1) \tag{3.48}$$

いま $A_1 < A_2$ なので，連続の式より，$\bar{u}_2 < \bar{u}_1$ のため(3.48)式は負となり，$P_1 < P_2$ となる。よって，管路の急激な拡大により流体の圧力は増加する。

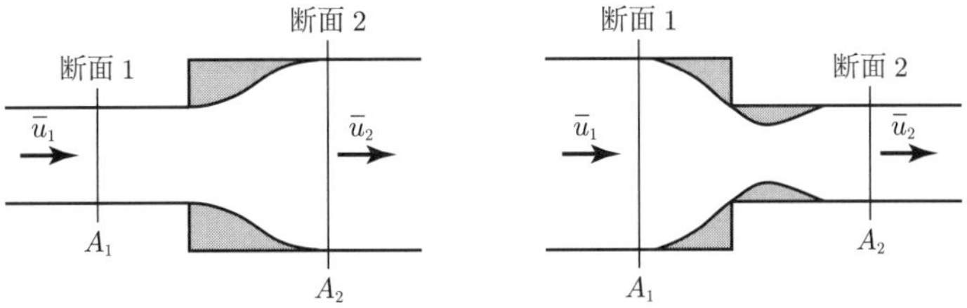

(a) 急激な拡大 (b) 急激な縮小

図 3.15 管路断面積の急激な変化

次に，図 3.15(b)のように管路断面が急激に縮小する場合，縮小部の前後で流体の渦が発生し機械的エネルギーの損失が起こる。管路の断面積が A_1 [m^2] から A_2 [m^2] に急激に縮小し平均流速が $\bar{u}_1$ [m·s^{-1}] から $\bar{u}_2$ [m·s^{-1}] に増加する場合，エネルギーの**縮小損失**(contraction loss) F_c [J·kg^{-1}] は，

$$F_c = K_c \frac{\bar{u}_1^2}{2} \tag{3.49}$$

で表される。ここで K_c は**縮小損失係数**(contraction loss coefficient)で，次式から算出される無次元数である。

$$A_2/A_1 < 0.715 \text{ の場合：} \quad K_c = 0.5 - 0.4(A_2/A_1) \tag{3.50a}$$

$$A_2/A_1 > 0.715 \text{ の場合：} \quad K_c = 0.75 - 0.75(A_2/A_1) \tag{3.50b}$$

3.5.3 継手，弁等によるエネルギー損失

流体の流れの向きや流量を変えるために，管路内に図 3.16 に示すようなエルボやベンド，T 字継手などの**継手**(fitting)や球形弁や仕切弁，アングル弁などの**流量調整弁**(valve)を設置した場合，エネルギー損失が生じる。この場合のエネルギー損失は以下の式で求められる。

$$F_a = 4f\left(\frac{\bar{u}^2}{2}\right)\left(\frac{L_e}{D}\right) \tag{3.51}$$

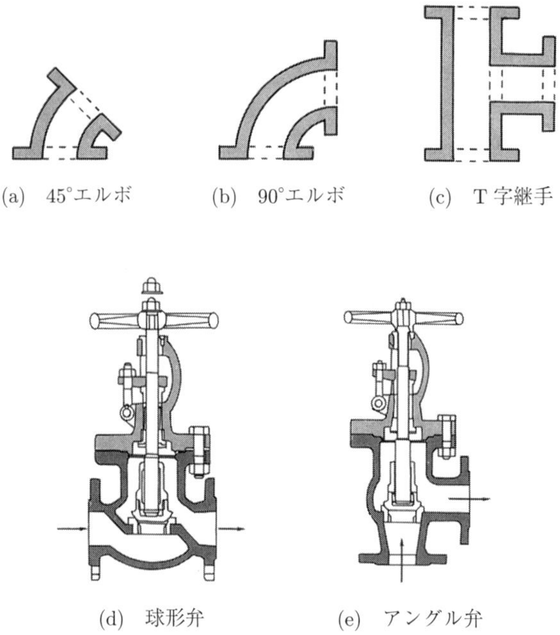

図 3. 16　継手，弁（「基礎化学工学」化学工学会編，培風館(1999)，p. 204，図 4. 14 より引用）

表 3. 2　各種継手および弁における損失係数と相当長さ（改訂七版 化学工学便覧，化学工学会編，丸善(2011)より引用）

継　手	L_e/D	弁	L_e/D
45° エルボ	15	仕切弁(全開)	0.7
90° エルボ(標準)	32	仕切弁(1/4 閉)	10～40
90° ベンド(R/D=4)	10	仕切弁(1/2 閉)	100～200
180° ベンド	75	仕切弁(3/4 閉)	800
十字継手	50	球形弁(全開)	300
T 字継手	40～80	アングル弁(全開)	170

ここで D [m] は管の内径，L_e は相当長さで，継手や弁などの与えるエネルギー損失と等しいエネルギー損失を生じるような直管の長さである。流体の流れが乱流の場合の各継手や弁についての L_e/D の値を表 3. 2 に示す。また，R [m] は曲率半径である。流体の流れが層流の場合は継手や弁によるエネルギー損失は，摩擦エネルギー損失に比べて小さいため無視することができる。

3.6　流量の測定法

3.6.1　オリフィス計

図 3. 17 のように，円管内に中央部に縁の鋭い円孔の空いている薄い円板を挿入すると，流体が円孔付近を通過する際に，流路の断面積が減少し流速が増加するため，静圧

の変化が生じる。この静圧の変化を圧力差として測定することによって流量を求めることができる。この原理を利用して流量測定を行う装置を**オリフィス計**(orifice meter)といい，縁の鋭い円孔のある薄い円板を**オリフィス板**(orifice plate)という。図 3.17 に示すように，流路の断面積が最小となる箇所はオリフィス板よりもやや下流で，ここでは流路断面積が円孔の断面積よりも小さくなる。流路断面積が最小となるところを**縮流部**(vena contracta)といい，縮流部の流路断面積 A_2 [m^2] と円孔の断面積 A_0 [m^2] の比 $A_2/A_0=\alpha$ を**縮流係数**という。

円孔の断面積が A_0 [m^2] のオリフィス板を挿入した，断面積が A_1 [m^2] の水平円管内に液体などの非圧縮性流体が流れている場合を考える。オリフィス板の上流の断面 1 と縮流部の断面 2 のあいだで摩擦等によるエネルギー損失がないとする。断面 1 と断面 2 とのあいだのエネルギー収支をとると，ベルヌーイの式の一般形より，

$$\frac{\bar{u}_2^2-\bar{u}_1^2}{2}=\frac{P_1-P_2}{\rho} \tag{3.52}$$

となる。オリフィス板の円孔の断面積 A_0 [m^2] と円管の断面積 A_1 [m^2] との比 A_0/A_1 を開口比 m とおき，円孔を通過する流体の平均流速を $\bar{u}_0$ とすると，円管内および縮流部を通過する流体の平均流速 $\bar{u}_1$, $\bar{u}_2$ [m･s^{-1}] は，連続の式より，

$$\bar{u}_1=\left(\frac{A_0}{A_1}\right)\bar{u}_0=m\bar{u}_0 \tag{3.53}$$

$$\bar{u}_2=\left(\frac{A_0}{A_2}\right)\bar{u}_0=\frac{\bar{u}_0}{\alpha} \tag{3.54}$$

となる。これらを(3.52)式に代入すると

$$\bar{u}_0=\frac{\alpha}{\sqrt{1-m^2\alpha^2}}\sqrt{2\left(\frac{P_1-P_2}{\rho}\right)} \tag{3.55}$$

となる。(3.55)式では断面 1 と 2 のあいだのエネルギー損失を無視したが，実際にはエネルギー損失があるため，補正を行うために補正係数 φ [-] を掛けると，(3.55)式は，

$$\bar{u}_0=\frac{\alpha\varphi}{\sqrt{1-m^2\alpha^2}}\sqrt{2\left(\frac{P_1-P_2}{\rho}\right)} \tag{3.56}$$

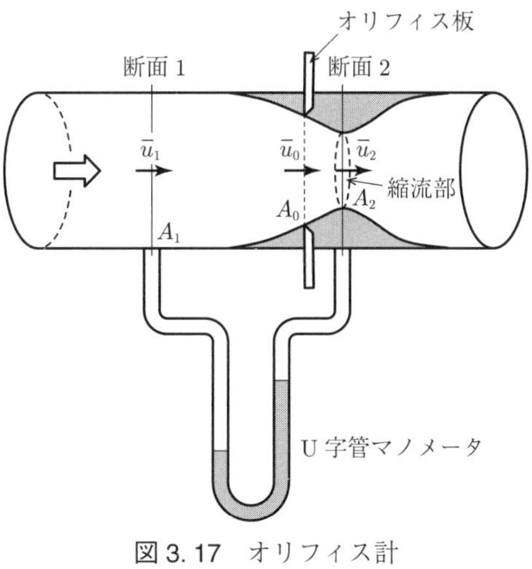

図 3.17　オリフィス計

となる。ここで(3.56)式において

$$\frac{\alpha\varphi}{\sqrt{1-m^2\alpha^2}}=C \tag{3.57}$$

$$\frac{P_1-P_2}{g\rho}=\Delta h \tag{3.58}$$

とおくと，(3.56)式は，

$$\bar{u}_0=C\sqrt{2g\Delta h} \tag{3.59}$$

となる。よって円管内を流れる流体の体積流量 V [$m^3 \cdot s^{-1}$] は，

$$V=CA_0\sqrt{2g\Delta h} \tag{3.60}$$

となり，質量流量 w [$kg \cdot s^{-1}$] は，

$$w=CA_0\,\rho\sqrt{2g\Delta h} \tag{3.61}$$

となる。Δh [$J \cdot N^{-1}$] = [m] はヘッド(head)とよばれ，圧力エネルギーを高さに置き換えたものである。

(3.59)式中の C [-] は**流量係数**または**流出係数**(coefficient of discharge)とよばれ，開口比と円管内を流れる流体のレイノルズ数によって決まる。円管内を流れる流体のレイノルズ数がある一定の値以上になると，C の値は一定になる。このレイノルズ数を**裕度限界レイノルズ数**という。JIS 規格のオリフィス計を用いたときに，円管内の流体の流れが裕度限界レイノルズ数以上の場合の流量係数 C と開口比 m の関係を図 3.18(a)に示す。また，裕度限界レイノルズ数と開口比 m の関係を図 3.18(b)に示す。裕度限界レイノルズ数を計算する際，Re として管径基準のレイノルズ数 Re_D，すなわち

$$Re_D=\frac{\rho\bar{u}_1D_1}{\mu} \tag{3.62}$$

を用いる。一般的には，裕度限界レイノルズ数以上の条件で操作を行う。

(3.55)，(3.56)式中の差圧(P_1-P_2)は，図 3.19 のような**U 字管マノメータ**(U-tube manometer)を用いて求めることができる。U 字管内には水銀や水，油などの封液を入れ，管内の封液の高さの差 H [m] より差圧 P_1-P_2 を求めることができる。流体およ

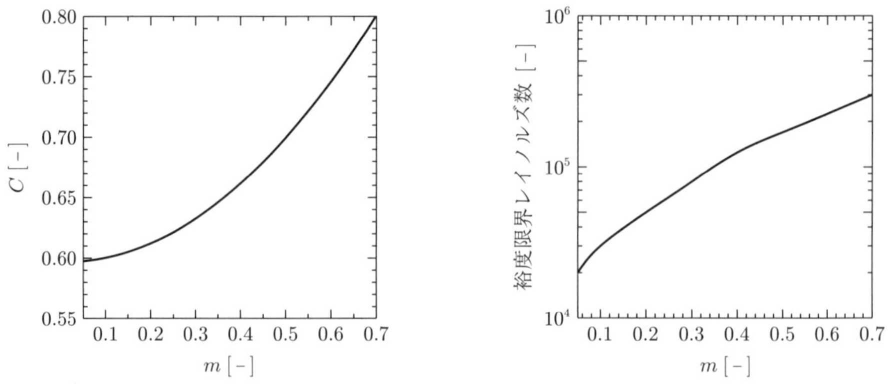

(a)　流量係数 C と開口比 m の関係　　(b)　裕度限界レイノルズ数と開口比 m の関係

図 3.18　流量係数と裕度限界レイノルズ数

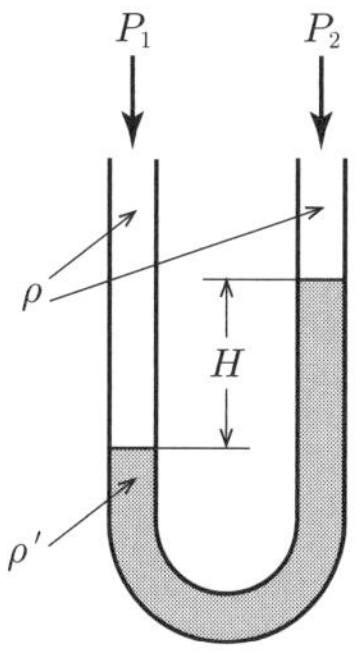

図 3.19　U 字管マノメータ

び封液の密度を ρ, ρ' [kg·m^{-3}]，U 字管の両端にかかる圧力を P_1, P_2 [Pa]，封液の高さの差，つまりマノメータの読みを H [m] とすると，力のつり合いより，

$$P_1 + \rho g H = P_2 + \rho' g H \tag{3.63}$$

$$\Rightarrow\ P_1 - P_2 = \rho g \Delta h = (\rho' - \rho) g H \tag{3.64}$$

$$\therefore\ \ \Delta h = \frac{\rho' - \rho}{\rho} H \tag{3.65}$$

となる。よってマノメータの読み H がわかれば，差圧やヘッド Δh を求めることができる。また，(3.59)式に(3.65)式を代入すると，

$$\bar{u}_0 = C\sqrt{2g\frac{\rho' - \rho}{\rho}H} \tag{3.59$'$}$$

となる。

例題 3.5　内径 100 mm の円管に孔径が 75 mm のオリフィス計を設置し，円管内に水を流したところ，U 字管マノメータ内の封液である水銀(密度 1.36×10^4 kg·m^{-3})の読みが 25 cm となった。円管内を流れる水の質量流量を求めよ。

【解】　円管の内径が 100 mm，オリフィス孔径が 75 mm より，それぞれの断面積は，

円　管：　$A_1 = (100 \times 10^{-3}/2)^2 \pi = 7.85 \times 10^{-3}\ \mathrm{m}^2$

オリフィス：$A_0 = (75 \times 10^{-3}/2)^2 \pi = 4.42 \times 10^{-3}\ \mathrm{m}^2$

開口比 m は

$$m = \frac{A_0}{A_1} = \frac{4.42 \times 10^{-3}}{7.85 \times 10^{-3}} = 0.563$$

この流れの管径基準のレイノルズ数 Re_{D} が裕度限界レイノルズ数以上であると仮定とする。図 3.18(a)より，開口比 $m = 0.563$ のときの流量係数 C は 0.72 である。また，マノメータの読みが 0.25 m より，(3.65)式より Δh は，

$$\Delta h = \frac{\rho' - \rho}{\rho} H = \frac{13600 - 1000}{1000} \times 0.25 = 3.15\ \mathrm{m}$$

よって水の質量流量 w は(3.61)式より，

$$w = 0.72 \times 4.42 \times 10^{-3} \times 1000 \times \sqrt{2 \times 9.8 \times 3.15} = 25.0\ \mathrm{kg \cdot s^{-1}}$$

ここで管径基準のレイノルズ数 Re_{D} を計算する。円管内の水の平均流速は

$$\bar{u}_1=\frac{w}{\rho A_1}=\frac{25.0}{1000\times 7.85\times 10^{-3}}=3.18\ \mathrm{m\cdot s^{-1}}$$

よって，

$$Re_{\mathrm{D}}=\frac{\rho \bar{u}_1 D_1}{\mu}=\frac{1000\times 3.18\times 100\times 10^{-3}}{1\times 10^{-3}}=3.18\times 10^5$$

これは $m=0.563$ のときの裕度限界レイノルズ数 2×10^5 以上である。よって，仮定した流量係数 $C=0.72$ は正しいといえる。

3.6.2　ピ ト ー 管

図 3.20 のように，円管内を流れる流体中に一端を 90° 曲げた U 字形マノメータを挿入する。位置 1 では流体の流れがせき止められるため，流体の運動エネルギーが圧力エネルギーに変換される。位置 2 に静圧 P_2 [Pa] がかかるとすると，位置 1 にかかる圧力は，

$$P_1=P_2+\frac{\rho u^2}{2} \qquad (3.66)$$

となり，封液の高さの差が生じる。P_1 を**総圧**(total pressure)といい，$\frac{\rho u^2}{2}$ を**動圧**(dynamic pressure)という。

(3.66)式を変形すると，

$$u=\sqrt{\frac{2(P_1-P_2)}{\rho}}=\sqrt{2g\Delta h} \qquad (3.67)$$

となり，U 字管マノメータの差圧(P_1-P_2)はマノメータの読み H を測定することにより，位置 1 での流体の流速を求めることができる。この原理を利用したのが**ピトー管**(pitot tube)である。

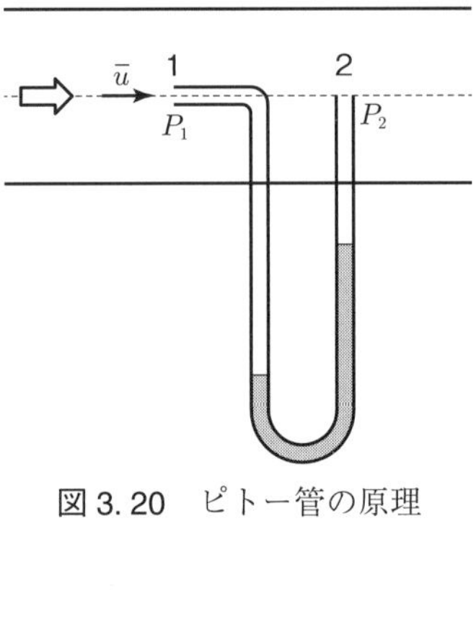

図 3.20　ピトー管の原理

3.7　流体輸送機

流体を移動させる装置として輸送機があるが，それらのうち液体を輸送する装置を**ポンプ**(pump)といい，気体を輸送する装置は風圧の大きさにより，**圧縮機**(compressor，有効静圧 150 kPa 以上)，**送風機**(blower，5～200 kPa)，**ファン**(fan，5 kPa 以下)に分

けられる。輸送機はその構造により，(1) 往復式，(2) 遠心式，(3) 回転式，(4) ジェット式に分類される。

(1) 往復式　シリンダー(cylinder)内をピストン(piston)やプランジャー(plunger)を往復運動させて，流体の吸い込みと排出を繰り返しながら輸送する装置である。この方式は比較的高圧で輸送を行う場合や高粘性流体を輸送するのに適している。往復式の輸送機を用いると流体の流れに脈動が生じる。

(2) 遠心式　ケーシング(casing)内で羽根車(impeller)を高速で回転させ，その遠心力を利用して液体や気体を羽根車の中心部分から流体を吸い込み，外周から送り出す形式の輸送機である。遠心式輸送機は流体の流れに脈動がなく，安価であるため，化学工場などでは多く用いられている。

(3) 回転式　ケーシング内部に歯車(gear)や仕切り板(diaphragm)，スクリュー(screw)，回転子(rotor)などを回転させ，流体の吸い込みと吐き出しを行う輸送機である。回転式輸送機は脈動が少なく高圧での輸送が可能であるが，騒音を発する場合がある。

(4) ジェット式　高速の水や水蒸気をノズル(nozzle)から噴出させて装置内を減圧にして，流体を吸い込みジェット(jet)とともに吐き出す輸送機である。運動部分が少ないため故障が少ない。

章末問題

3.1　高さ 1.5 m の位置に設置された 3B 鋼管(外径 89.1 mm，厚さ 4.2 mm)にポンプを連結させ，ポンプ出口からあとは 2B 鋼管(外径 60.5 mm，厚さ 3.8 mm)を使用して高さ 30 m まで汲み上げている。3B 鋼管に水を 6.0 $kg \cdot s^{-1}$ で供給したとき，ポンプ動力を求めよ。ただし各円管内で水は定常流で，3B 鋼管および 2B 鋼管はともに大気開放されており，水 1 kg 当たりの熱エネルギーに変換された各エネルギー F は 120 $J \cdot kg^{-1}$ とする。

3.2　1/8B 鋼管(外径 10.5 mm，厚さ 2.0 mm)内を 20 ℃のベンゼン(密度 878.7 $kg \cdot m^{-3}$，粘度 6.52×10^{-4} Pa·s)が 6.50×10^{-3} $kg \cdot s^{-1}$ で流れている。定常流の場合，単位長さ当たりの圧力損失を求めよ。

3.3　内径 47 mm，長さ 50 m の銅管に 20 ℃のエタノール EtOH(密度 784.9 $kg \cdot m^{-3}$，粘度 1.20×10^{-3} Pa·s)を流した。EtOH の質量流量が 2.7 $kg \cdot s^{-1}$ のとき，摩擦エネルギー損失 F_f [$J \cdot kg^{-1}$] と圧力損失 ΔP_f [Pa] を求めよ。

3.4　内径 120 mm の円管に孔径が 75 mm のオリフィス計を設置し，円管内に 20 ℃のメタノール MeOH(密度 791.0 $kg \cdot m^{-3}$，粘度 5.80×10^{-4} $kg \cdot m^{-1} \cdot s^{-1}$)を流したところ，U 字管マノメータ内の封液である水銀(密度 1.36×10^4 $kg \cdot m^{-3}$)の読みが 15 cm となった。円管内を流れる MeOH の質量流量を求めよ。

3.5　内径 50 cm の水平のダクト内に 20 ℃空気(密度 1.2 $kg \cdot m^{-3}$)が流れている。空気の体積流量を測定するためにダクトにピトー管を設置したところ，U 字管マノメータの読みが 1.3 cm であった。空気の体積流量を求めよ。ただし，U 字形マノメータは封液として 1-プロパノール(密度 800 $kg \cdot m^{-3}$)を使用している。

4

熱の移動現象

熱の移動現象は，我々の生活で重要な役割を果たしている。例えば，エアコンや冷蔵庫は熱の移動を制御し，発電所や工場などでは熱の利用効率を高めることで省エネルギー化がなされている。また，日々の気温は，太陽と地球自体からの放射熱のバランスによって決まっている。以下では，このような熱の移動を定量的に取り扱う方法を説明する。

4.1　伝熱の三様式

伝熱には，**熱伝導**(heat conduction)，**対流伝熱**(convection heat transfer)，**放射伝熱**(radiant heat transfer)の 3 つの様式がある。図 4.1 に示すような装置では，これら 3 つの伝熱様式を利用して太陽光から温水をつくっている。まず，太陽光は「放射伝熱」によってガラスの外表面を温め，その熱がガラスの中を「熱伝導」で伝わる。伝わった熱は「対流伝熱」で水を温め，最終的に太陽光のエネルギーから温水がつくられる。伝熱の原理は 3 つの様式で異なるため，伝熱速度の計算では異なる取り扱いをしなければならない。

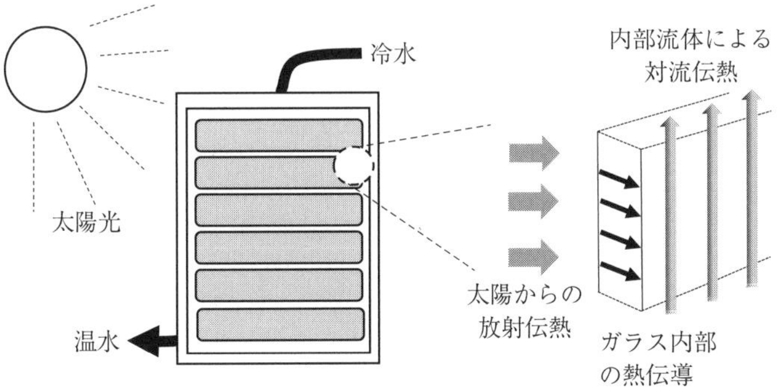

図 4. 1　太陽光を利用した温水器でみる伝熱の三様式

4.2　熱 伝 導

固体内あるいは静止した流体中に温度差があるとき，温度の高い方から低い方に熱が移動する現象を，**熱伝導**という。熱伝導は，原子や電子の熱運動が伝播して熱が伝わる

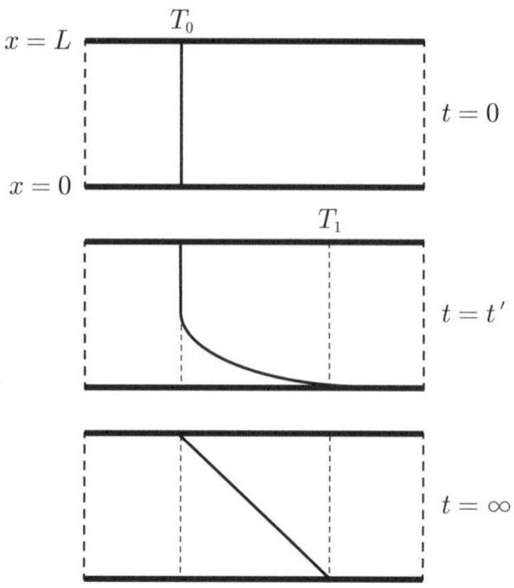

図 4.2　平板の内部における温度分布(熱伝導度一定)

現象であり，伝熱速度は比較的簡単な法則で表される。

図 4.2 のような厚さ L の無限に広がった平板を通した熱伝導を考えてみよう。最初，平板の温度は一定(T_0)であったとし，ある瞬間($t=0$)に平板の下側温度が T_1 に上昇したとする。すると，熱が上方に伝わって平板内部に温度分布ができあがる。この温度分布は，最初は曲線を描くが，やがて時間が十分に経つ($t=\infty$)と平板の上側から下側に直線的な分布となる。平板ではこのような温度勾配があるとき，熱の移動は**定常状態**で

表 4.1　さまざまな物質の熱伝導度

物質名	W·m^{-1}·K^{-1}	
金　属	0℃	100℃
銀	419	412
銅	387	377
アルミニウム	202	206
鋳　鉄	55.4	51.9
非金属		
コルク(密度＝160 kg·m^{-3})	0.043 (30℃)	
ガラス	1.09 (30〜75℃)	
液　体	30℃	75℃
水	0.614	0.662 (70℃)
エタノール	0.201	0.188
酢　酸	0.170	0.160
ベンゼン	0.143	0.131
気　体	0℃	100℃
水　素	0.172	0.220
メタン	0.0407	0.0465
水蒸気	0.0151	0.0240
炭酸ガス	0.0149	0.0219

あるという。第3章の図3.1と見比べてほしい。流速の伝わりと伝熱は相似であることがわかる。

定常状態では，熱の**伝熱速度**(rate of heat flow)(Q：単位は $\mathrm{J \cdot s^{-1} = W}$)は次のように書くことができる。

$$Q = qA = kA\frac{T_1 - T_0}{L} = \frac{T_1 - T_0}{L/kA} \tag{4.1}$$

ここで，A は平板の面積(伝熱面積)であり，$q = Q/A$ は熱の流れに直角な単位面積をとおしての熱移動速度を表し，**熱流束**(単位は $\mathrm{W \cdot m^{-2}}$)とよばれる。(4.1)式は1次元定常熱伝導の式であり，熱流方向の座標 x のみの関数である。k は比例定数であり，**熱伝導度**(thermal conductivity)(単位は $\mathrm{W \cdot m^{-1} \cdot K^{-1}}$)とよばれる。

表4.1は，さまざまな物質の熱伝導度を示している。熱伝導度は物質固有の値であり，温度に対して若干変化するものの，ほぼ一定とみなしてよい。一般的に，

純金属 ＞ 合金 ＞ 非金属結晶 ＞ 液体 ＞ 気体

という順序で大きくなる。

また，定常状態でなくとも，一般に物体内部に温度勾配があれば熱の移動は起こるものであり，(4.1)式はより一般化して次のように書ける。

$$Q = qA = -kA\frac{\mathrm{d}T}{\mathrm{d}x} \tag{4.2}$$

この関係式は**フーリエ(Fourier)の法則**とよばれる。

4.2.1　多層平板での伝熱速度

図4.3は，熱伝導度の異なる三層(1, 2, 3)の平板が重なっている場合の定常状態を示している。このときの伝熱速度は，三層の平板内部のどの位置においても等しい。なぜなら，伝熱速度が位置によって異なると，熱の出入りのアンバランスによって温度が一定にならない箇所ができるからである。したがって，(4.1)式から多層平板の伝熱速度を次のように表すことができる。

$$Q = \frac{T_1 - T_2}{R_1} = \frac{T_2 - T_3}{R_2} = \frac{T_3 - T_4}{R_3} = \frac{T_1 - T_4}{R_1 + R_2 + R_3} = \frac{\Delta T}{\sum_n R_n} \tag{4.3}$$

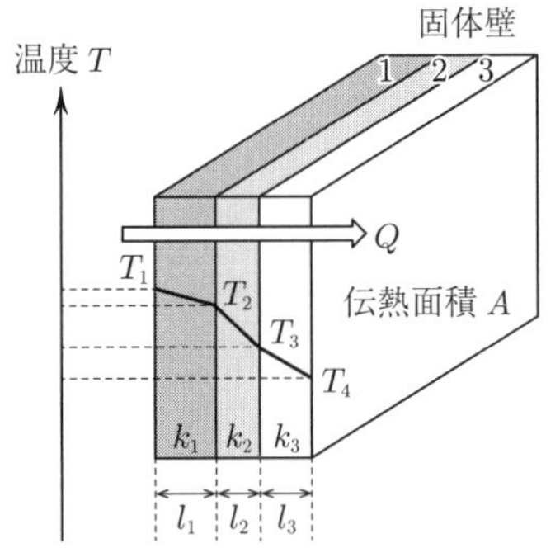

図4.3　三層が重なった平板内部の温度分布

ここで，$R_n = l_n / k_n A$ であり，**伝熱抵抗**(thermal resistance)とよばれる。伝熱抵抗は，電気抵抗のオームの法則と同じように，各板の伝熱抵抗を加算すると全体の伝熱抵抗となる。(4.3)式の最初の3項は平板の各層のフーリエの式であり，加比の理によって導かれる第4項により，伝熱速度は多層平板の両端の温度がわかれば計算できる。

4.2.2 円筒壁での伝熱速度

図4.4に示すような円筒状の固体壁における伝熱速度も，平板と同様の式で表すことができる。ただし，円筒壁では高温側と低温側で伝熱面の面積が異なることから，伝熱面積には，次のような**対数平均伝熱面積**(A_{lm})を用いる必要がある。

$$Q = \frac{T_1 - T_2}{\dfrac{x}{kA_{\mathrm{lm}}}} \qquad \text{ここで，} A_{\mathrm{lm}} = \frac{A_2 - A_1}{\ln \dfrac{A_2}{A_1}} \tag{4.4}$$

ここで x は円筒壁の厚みであり，A_1 と A_2 は，それぞれ円筒の内側表面積および外側表面積であり $T_1 > T_2$ である。円筒の長さを L とすると，$A_1 = 2\pi r_1 L$, $A_2 = 2\pi r_2 L$ である。また，k は壁の熱伝導度である。

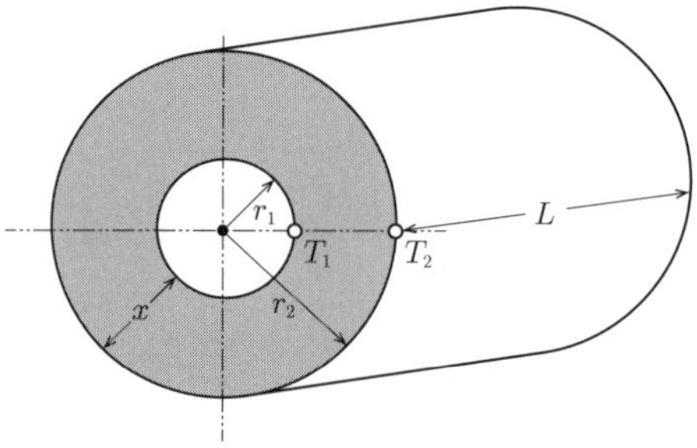

図4.4 円筒状の固体壁における伝熱($T_1 > T_2$)

(4.4)式は(4.1)式と類似しており，x/kA_{lm} が伝熱抵抗とみなされる。したがって，円筒多層壁の伝熱速度についても，伝熱抵抗が複数ある場合として考えることができる。(4.3)式にならって，$T_1 > T_2 > T_3 > T_4$ のとき，三層の円筒が重なった円筒多層壁の伝熱速度は次のようになる。

$$Q = \frac{T_1 - T_2}{R_1} = \frac{T_2 - T_3}{R_2} = \frac{T_3 - T_4}{R_3} = \frac{T_1 - T_4}{R_1 + R_2 + R_3} \tag{4.5}$$

$$\text{ここで，} R_1 = \frac{x_1}{k_1 A_{\mathrm{lm},1}},\quad R_2 = \frac{x_2}{k_2 A_{\mathrm{lm},2}},\quad R_3 = \frac{x_3}{k_3 A_{\mathrm{lm},3}}$$

このように，円筒の各層の対数平均伝熱面積を計算できれば，円筒内外の温度差から伝熱速度が計算できる。

次に，対数平均伝熱面積の導き方について説明する。いま，図4.4において，半径 r の位置での伝熱速度を考えてみる。半径と温度の微小変化を，それぞれ $\mathrm{d}r$ および $\mathrm{d}T$ とすると，伝熱速度はフーリエの法則より，

$$Q = -k(2\pi rL)\frac{\mathrm{d}T}{\mathrm{d}r} \tag{4.6}$$

と書ける。この式を変数分離し，変数 T と変数 r に関して積分すると次のようになる。

$$\int_{r_1}^{r_2} \frac{\mathrm{d}r}{r} = k(2\pi L)\int_{T_1}^{T_2} \frac{\mathrm{d}T}{Q} \qquad \therefore \quad Q = \frac{k(2\pi L)(T_1 - T_2)}{\ln \dfrac{r_2}{r_1}} \tag{4.7}$$

(4.7)式の分母と分子に$(r_2 - r_1)$を掛け，さらに分母の r_2/r_1 を同値の$(2\pi r_2 L)/(2\pi r_1 L)$で置き換えると，

$$Q = \frac{k(2\pi L)(r_2 - r_1)(T_1 - T_2)}{(r_2 - r_1)\ln \dfrac{2\pi r_2 L}{2\pi r_1 L}} \tag{4.8}$$

となる。ここで分母の ln の中身を A_1, A_2 で置き換え，さらに分母の$(r_2 - r_1)$は円管の厚み x に等しいので，(4.8)式は次のように変形できる。

$$Q = \frac{k(A_2 - A_1)}{x \ln \dfrac{A_2}{A_1}}(T_1 - T_2) = \frac{T_1 - T_2}{\dfrac{x}{kA_{\mathrm{lm}}}} \tag{4.9}$$

このように(4.4)式が導びかれ，対数平均伝熱面積を定義することができる。

コラム：対数平均と算術平均の違い

ここでは伝熱面積に対数平均 $\dfrac{A_2 - A_1}{\ln(A_2/A_1)}$ を用いたが，簡便な算術平均とはどれくらい違うのだろうか。伝熱面積を算術平均で求めると，$\dfrac{A_1 + A_2}{2}$ となる。右のグラフは，算術平均と対数平均の差を比較したものである。

内半径が外半径の 0.8 倍程度であると，誤差は 1％ 程度であるが，厚みが増加するに従い対数平均のほうが小さくなり，両者の違いは無視できないほど大きくなっている。このように両者は似通った値をとることもあるが，異なる平均であることがわかる。

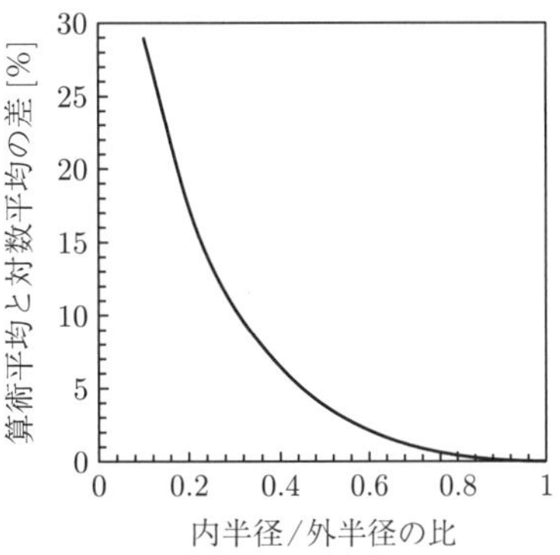

4.3 対流伝熱

運動する流体によって運ばれる熱の移動を，**対流伝熱**という。例えば，高温の固体壁に空気が当たると，温められた空気は軽くなりやがて上昇する。反対に冷たい空気は下方に移動する。このように，自然に流体が循環する動きを**自然対流**(natural convection)といい，それによって運ばれる熱の移動を**自然対流伝熱**(natural convection heat transfer)という。一方，ポンプや撹拌などによって強制的に流体を移動させることを**強制対流**とよび，それによる伝熱を**強制対流伝熱**という。対流伝熱の速度は一般に，熱伝導と比較して非常に大きい。

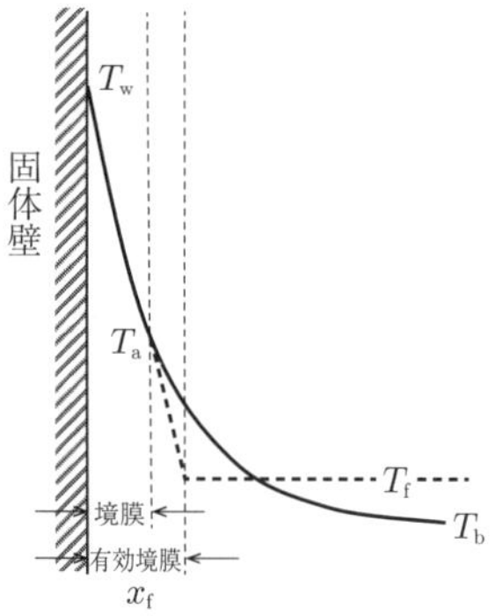

図 4.5　対流伝熱における固体壁表面近傍での流体温度

4.3.1　固体と流体間の対流伝熱

固体壁と接触している流体の温度は，流体本来の温度とは大きく異なる。流れが激しい乱流であっても，固体壁に平行に流れる流体は，壁近傍ではほとんど動いていない。そのような領域は**境膜**とよばれ，そこでの流体は層流とみなせる。層流では，壁面に垂直な方向へと流体が移動しないので流体本体になかなか熱が拡散せず，境膜は大きな伝熱抵抗となる。それに比べて，活発に移動する流体中の伝熱抵抗は小さい。したがって，壁近傍の境膜領域では熱の移動は「熱伝導」であり，流体温度は直線的に変化して，その外ではゆるやかに変化してやがて流体本体の温度となる(図 4.5)。一般的に境膜はとても薄く，実験的にとらえることは困難である。そこで，温度変化をより簡便に評価するために，境膜よりも厚い**有効境膜**(effective film)という概念を導入する。すべての伝熱抵抗は有効境膜に集中していると考えることで，有効境膜内のみ直線的な温度勾配を考え，流体側端の温度は流体の平均温度(T_f)に等しいとおく。そうすると，対流伝熱の伝熱速度は，有効境膜という仮想物質中の熱伝導ととらえることができて，次のように書くことができる。

$$Q = \frac{k_f}{x_f} A(T_w - T_f) = hA(T_w - T_f) \qquad (4.10)$$

ここで，固体表面での流体温度を T_w，有効境膜の厚みを x_f，およびその領域での熱伝導度を k_f とした。さらに，x_f は実際に測定できるものではないので，k_f/x_f の代わりに h という比例定数を導入している。h (単位は $J \cdot m^{-2} \cdot s^{-1} \cdot K^{-1}$)は**境膜伝熱係数**(film coefficient of heat transfer)あるいは**熱伝達係数**とよばれる。h は流体物性だけでなく，流速や表面形状などによっても変化するので，物質固有の値ではない。そのため，h は実際の流動条件の実験で経験的に求める必要がある。この(4.10)式は，**ニュートンの冷却の法則**(Newton's law of cooling)(熱伝達の式)とよばれている。

境膜伝熱係数は，さまざまな因子の影響を受けるが，円管おける強制対流伝熱を考えてみると変数の数は 7 つ(密度 ρ，粘度 μ，熱容量 C_p，熱伝導度 k，平均流速 u，円管直径 D，円管長さ L)である。さらに，次元解析を行うと，検討すべき変数を 3 つに絞り込むことができる。3 つの変数 a, b, g で表した関係式は，無次元数を用いて次のようになる。

$$Nu = ARe^a Pr^b \left(\frac{L}{D}\right)^g \tag{4.11}$$

係数の A と a, b, g は実験によって決めなければならないが，変数の数が8つよりも3つのほうがはるかに少ない実験量ですむ。ここで，Nu, Re, Pr, Pe は次のように定義される無次元数である。

$$Nu = \frac{hD}{k}, \qquad Re = \frac{D\bar{u}\rho}{\mu}, \qquad Pr = \frac{C_p\mu}{k}, \qquad Pe = RePr \tag{4.12}$$

ヌッセルト(Nusselt)**数**(Nu)は境膜伝熱係数を無次元化したものであり，$h = k/x_f$ であるから，管径 D と境膜厚さ x_f の比と考えることができる。また，**プラントル**(Prandtl)**数**(Pr)は流体がもつ運動量と熱の輸送能力の比である。Re はレイノルズ数，Pe は**ペクレ**(Péclet)**数**である。

これまでに，直円管内の強制対流における h については，いくつかの実験式が提案されている。これら無次元数を用いた代表的な実験式を次に示す。

(a) $\dfrac{L\,(\text{長さ})}{D\,(\text{直径})} > 60$ 以上，$Pr = 0.7 \sim 120$，$Re = 10^4 \sim 1.2\times10^5$

・コルバーン(Colburn)の実験式

$$\frac{hD}{k_f} = 0.023\left(\frac{D\bar{u}\rho}{\mu_f}\right)^{0.8}\left(\frac{C_p\mu}{k}\right)_f^{1/3} \tag{4.13}$$

・シーダー・テート(Sieder-Tate)の実験式

$$\frac{hD}{k} = 0.023\left(\frac{D\bar{u}\rho}{\mu}\right)^{0.8}\left(\frac{C_p\mu}{k}\right)^{1/3}\left(\frac{\mu}{\mu_w}\right)^{0.14} \tag{4.14}$$

ここで，μ は粘度，C_p は比熱容量，$\bar{u}$ は平均流速を表す。添え字fがついた物性値は境膜温度 T_f，すなわち，管壁面温度 T_w と流体温度 T の算術平均における値である。また，添え字fのついていない物性値はすべて，流体温度 T における物性値である。長い管で入口と出口で温度が異なる場合には，管の両端での平均温度を用いて h を評価するのがよい。

(b) $Re < 2100$ (層流)

$$\frac{h_{am}D}{k} = 1.86\left(\frac{D\bar{u}\rho}{\mu}\right)^{1/3}\left(\frac{C_p\mu}{k}\right)^{1/3}\left(\frac{D}{L}\right)^{1/3}\left(\frac{\mu}{\mu_w}\right)^{0.14} \tag{4.15}$$

ここで，h_{am} は管全長についての h の平均値である。この式は，壁面近くで自然対流の影響がないと仮定して求めた理論式を，実測値に合うように修正したものである。

なお，層流と乱流との中間の遷移域における適当な式はなく，図表などにまとめられた値が使われている。

コラム：Pr(プラントル)数

Pr 数は流体の熱的性質を表す無次元数である。この式を，第3章で説明した**動粘度**($\nu = \mu/\rho$)と**温度拡散係数**($\alpha = k/(\rho C_p)$)で書き換えると，$Pr = \nu/\alpha$ と書ける。この式は Pr が，粘性による運動量移動と伝導による熱移動の比であることを明確に示している。また，コルバーンの実験式(4.13)の両辺を $(Re)(Pr)$ で割ると，以下の関係式が得られる。

$$j_H = \left(\frac{h}{C_p\bar{u}\rho}\right)\cdot Pr^{2/3} = St\cdot Pr^{2/3} = 0.023\cdot Re^{-0.2}$$

ここで，St は**スタントン数**(Stanton number)とよばれる無次元数である。この式の j_H を**コルバーンの伝熱 *j* 因子**といい，前章で述べた摩擦係数 f の 1/2 にほぼ等しいことが知られている。この関係から，おおよその境膜伝熱係数 h を f から予測できる。

いくつかの気体と液体の Pr 数を以下の表にまとめた。気体と液体を比べると，比熱と粘度の違いを反映して気体のほうが小さく，どれも 1 程度であることがわかる。また，液体の Pr 数は温度によって大きく変わるが，これは主に粘度の温度依存性が大きいためである。気体の粘度は温度によって大きく変わらないので，気体の Pr 数は温度と圧力が変わっても大きく変化しない。

気体(100℃，標準大気圧)	Pr 数	
アルゴン	0.66	
水素，空気	0.69	
酸素，窒素	0.70	
炭酸ガス，メタン	0.75	
水蒸気	1.06	
液　体	15.5℃	100℃
エタノール	15.5	10.1
酢　酸	14.5	10.5
水	7.7	1.5
ベンゼン	7.3	3.8

4.3.2　固体壁を挟んだ温度の異なる二流体間の伝熱

壁や管を挟んで温度の異なる二流体が流れている場合，全体の伝熱抵抗は 3 つの抵抗に分けて考えることができる。すなわち，高温流体側の境膜抵抗(R_1)と低温流体側の境膜抵抗(R_2)，そして固体壁の抵抗(R_3)の三抵抗である。いま，温度分布が図 4.6 のように示されるとすると，多層壁の熱伝導の場合と同様に，伝熱速度は次のように表すことができる。

$$Q=\frac{T_1-T_{w1}}{R_1}=\frac{T_{w2}-T_2}{R_2}=\frac{T_{w1}-T_{w2}}{R_3}=\frac{T_1-T_2}{R_1+R_2+R_3} \tag{4.16}$$

$$\text{ただし，}\ R_1=\frac{1}{h_1A_1},\quad R_2=\frac{1}{h_2A_2},\quad R_3=\frac{x}{kA_{av}}$$

ここで，高温および低温の流体側面積をそれぞれ A_1 と A_2，また固体壁の平均面積を A_{av} (= $(A_1+A_2)/2$)とした。なお，固体壁が円管の場合は対数平均伝熱面積を用いる

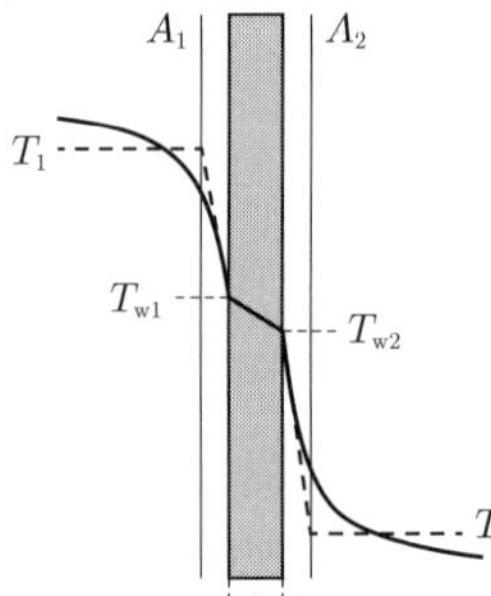

図 4.6　壁や管の両側に温度の異なる二流体が流れている場合

が，管厚が薄い場合は算術平均を用いてよい。さらに，3 つの伝熱抵抗の総和の逆数である**総括伝熱係数**(overall coefficient of heat transfer) U (単位は $\mathrm{J \cdot m^{-2} \cdot s^{-1} \cdot K^{-1}}$) を導入すると，(4.16)式は次のように簡便な式になる。

$$Q = \frac{T_1 - T_2}{R_1 + R_2 + R_3} = UA(T_1 - T_2) \tag{4.17}$$

総括伝熱係数は**熱貫流係数**ともよばれる。ここで，U は面積 (A) としてどこの部分の値を用いるかによって異なり，次のような関係式で定義される。

$$\frac{1}{U_1 A_1} = \frac{1}{U_2 A_2} = \frac{1}{U_{\mathrm{av}} A_{\mathrm{av}}} = \frac{1}{h_1 A_1} + \frac{1}{h_2 A_2} + \frac{1}{x/kA_{\mathrm{av}}} \tag{4.18}$$

U には 3 つの種類があり，$U_1, U_2, U_{\mathrm{av}}$ はそれぞれ，A_1 基準の総括伝熱係数，A_2 基準の総括伝熱係数，A_{av} 基準の総括伝熱係数とよばれる。また，(4.18)式は全体の伝熱抵抗を表しており(**総括伝熱抵抗**ともいう)，それを構成している部分抵抗のうち最大となるものの影響を強く受ける。例えば，固体壁の熱伝導度が大きくて薄いならば，境膜伝熱係数で全体の抵抗が決まる。伝熱抵抗を小さくしたい場合には，どの部分の抵抗が大きいのかをよく理解しなければならない。

4.4 熱交換器

化学プロセスでは余分な熱は廃棄せずに，回収して再利用している。高温流体から低温流体へと熱を移動させる装置のことを熱交換器という。**熱交換器**(heat exchanger)は余分な熱を回収したり，原料や生成物の予熱，加熱，冷却などさまざまな用途に利用される。したがって，熱交換器を利用した装置は目的に応じて，加熱器，冷却器，凝縮器，蒸発器ともよばれる。

図 4.7 は，いくつかの熱交換器の構造を示している。コイル式熱交換器(a)は蛇管式ともよばれ，コイル管内に流した流体を冷却，凝縮，加熱させるのに利用される。管外の流体部分が大きいため境膜伝熱係数が小さい欠点があるが，構造が簡単なため飲料のサーバーなどの小規模な熱交換によく用いられる。二重管式熱交換器(b)は，外管と内管の二重管構造となっており，その間の環状路と内管内部の流体間で熱交換を行う。二流体を同じ方向に流す並流型と，反対向きに流す向流型がある。多管式熱交換器(c)は，多数の伝熱管を束ねて円筒形の胴に収めたものである。伝熱面積が容積の割に大きくできるため大熱量を交換するのに有利であり，工業的に最もよく用いられる。胴の中には，通常，邪魔板が置かれており，管外の流速を増して伝熱係数を高める工夫がなされている。この他にも平板式熱交換器(d)などがある。

4.4.1 熱交換器の設計

熱交換器における熱伝導は，基本的に図 4.6 に示したような，管壁を挟んだ対流伝熱とみなすことができる。しかしながら，熱交換器では入口から出口に向かって熱交換が連続的に起こっており，装置内部で二流体の温度差に分布がある。そのため，伝熱速度は，**対数平均温度差**(ΔT_{lm})を用いて次式で計算される。

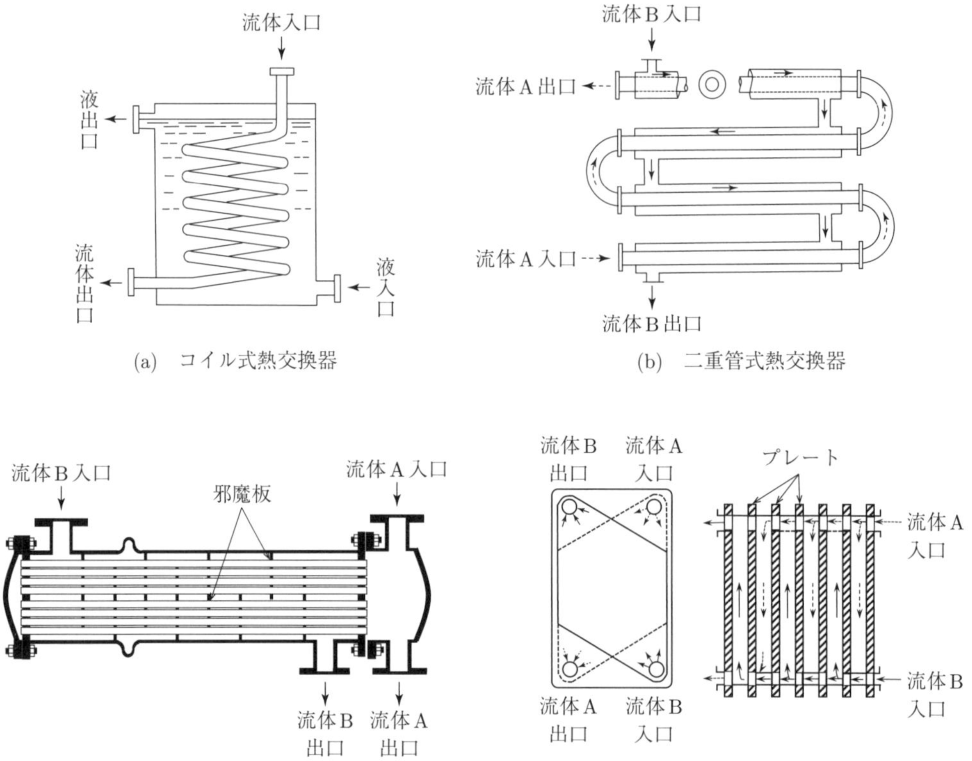

(a)　コイル式熱交換器　(b)　二重管式熱交換器

(c)　多管式熱交換器　(d)　平板式熱交換器

図 4.7　異なるタイプの熱交換器。(「解説 化学工学(改訂版)」竹内 雍他著，培風館(2001)，図 4.10 から一部を転載)

$$Q = UA\,\Delta T_{\mathrm{lm}} \tag{4.19}$$

$$\Delta T_{\mathrm{lm}} = \frac{\Delta T_1 - \Delta T_2}{\ln \dfrac{\Delta T_1}{\Delta T_2}} \tag{4.20}$$

向流型(counter flow)と**並流型**(parallel flow)の熱交換器の簡単な構造と，装置内部での温度分布を図 4.8 に示した。左端での温度差が ΔT_1，右端での温度差が ΔT_2 である。温度 T の添え字の 1 は入口，2 は出口を意味し，添え字 h と c は，それぞれ高温流体と低温流体であることを意味している。図 4.8 のように入口と出口での各温度を定めると，ΔT_1 と ΔT_2 は次の式で求まる。

$$\Delta T_1 = T_{\mathrm{h1}} - T_{\mathrm{c1}} \tag{4.21}$$

$$\Delta T_2 = T_{\mathrm{h2}} - T_{\mathrm{c2}} \tag{4.22}$$

二流体間での温度差をみてみると，向流型では装置内部の各部分でほぼ一定であるが，並流型では出口に向かって減少している。つまり，向流型では装置のどの部分でも，ほぼ一定の伝熱速度を得ることができる。一般に，同じ熱を交換するためには向流型のほうが有利である。

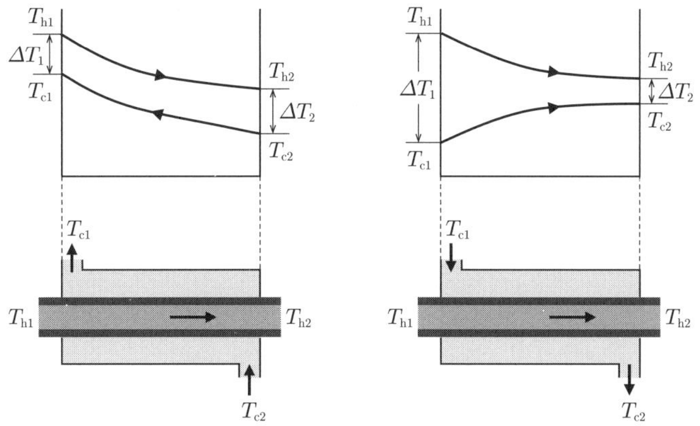

(a)　向流型　　　(b)　並流型

図 4. 8　向流型と並流型の熱交換器と内部の温度分布

4.4.2　熱収支式と所要伝熱面積の算出方法

熱交換器の設計では，十分な温度交換を行うために必要な装置の**所要伝熱面積**を求めることが目的となる。2 つの流体の入口温度はあらかじめ与えられるものであり，出口温度のどちらかの流体温度が熱交換における設定温度となる。このとき，もう片方の流体出口温度は不明であるが，次に示す熱収支式を解くことで求めることができる。

$$Q = W_h C_{ph}(T_{h1} - T_{h2}) = W_c C_{pc}(T_{c2} - T_{c1}) \tag{4.23}$$

ここで，W_h [kg·s^{-1}] と C_{ph} [J·kg^{-1}·K^{-1}] はそれぞれ高温流体の質量流量と比熱容量を表し，それぞれに対する低温流体の値を W_c, C_{pc} で表している。なお，実際には流体の凝縮や沸騰が起こる場合もあるが，ここでは相変化を生じない場合を想定している。

定常状態では高温側流体が失った熱量と，低温流体が得た熱量は等しくなる。(4. 23)式は，高温側流体から低温側流体に移動した単位時間当たりの熱（＝伝熱速度 Q [W]）を示しており，第 2 項が高温流体が失った熱，第 3 項が低温流体が得た熱，である。

二流体の入口温度差（ΔT_1）と出口温度差（ΔT_2）を，向流型の場合は(4. 21)式を，並流型の場合は(4. 22)式を用いて計算する。次に，対数平均温度差（ΔT_{lm}）を(4. 20)式で計算し，伝熱速度の(4. 19)式に代入し，もう一つの伝熱速度の(4. 23)式と連立させることで，所要伝熱面積（A）が最終的に求まる。管の本数を求めたい場合には，伝熱管 1 本当たりの表面積で A を割ることで求まる。

多管式熱交換器では，流路が複雑であり完全な向流型とはいえない。一方で，対数平均温度差は，完全な向流型あるいは並流型を仮定して求めた理論値である。したがって，対数平均温度差を用いて計算した伝熱速度は，実際のものとは異なる場合がある。そこで，対数平均温度差に**補正係数**（$F_T < 1$）を乗じて実測と合うような補正がなされている。補正係数については，構造の異なるタイプの熱交換器に対して実験的に求められており，それらを利用することでより正確な熱交換器の設計が可能である。

4.5 放射伝熱

あらゆる物質は，その温度に応じて電磁波を放出しており，これを**熱放射線**(thermal radiation)という。放出された電磁波が物体に吸収されると，原子の振動エネルギーに変換されて，再び熱エネルギーとなる。このような，電磁波の放射と吸収による熱移動を**放射伝熱**(radient heat transfer)(あるいは**輻射伝熱**)という。電磁波が伝わるのに媒体は必要なく，光速で，真空でも伝わる。我々が太陽光に感じる熱は，放射伝熱によるものである。

4.5.1 固体からの熱放射と黒体

固体からの熱放射線が物体に到達すると，一部は反射し，一部は物体を透過，そして残りが物体に吸収されて熱に変換される(図4.9)。全体を1としてそれぞれを分率で表すと，次の式が成り立つ。

$$r+t+a=1 \tag{4.24}$$

ここで，r は反射率，t は透過率，a は吸収率という。$a=1$ の物体は，到達した放射線をすべて吸収する。このような物体を**黒体**(black body)という。実際には，$a=1$ となるような物質は存在しないが，太陽や特殊なカーボンブラックは a が1に限りなく近く，黒体とみなすことができる。

熱放射線は電磁波であり，いろいろな波長を含んでいる。温度 T [K] で，黒体が放射する波長 λ [m] の放射エネルギーの強さ $E_{B\lambda}$ [W·m^{-3}] は，下記の式で表される。

$$E_{B\lambda}=\frac{C_1}{\lambda^5\left(e^{C_2/\lambda T}-1\right)} \tag{4.25}$$

この関係式を**プランクの法則**(Planck's law)という。C_1 と C_2 は普遍定数であり，$C_1=3.742\times10^{-16}$ [W·m^2]，$C_2=1.439\times10^{-16}$ [W·m^2] である。λ と $E_{B\lambda}$ の関係をプロットしたものが**スペクトル分布**である。図4.10に示すように，スペクトルは最大値を示す凸型であり，その大部分は人間には見えない赤外線領域にある。また，スペクト

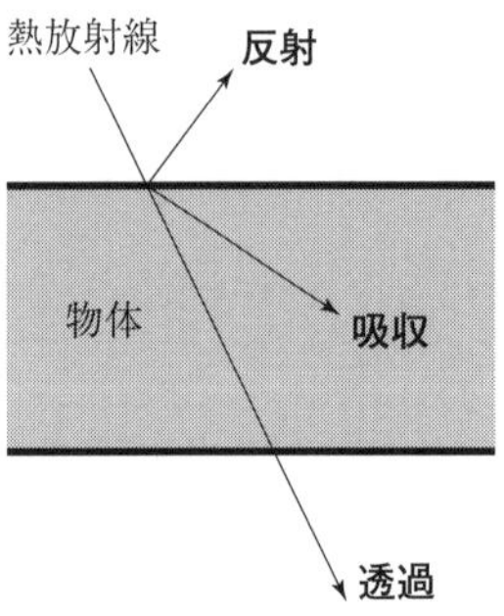

図4.9　熱放射の反射，透過，吸収

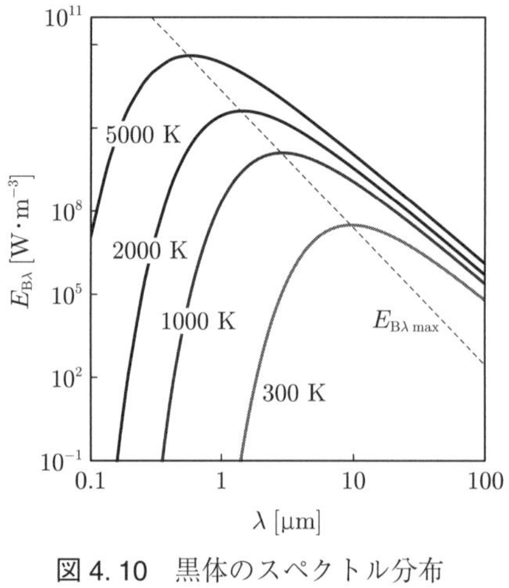

図4.10　黒体のスペクトル分布

ルの最大値を与える波長 $\lambda_{\max}$ は温度の上昇にともない短波長側に移動する。この $\lambda_{\max}$ は温度と関係があり，その関係は次のように表される。

$$\lambda_{\max} T = 0.002898 \tag{4.26}$$

この式は**ウィーンの変移則**(Wien's displacement law)とよばれ，$\lambda_{\max}$ がわかれば黒体の温度が計算できることを示している。また，金属を加熱すると，赤，橙，黄，白と色が変化していくが，これは熱放射線の最大波長が表面温度に応じて変化していることに対応しており，ウィーンの変移則で説明することができる。

太陽や遠い恒星の温度は，直接測定できない。しかしながら，ウィーンの変移則を利用すれば，放射されている電磁波の $\lambda_{\max}$ から推算できる。太陽に対しては $\lambda_{\max} = 0.48$ µm と観測されているので，(4.26)式により，太陽の表面温度は約 6000 K であることがわかる。

ある黒体から放出される単位面積，単位時間当たりの全エネルギーは**放射能**とよばれ，全波長領域での放射エネルギーを積分したものになる。(4.25)式を全波長領域で積分すると，次の放射能 E_B [W·m^{-2}] に関する式が導かれる。

$$E_B = \int_0^{\infty} E_{B\lambda}\, d\lambda = \sigma T^4 \tag{4.27}$$

この式は**ステファン・ボルツマンの法則**(Stefan–Boltzmann law)とよばれ，黒体の放射能が，温度の 4 乗に比例することを示している。比例定数 σ はステファン・ボルツマン定数とよばれ，$\sigma = 5.670 \times 10^{-8}$ [W·m^{-2}·K^{-4}] である。

4.5.2 実在固体表面と灰色体表面からの熱放射

実在する固体は完全な黒体ではない。そのため実在固体からの放射能は，同温度の黒体と比べると小さくなる。実在固体からの放射能を表すために，黒体との違いを表す係数 ε (<1)が用いられる。ε は**熱放射率**あるいは**黒度**とよばれ，固体の材質や表面状態によって異なる。熱放射率を用いると，実在固体の放射能(E)は次式で表される。

$$E = \varepsilon E_B = \varepsilon \sigma T^4 \tag{4.28}$$

温度によって ε が変化しない物体を**灰色体**という。研磨した金属面などを除けば，実在固体の多くは灰色体として取り扱うことができる。

4.5.3 二固体間の放射伝熱

温度の異なる 2 つの固体面が相対していると，放射伝熱により両物体間で熱が移動する。いま，黒体とみなせる温度 T_1, T_2 ($T_1 > T_2$)の二面が相対しており，それぞれの表面積を A_1, A_2 とする。面 1 について熱収支を考えると，面 1 から面 2 への伝熱速度は次のように書ける。

$$Q_{1\to 2} = \sigma (A_1 F_{12} T_1^4 - A_2 F_{21} T_2^4) \tag{4.29}$$

ここで，F_{12} は面 1 からみた面 2 の**角関係**とよばれるもので，面 1 から放射された熱が面 2 に到達する割合を示している。F_{21} も同様である。さらに，二面の温度が等しいと仮定すると，$Q_{1\to 2} = 0$ が成り立つので，$A_1 F_{12} = A_2 F_{21}$ の関係式が導かれる。つまり，式(4.29)は次のように書き換えられる。

表 4.2　形態による総括吸収率 ϕ_{12}

二面の形態	ϕ_{12}
無限平行平面	$\frac{1}{\phi_{12}}=\frac{1}{\varepsilon_1}+\frac{1}{\varepsilon_2}-1$
面 1 が面 2 に囲まれている場合	$\frac{1}{\phi_{12}}=\frac{1}{\varepsilon_1}+\frac{A_1}{A_2}\left(\frac{1}{\varepsilon_2}-1\right)$
大気中への熱放射	$\phi_{12}=\varepsilon$

$$Q_{1\to2}=A_1F_{12}\sigma(T_1^4-T_2^4)=5.67A_1F_{12}\left[\left(\frac{T_1}{100}\right)^4-\left(\frac{T_2}{100}\right)^4\right] \qquad (4.30)$$

では，灰色体の場合はどうなるであろうか。二面が灰色体の場合には，面 1 から放射された熱は面 2 ですべて吸収されずに一部は反射する。反射した放射線の一部は戻ってきて面 1 で吸収されるが，残りは反射して再び面 2 に到達する。つまり，面 1 と面 2 の間で，放射，吸収，反射が無限に繰り返されることになる。このような伝熱は複雑ではあるが解析的に計算することができて，灰色体間の $Q_{1\to2}$ は**総括吸収率**(overall heat absorptivity) ϕ_{12} を用いて次のように書ける。

$$Q_{1\to2}=5.67A_1\phi_{12}\left[\left(\frac{T_1}{100}\right)^4-\left(\frac{T_2}{100}\right)^4\right] \qquad (4.31)$$

ここで ϕ_{12} は熱放射率 ε と面の立体的な形態によって変わる値である。表 4.2 には，いくつかの形態について ϕ_{12} を求めるための関係式を示した。

4.6　蒸発器による伝熱

不揮発性の物質が溶解している溶液を**加熱**，沸騰させて濃縮する操作を**蒸発**という。そのための装置を**蒸発器**あるいは**蒸発缶**という。蒸発器は，蒸発部と加熱部に分かれ，加熱部には加熱管などの加熱装置が取り付けられている。液体は加熱部で加熱され，発生した蒸気は上部から回収される。蒸発部の空間は蒸気に含まれる小さな液滴を分離するために必要である。

蒸発器に与えられる熱 Q [W] は次のように表される。

$$Q=UA(T_s-T_l) \qquad (4.32)$$

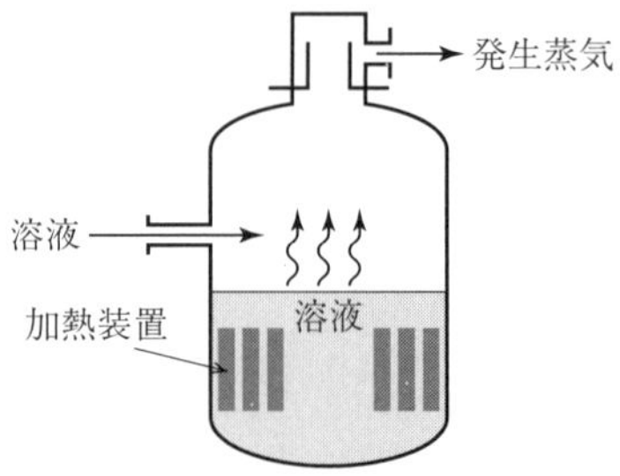

図 4.11　蒸発器(蒸発缶)の構造

ここで A [m^2] は伝熱面積，T_s は熱源の温度，T_1 は溶液の沸点である。また，加熱装置が溶液の深くにある場合には，溶液の深さ h によって生じる蒸気圧変化($\Delta p = \rho gh$，g は重力加速度)も考慮して沸点を求める必要がある。U [W·m^{-2}·K^{-1}] は総括伝熱係数であるが，装置の形状などを考慮した一般化は難しいため，似たような構造をもつ蒸発器で測定された実測値を参考に決められることが多い。

章末問題

4.1 図 4.3 に示すような，異なる熱伝導度と厚みをもつ平板を 3 枚重ねた固定壁があるとき，3 枚の平板界面の温度 T_2 と T_3 を求める式を導け。

4.2 温度が 90 ℃の温水が流れている円管を考える。円管の内径は r_1 [m]，外径は r_2 [m]，円管壁の熱伝導度は k_0 [W·m^{-1}·K^{-1}]，長さは L [m] である。外気温を 20 ℃とするとき，この円管の対数平均伝熱面積と熱損失 [J·s^{-1}]を求めよ。

4.3 羽毛布団と毛布を 1 枚ずつ重ねて下に人が寝ることを考える。どちらを上に重ねたほうが暖かいかを計算で示せ。ただし，熱伝導による伝熱のみを考え，部屋の温度は 7 ℃，体温は 36 ℃，羽毛布団と毛布の熱伝導度と厚みは，それぞれ 0.02 W·m^{-1}·K^{-1}，0.06 W·m^{-1}·K^{-1}，10 cm，1 cm とする。

4.4 高温に保たれた固体壁面に平行して流体が流れている。流体本体温度が 25 ℃，境膜伝熱係数が 500 J·m^{-2}·s^{-1}·K^{-1} であるとき，単位面積当たりの伝熱速度が 800 W であった。固体壁の温度を求めよ。

4.5(総括伝熱係数) 90 ℃のお湯が通っている鋼管を考える。管の内径は 27.6 mm，管の外径は 34.0 mm，長さは 5 m である。また，管の熱伝導度は 46 W·m^{-1}·K^{-1} であり，管の外側には 20 ℃の空気が流れているとする。なお，長さ方向で，お湯，空気，管内部で温度はそれぞれ一定に保たれているとする。管内水側の境膜伝熱係数を 1700 W·m^{-2}·K^{-1}，空気側の境膜伝熱係数を 20 W·m^{-2}·K^{-1} とするとき，管内面基準の総括伝熱係数の値を求めよ。

4.6(熱交換器) 二重管式熱交換器がある。内径 30 mm の管内側に 380 kg·h^{-1} の流量で石油を流し，これを管外に流した水蒸気で加熱している。石油の入口温度は 50 ℃，出口温度は 110 ℃であった。このとき，管入口から出口までに石油が受け取る総伝熱量[J·s^{-1}]を求めよ。なお，80 ℃における石油の比熱容量 C_p は 2010 J·kg^{-1}·K^{-1} とする。

4.7(放射伝熱) 温度が 800 ℃の平面壁(熱放射率 $\varepsilon_1 = 0.90$)と温度が 200 ℃の低温面壁(熱放射率 $\varepsilon_2 = 0.60$)が狭い間隔で平行に向き合っている。それぞれの面積が十分に大きいとして，高温壁面から低温壁面への単位面積当たりの放射伝熱速度を求めよ。

5

蒸　留

「蒸留」は，混合溶液を加熱したときに，発生する蒸気ともとの溶液の組成が異なることを利用して，混合物の中から目的の成分を分離濃縮する技術である。古くは古代ギリシア時代に香料の精製に用いられたとされており，その後，医薬品等の精製に応用され，現在では化学工業の分離工程において中心的な役割を果たしている。本章では，蒸留の原理を理解するために必要となる気液平衡，ウイスキーの蒸留に用いられる単蒸留，そして石油化学プラントで使用されている連続精留塔の設計について学ぶ。

5.1　気液平衡関係

2つ以上の成分を含む混合溶液をある圧力の下で沸騰させたとき，発生する蒸気は純成分ではなく，混合物となる。このとき，液の組成(以下，組成はモル分率)，蒸気の組成，圧力および沸騰する温度の関係は一つに決まり，これを**気液平衡**(vapor–liquid equilibrium)という。

一般に，液相の第 i 成分の組成を x_i，気相の第 i 成分の組成を y_i で表す。混合溶液中で沸点の低い(揮発性の高い)成分を**低沸成分**または**軽い成分**とよび，沸点の高い(揮発性の低い)成分を**高沸成分**または**重い成分**とよぶ。2成分系では，慣例として，低沸成分の組成を x, y で，高沸成分の組成をそれぞれ $1-x, 1-y$ で表す。分圧 p_i が液組成 x_i とその温度における純成分 i の蒸気圧 P_i° の積($p_i = x_i P_i^\circ$)で与えられる**ラウール**(Raoul)**の法則**が成り立つ溶液を**理想溶液**とよぶ。実在の混合溶液では分子間にはたらく種々の相互作用のため，ラウールの法則が成り立たず，このような溶液を**非理想溶液**とよぶ。

5.1.1　気液平衡データと相図

表5.1に，圧力一定(101.325 kPa)の実験で求められたベンゼン(1)＋トルエン(2)系の気液平衡データを，図5.1には気液平衡線図を示す。(a) 温度組成線図は，表5.1の平衡温度(T)と液相組成(x)，気相組成(y)をプロットしたものであり，**沸点曲線**(T-x)と**露点曲線**(T-y)の2つの曲線が描かれている。(b) x-y 線図は平衡関係にある液相組成(x)と気相組成(y)をプロットして得られる。図中の点は実験値，なめらかな曲線は気液平衡計算によって得られた計算値のプロットである。ベンゼン＋トルエン系の気液平衡関係はラウールの法則で近似でき，理想溶液とみなすことができる。飽和炭化水

表 5.1　ベンゼン(1)＋トルエン(2)系気液平衡データ(101.325 kPa)

x_1 [−]	y_1 [−]	T [K]
0.000	0.000	383.75
0.100	0.208	379.35
0.200	0.372	375.35
0.300	0.507	371.75
0.400	0.619	368.45
0.500	0.713	365.45
0.600	0.791	362.55
0.700	0.857	359.95
0.800	0.912	357.55
0.900	0.959	355.35
1.000	1.000	353.25

(Meeboer, B., Recomended Test mixtures for Dist. Columns, Inst. of Chem. Eng. (1969) より引用)

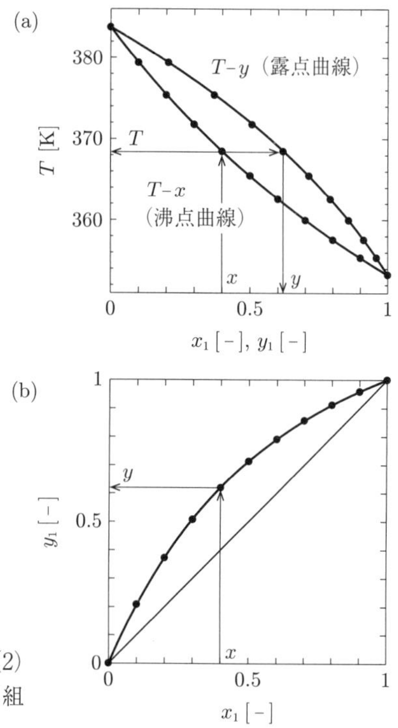

図 5.1　ベンゼン(1)＋トルエン(2)気液平衡線図：(a) 温度組成線図，(b) x–y 線図

素，芳香族，アルコールなど同じグループ内で化学構造，化学的性質の近い物質からなる混合溶液は理想溶液として取り扱うことができる。

図 5.2 には，さまざまな特徴をもった 2 成分系気液平衡線図を示す。

(a)　メタノール(1)＋水(2)系は，x–y 曲線の対称性が少しくずれており，弱い非理想性を示す。

(b)　2–プロパノール(1)＋水(2)系では，x–y 曲線が対角線と交差しており，この組成 x_{AZ} において液組成 x と蒸気組成 y が等しくなることを意味している。このような混合物を**共沸混合物**(azeotropic mixture)とよぶ。また T–xy 線図では交点の組成で沸点曲線と露点曲線が一致し，沸点が最も低くなっており，これを**最低共沸混合物**とよぶ。このような系では，分圧 p_i がラウールの法則よりも大きな値となる(正の偏り)。

(c)　アセトン(1)＋クロロホルム(2)系でも，x–y 曲線が対角線と交差しているが，この点で沸点が最も高くなっており，**最高共沸混合物**とよぶ。この場合，分圧 p_i はラウールの法則よりも小さな値となる(負の偏り)。

(d)　メチルエチルケトン(1)＋水(2)系では分子間相互作用がさらに強くなり，共沸混合物は相互溶解度のために破線の領域で液相が 2 相に分離する。これを**不均一共沸混合物**とよぶ。

このように気液平衡データを線図へプロットすることにより，非理想性の強さ，共沸の有無および共沸組成を確認することができる。

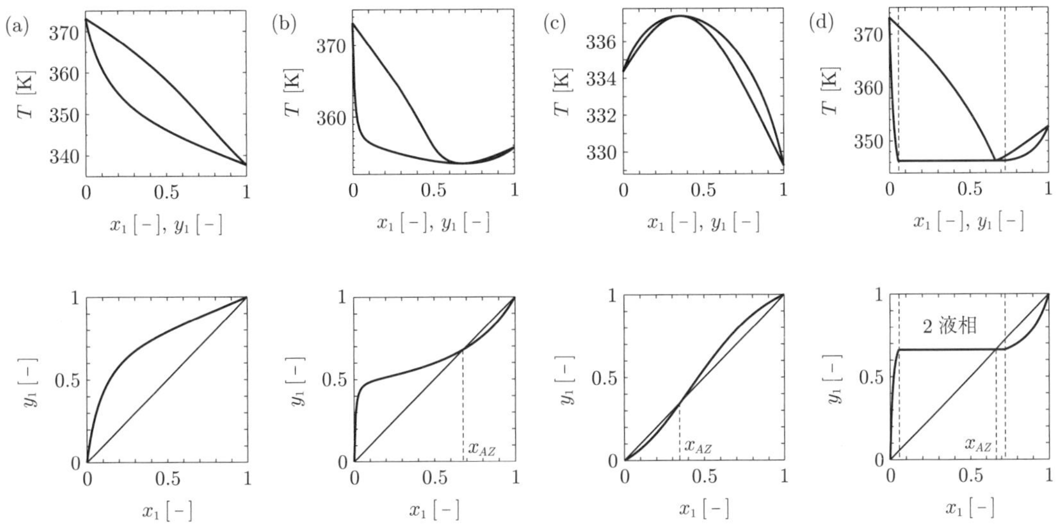

図 5.2　いろいろな気液平衡関係

5.1.2　気液平衡の理論

混合物の液相と気相が平衡状態にあるとき，熱力学の条件から両相中の各成分の**フガシティー**[*]（fugacity）は等しくなる。気相（V）と液相（L）の第 i 成分のフガシティーを，それぞれ $f_i^{\mathrm{V}} = \phi_i^{\mathrm{V}} y_i P$, $f_i^{\mathrm{L}} = \gamma_i x_i f_i^{0\mathrm{L}}$ で表せば，平衡の条件は次式で与えられる。ただし，ϕ_i^{V} は気相フガシティー係数，γ_i は**液相活量係数**，$f_i^{0\mathrm{L}}$ は純成分のフガシティーである。

$$\phi_i^{\mathrm{V}} y_i P = \gamma_i x_i f_i^{0\mathrm{L}} \tag{5.1}$$

また，c 成分系では液組成 x_i，蒸気組成 y_i についてモル分率の総和の式が得られる。

$$\sum_{i=1}^{c} x_i = 1 \tag{5.2}$$

$$\sum_{i=1}^{c} y_i = 1 \tag{5.3}$$

平衡状態においては，すべての成分について温度 T，組成 x_i, y_i，圧力 P が（5.1）式，（5.2）式および（5.3）式の条件を満足する必要がある。

大気圧付近では気相のフガシティー係数 ϕ_i^{V} を 1 と近似することができ，通常の条件下では，純成分のフガシティー（$f_i^{0\mathrm{L}}$）を純成分の飽和蒸気圧（P_i°）で置き換えた次式を用いる。

$$y_i P = \gamma_i P_i^{\circ} x_i \tag{5.4}$$

この式をさらに書き換え，気相組成と液相組成の関係式を得る。

$$y_i = \frac{\gamma_i P_i^{\circ}}{P} x_i = K_i x_i \tag{5.5}$$

ここで K_i は気相と液相の組成の比を表し，**気液平衡比**とよぶ。

＊）フガシティー f は理想気体で成り立つ熱力学の関係式を実在気体でも使えるように考えられた圧力の単位をもつ状態量である。圧力 $P \to 0$ で $f \to P$ となり，フガシティー係数 $\phi = f/P \to 1$ となる。かつて「逃散能」の訳語が使われており，相平衡においては各相の居心地の悪さの尺度とみなすこともできる。

表5.2　アントワン定数($\log_{10} P = A - B/(C+T)$, P [kPa], T [K])

	A	B	C	T_b [K]
ベンゼン	6.004773	1196.760	−53.989	353.24
トルエン	6.075773	1342.310	−53.963	383.78
p-キシレン	6.115433	1453.430	−57.84	411.53
メタノール	7.205873	1582.271	−33.424	337.65
エタノール	7.237103	1592.864	−46.966	351.44
2-プロパノール	8.003193	2010.33	−20.514	355.70
メチルエチルケトン	6.188463	1261.339	−51.181	352.79
アセトン	6.242043	1210.595	−43.486	329.34
クロロホルム	6.079553	1170.966	−46.918	334.33
水	7.196213	1730.63	−39.724	373.15

相対揮発度(比揮発度)α は気液平衡比 $K_i = y_i/x_i$ の比で定義され，(5.5)式を用いて成分2に対する成分1の相対揮発度 α_{12} は(5.6)式で与えられる。平衡状態における気液の組成(実測値)または活量係数，飽和蒸気圧(推算値)がわかれば相対揮発度の値を知ることができる。

$$\alpha_{12} = \frac{K_1}{K_2} = \frac{y_1/x_1}{y_2/x_2} = \frac{\gamma_1 P_1^\circ}{\gamma_2 P_2^\circ} \tag{5.6}$$

任意の温度 T [K] における純成分の飽和蒸気圧 P_i° [kPa] は次の**アントワン**(Antoine)**の式**などで推算できる。

$$\log_{10} P_i^\circ = A_i - \frac{B_i}{C_i + T} \tag{5.7}$$

ここで A_i, B_i, C_i は成分 i のアントワン定数である。(化学便覧，化学工学便覧等からみつけることができる。)　表5.2に，主な物質のアントワン定数と101.325 kPaにおける標準沸点 T_b を与える(圧力と温度の単位に気をつけること)。

5.1.3　理想溶液の気液平衡

理想溶液では，(5.6)式で活量係数 $\gamma_i = 1$ とおくことができ，相対揮発度 α_{12} は次式のように飽和蒸気圧の比として与えられる。

$$\alpha_{12} = \frac{P_1^\circ}{P_2^\circ} \tag{5.8}$$

また，2成分系の場合，(5.6)式に $y_2 = 1 - y_1$, $x_2 = 1 - x_1$ を代入して整理すれば，次式を得る。

$$y_1 = \frac{\alpha_{12} x_1}{(\alpha_{12} - 1) x_1 + 1} \tag{5.9}$$

液組成に対して相対揮発度の変化が小さく，理想溶液と見なせる系では，相対揮発度を一定と仮定して(5.9)式から気液平衡関係を求めることができる。なお，2成分系の場合，添え字“12”を省略した α を用いる。(**注**：相対揮発度の平均値を求めるときは算術平均ではなく幾何平均を用いる。)

例題 5.1 表 5.1 中のベンゼン(1)＋トルエン(2)系気液平衡の実測値を用いて，$x_1=0.200, 0.700$ における相対揮発度 α_{12} を求めよ。

【解】 (5.6)式に，$y_2=1-y_1, x_2=1-x_1$ および $x_1=0.200, y_1=0.372$ を代入し，$\alpha_{12}=2.37$ が得られる。

同様に，$x_1=0.700, y_1=0.857$ のとき，$\alpha_{12}=2.57$ が得られる。

5.1.4 非理想溶液の気液平衡

非理想溶液では，(5.4)式のようにラウールの法則からの偏りを液相活量係数 γ_i によって表現する。活量係数の液組成 x_i，温度 T に対する依存性を考慮した活量係数式のなかから，2 成分系に対する**ウィルソン**(Wilson)**の式**と **NRTL 式**を以下に与える。

(a) ウィルソンの式

$$\ln\gamma_1=-\ln(x_1+\Lambda_{12}x_2)+x_2\left(\frac{\Lambda_{12}}{x_1+\Lambda_{12}x_2}-\frac{\Lambda_{21}}{\Lambda_{21}x_1+x_2}\right) \tag{5.10}$$

$$\ln\gamma_2=-\ln(x_2+\Lambda_{21}x_1)-x_1\left(\frac{\Lambda_{12}}{x_1+\Lambda_{12}x_2}-\frac{\Lambda_{21}}{\Lambda_{21}x_1+x_2}\right) \tag{5.11}$$

ただし，

$$\Lambda_{12}=\frac{v_2^{\mathrm{L}}}{v_1^{\mathrm{L}}}\exp\left(-\frac{\lambda_{12}-\lambda_{11}}{RT}\right),\qquad \Lambda_{21}=\frac{v_1^{\mathrm{L}}}{v_2^{\mathrm{L}}}\exp\left(-\frac{\lambda_{21}-\lambda_{22}}{RT}\right) \tag{5.12}$$

ここで，R は気体定数，v_i^{L} は温度 T における成分 i の液モル体積，$\lambda_{12}-\lambda_{11}$ と $\lambda_{21}-\lambda_{22}$ は 2 成分系定数である。Λ_{12} および Λ_{21} は(5.12)式のように温度依存性を考慮するパラメータであるが，温度範囲の狭い条件では，簡便のために定数とみなして取り扱う。

(b) NRTL 式

$$\ln\gamma_1=x_2^2\left[\tau_{21}\left(\frac{G_{21}}{x_1+x_2G_{21}}\right)^2+\frac{\tau_{12}G_{12}}{(x_2+x_1G_{12})^2}\right] \tag{5.13}$$

$$\ln\gamma_2=x_1^2\left[\tau_{12}\left(\frac{G_{12}}{x_2+x_1G_{12}}\right)^2+\frac{\tau_{21}G_{21}}{(x_1+x_2G_{21})^2}\right] \tag{5.14}$$

ただし，

$$G_{21}=\exp(-\alpha_{21}\tau_{21}),\quad G_{12}=\exp(-\alpha_{12}\tau_{12}) \tag{5.15}$$

$$\tau_{21}=\frac{g_{21}-g_{11}}{RT},\quad \tau_{12}=\frac{g_{12}-g_{22}}{RT},\quad \alpha_{12}=\alpha_{21} \tag{5.16}$$

ここで，$g_{21}-g_{11}, g_{12}-g_{22}, \alpha$ の 3 つが成分に固有の 2 成分系定数である。

これらの活量係数式の 2 成分系定数は，気液平衡の実測データから最適化手法を用いて決定される。また，多成分系混合物に対しても，構成する 2 成分系定数のみ用いて気液平衡の推算が可能である。2 液相を形成する系に対しては NRTL 式が有効である。

例題 5.2 2-プロパノール(1)＋水(2)系の液組成 $x_1=0.200$ における活量係数 γ_1, γ_2 を求めよ。ただし，ウィルソン定数は $\Lambda_{12}=0.05905, \Lambda_{21}=0.73417$ を用いよ。

【解】 (5.10)式に $x_1=0.200, x_2=0.800$，および $\Lambda_{12}=0.05905, \Lambda_{21}=0.73417$ を代入すると，$\ln\gamma_1=0.96816$ となり $\gamma_1=2.6331$ が得られる。

同様に，(5.11)式を用いて，$\ln\gamma_2=0.161924$ より $\gamma_2=1.1758$ が求められる。

5.1.5　気液平衡計算（沸点計算）

c 成分系の気液平衡関係は，液組成 x_i（c 個），蒸気組成 y_i（c 個），温度 T，圧力 P の $2c+2$ 個の変数と，気液平衡関係式(5.5)（c 個）と液組成および蒸気組成の和が 1 となる条件（(5.2), (5.3)式）の $c+2$ 個の式で表現される。

圧力 P，液組成 x_i（c 個）を指定すると，残りの変数は蒸気組成 y_i（c 個）と温度 T となる。ここで，アントワンの式などの蒸気圧と温度の関係式，ウィルソンの式などの活量係数と液組成，温度の関係式が与えられれば，気液平衡関係式(5.5)（c 個）と(5.3)式を連立して解くことにより，指定された条件における平衡温度（沸点）T と蒸気組成 y_i を求めることができる。

〈計算手順〉

1）圧力 P と液組成 x_i ($i=1, \cdots, c$) を指定する。

2）温度 T の初期値を仮定する。

3）仮定された温度 T に対して，飽和蒸気圧 P_i°，活量係数 γ_i を計算し，(5.5)式を用いて蒸気組成 y_i ($i=1, \cdots, c$) を求める。

4）蒸気組成の和を計算し，(5.3)式を所定の誤差で満足するかどうか調べる。満足していれば仮定された温度と計算された蒸気組成が解として得られたことになる。満足していなければ，温度を仮定しなおして，3)へもどる。

例題 5.3　沸点計算により，大気圧（101.325 kPa）おける 2-プロパノール（1）＋水（2）系混合溶液（$x_1=0.200$）の沸点および平衡蒸気組成を求めよ。

【解】　(5.3)式の蒸気組成 y_i ($i=1, 2$) に(5.5)式を代入して整理すると，次の(a)式が得られる。

$$\frac{\gamma_1 P_1^\circ}{P} x_1 + \frac{\gamma_2 P_2^\circ}{P} x_2 - 1 = 0 \qquad \cdots\cdots \text{(a)}$$

液組成は $x_1=0.200$ なので，例題 5.2 で得られた活量係数の値 $\gamma_1=2.6331$, $\gamma_2=1.1758$ を用いる。飽和蒸気圧をアントワンの式で与え，圧力 $P=101.325$ kPa を代入すれば，(a)式は温度 T のみの関数となる。(a)式の左辺を 0 とする温度 T が沸点である。試行錯誤の結果*)，$T=355.391$ K のとき，（左辺）＝(−)0.000014 となる。(5.5)式から平衡蒸気組成 $y_1=0.5197$, $y_2=0.4103$ が求められる。

5.2　単蒸留（2 成分系）

図 5.3 に示す**単蒸留**は，原料となる混合溶液を一定量だけフラスコ（スチル）に入れ，加熱により発生する蒸気を凝縮器（condenser）で冷却し，凝縮液（留出液）を受器で回収する。蒸留の進行に従ってスチル内の液量は減少し，スチル液組成，発生する蒸気組成も変化する。

最初に低沸成分の組成 x_0 の原料 L_0 [mol] がスチルに仕込まれ，加熱を開始する。留出が始まってからある時間経過後のスチル液量が L [mol]，組成が x であり，そこから

*）Excel のゴールシーク機能などを利用すると便利である。

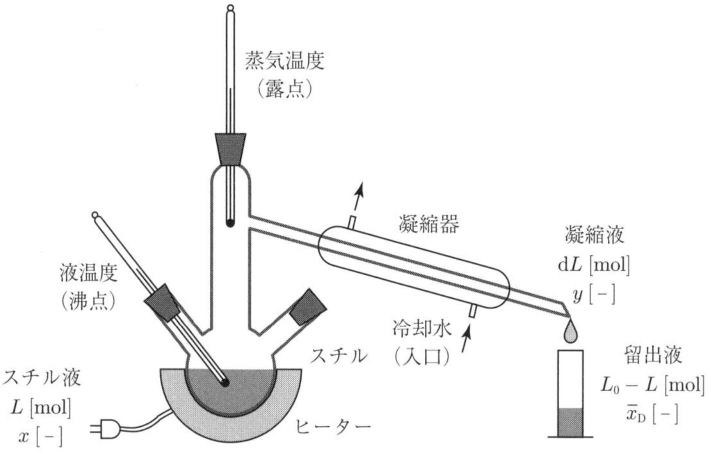

図 5.3　単蒸留の装置図

組成 y の蒸気が $\mathrm{d}L$ [mol] だけ留出したときに，スチル液組成が $\mathrm{d}x$ だけ小さくなったとする。このときのスチル内の成分量の微小変化は次式で与えられる。

$$\mathrm{d}(Lx) = y\,\mathrm{d}L \tag{5.17}$$

この式の左辺を展開し，変数分離すると次式が得られる。

$$\frac{\mathrm{d}L}{L} = \frac{\mathrm{d}x}{y-x} \tag{5.18}$$

この式の両辺を最初の状態（L_0, x_0）からある時間経過した状態（L, x）まで積分すると，**レイリー**（Rayleigh）**の式**とよばれる次式が得られる。ただし，（5.19）式では積分した値が正となるように両辺の積分の方向を $L \to L_0$，$x \to x_0$ としている。

$$\int_L^{L_0} \frac{\mathrm{d}L}{L} = \ln\frac{L_0}{L} = \int_x^{x_0} \frac{\mathrm{d}x}{y-x} \tag{5.19}$$

スチル液組成 x と発生する蒸気組成 y のあいだに平衡関係が成り立つとすれば，（5.19）式の右辺の積分は x-y 曲線から作成する $1/(y-x)$ 対 x の曲線を用いた図積分（数値積分）によって求めることができ，スチル液組成 x のときのスチル液量 L を求めることができる。

2 成分系で相対発揮度が一定（α_av）と仮定できる場合には，（5.19）式の y に（5.9）式を代入して積分することにより次式が得られる。

$$\ln\frac{L_0}{L} = \frac{1}{\alpha_\mathrm{av}-1}\left\{\ln\frac{x_0}{x} + \alpha_\mathrm{av}\ln\frac{1-x}{1-x_0}\right\} \tag{5.20}$$

この時点までに蓄積した留出液の平均組成 $\bar{x}_\mathrm{D}$ は物質収支より次式で求められる。

$$\bar{x}_\mathrm{D} = \frac{L_0 x_0 - Lx}{L_0 - L} \tag{5.21}$$

例題 5.4　大気圧下（101.325 kPa）でベンゼン（1）＋トルエン（2）混合物（$L_0 = 100$ mol, $x_0 = 0.6, \alpha = 2.47$）を単蒸留した。スチル液組成が $x = 0.4$ となったとき，スチル液量 L および平均留出液組成 $\bar{x}_\mathrm{D}$ を求めよ。

【解】　（5.20）式へ各数値を代入すると

$$\ln\left(\frac{100}{L}\right)=\left\{\ln\left(\frac{0.6}{0.4}\right)+2.47\ln\left(\frac{0.6}{0.4}\right)\right\}\Big/(2.47-1)=0.9571$$

これより，スチル液量 $L=38.4$ mol となり，(5.21)式へ代入して，平均留出液組成 $\bar{x}_D=0.725$ が得られる。

オイラー法などの数値積分法を用いて(5.18)式を積分すると，任意の留出率 $(=(L_0-L)/L_0)$ におけるスチル液組成 x および平均留出液組成 $\bar{x}_D$ を求めることができる。図5.4には，相対揮発度 $\alpha=1.5, 2.47, 6.0$ のときの曲線が与えられている。相対揮発度が大きいと，平均留出液組成も高く，低沸成分が早く留出する傾向がわかる。

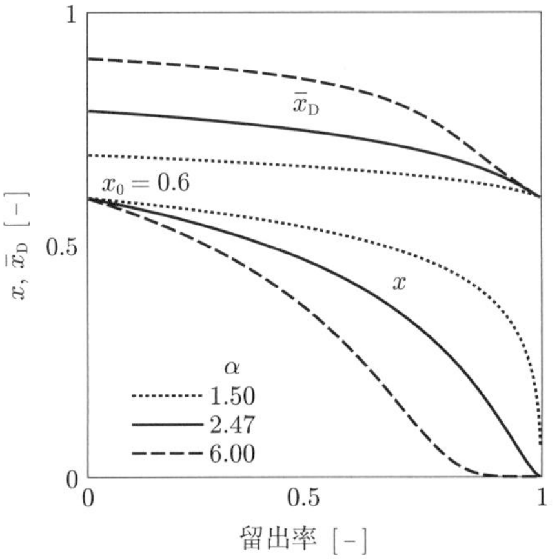

図5.4　単蒸留の留出曲線

5.3　フラッシュ蒸留(2成分系)

原料を連続的に供給，加熱してその一部を蒸発させ，気液分離器で蒸気(留出液)と液(缶出液)とに分離する操作を**フラッシュ蒸留**とよぶ。このとき，蒸気組成と液組成には平衡関係が成り立つとする。

図5.5(a)にフラッシュ蒸留の概略を示す。2成分系の原料(組成 z，流量 F [mol·s^{-1}])からフラッシュ蒸留により，留出液量 D [mol·s^{-1}](組成 y)，缶出液量 W [mol·s^{-1}](組成 x)が得られるとき，物質収支から

$$\text{全物質収支：}\quad F=D+W \tag{5.22}$$

$$\text{成分物質収支：}Fz=Dy+Wx \tag{5.23}$$

(5.22)式と(5.23)式から F を消去して整理すると，組成差と流量の比の関係(てこの原理)を与える次式が得られる。

$$\frac{y-z}{x-z}=-\frac{W}{D} \tag{5.24}$$

原料条件 (F, z) が与えられ，留出液量 D または缶出液量 W が指定されると，この式は図5.5(b)に示すように x-y 線図の対角線上の点 Z(z, z) を通り，傾き $(-W/D)$ の直線

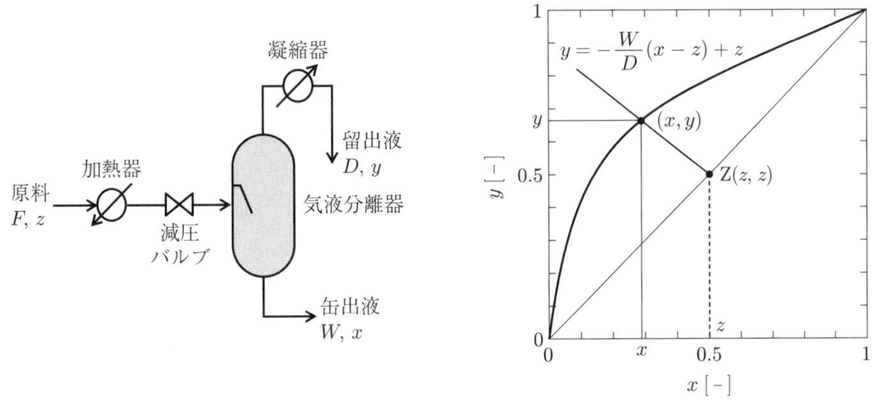

(a)　(b)

図 5.5　フラッシュ蒸留：(a) 概略図，(b) x–y 線図と操作線

$y=-\dfrac{W}{D}(x-z)+z$ (これを**操作線**という)となる。この線(物質収支)と x–y 曲線(気液平衡)との交点の座標 (x, y) がフラッシュ蒸留で得られる留出液組成 (y) と缶出液組成 (x) となる。

平衡関係が(5.9)式で与えられるとき，(5.24)式と連立させて解き，液組成 x を求めることができる。

例題 5.5　ベンゼン(1)＋トルエン(2)混合物($z=0.4$, $\alpha=2.47$)の原料 100 mol·s^{-1} を大気圧下(101.325 kPa)でフラッシュ蒸留を行い，留出液量 $D=20$ mol·s^{-1} が得られたときの缶出液組成 x および留出液組成 y を求めよ。

【解】　操作線の式は，$y=(-)(80/20)(x-0.4)+0.4$ となり，これをベンゼン＋トルエン系の x–y 線図中に作図し，x–y 曲線との交点の座標を読むと，$x=0.355$, $y=0.575$ が得られる。また，(5.24)式と(5.9)式に条件を代入して得られる連立方程式を x, y について解くと，$x=0.356$ ($y=0.577$)が求められる。

5.4　連続精留塔(2成分系)

成分間の揮発性の差が小さい，あるいは高い製品純度が求められるとき，蒸気と液の混合分離を繰り返す**連続精留塔**が用いられる。ここでは，連続精留塔の設計について学ぶ。

5.4.1　連続精留塔の構造とモデル

図 5.6 に，1 つの原料供給と 2 つの製品抜き出しをもつ連続多段精留塔の概略を示す。塔の中間部に原料 F (組成 z)が供給され，塔頂から低沸成分を多く含む留出液 D が，塔底からは高沸成分を多く含む缶出液 W がそれぞれ製品として抜き出される。塔底から出てくる液 L^* はリボイラー(reboiler)とよばれる熱交換器で加熱されて蒸気 V^*

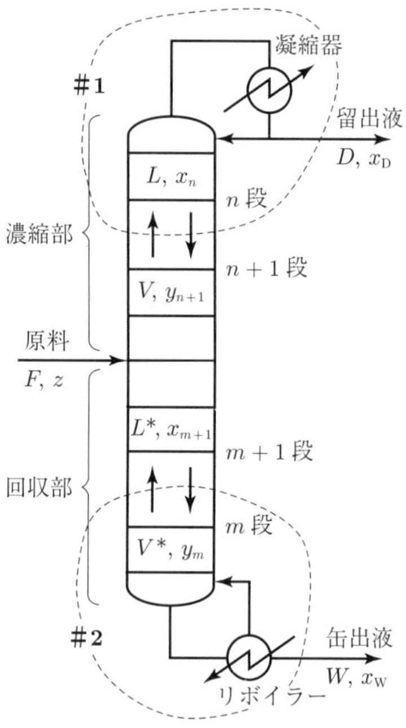

図 5.6　連続精留塔の概略図

$(=L^*-W)$は塔へ戻され，液は缶出液 W になる。塔頂蒸気 V は凝縮器で凝縮され，その一部は留出液 D，残りは還流液 L として塔に戻される。精留塔内ではこれらの蒸気液が接触し，原料供給段より上の部分(濃縮部)では塔頂に向かって低沸成分が濃縮され，原料供給段より下の部分(回収部)では塔底に向かって高沸成分が濃縮される。

ここでは，簡単のために 2 成分系混合物の分離について式の導出を行うこととし，

1)　各段上の蒸気，液はそれぞれ完全に混合しており，段を去る蒸気の組成 y と液の組成 x は気液平衡関係にある。(理論段)

2)　蒸留塔ではリボイラー，凝縮器以外の部分で外部との熱交換はない。(断熱塔)

3)　気液モル流量は濃縮部(V, L)，回収部(V^*, L^*)においてそれぞれ一定である。(等モル流れ)

を仮定する。

(1) 物質収支式　　蒸留塔全体の全物質収支，成分物質収支は次式で与えられる。

$$\text{全物質収支：}\quad F=D+W \tag{5.25}$$

$$\text{成分物質収支：}Fz=Dx_D+Wx_W \tag{5.26}$$

(2) 操作線の式　　濃縮部の各段には塔頂段を第 1 段として，下に向かって番号を付け，留出液組成を x_D，n 段の気液の低沸成分の組成をそれぞれ y_n, x_n で表すと，図 5.6 の囲み(#1)について 2 つの物質収支式が得られる。

$$\text{全物質収支：}\quad V=L+D \tag{5.27}$$

$$\text{成分物質収支：}Vy_{n+1}=Lx_n+Dx_D \tag{5.28}$$

(5.28)式を整理し，還流比 R $(=L/D)$で置き換えると，次式が得られる。

$$y_{n+1}=\frac{L}{V}x_n+\frac{D}{V}x_D=\frac{R}{R+1}x_n+\frac{1}{R+1}x_D \tag{5.29}$$

この式は濃縮部の**操作線の式**とよばれ，留出液組成 x_D と気液流量または還流比 R が与えられたとき，任意の n 段を出ていく液組成 x_n とその下の段から入ってくる蒸気の組成 y_{n+1} の関係を与える。

同様に，回収部の各段に塔底段を第1段として，上に向かって番号を付けると，図5.6の囲み(#2)について(5.27)～(5.29)式に対応する次式が得られる。

$$\text{全物質収支：}\quad L^*=V^*+W \tag{5.30}$$

$$\text{成分物質収支：}L^*x_{m+1}=V^*y_m+Wx_W \tag{5.31}$$

$$x_{m+1}=\left(\frac{V^*}{L^*}\right)y_m+\left(\frac{W}{L^*}\right)x_W \tag{5.32}$$

この(5.32)式は回収部の**操作線の式**とよばれ，缶出組成 x_W と各流量が既知のとき，任意の m 段の蒸気組成 y_m とその上の段からの液の組成 x_{m+1} の関係を与える。

(3) q 値(原料の熱的条件)　濃縮部と回収部の操作線が座標(x, y)で交差するとき，(5.28)式と(5.31)式，原料供給段回りの全物質収支 $V-V^*=F-(L^*-L)$，および $q=(L^*-L)/F$ から，交点の軌跡を表す次式が導出される。

$$y=-\frac{q}{1-q}x+\frac{1}{1-q}z \tag{5.33}$$

ここで，q は原料が蒸留塔に供給されたときの液部分の分率を表す。(5.33)式は x-y 線図上で点(z, z)を通る傾き $-q/(1-q)$ の直線となり，これを ***q*** **線**とよぶ。

q は次式でも定義され，供給される原料の熱的条件を表す。

$$q=\frac{(\text{原料 1 mol を供給状態から飽和蒸気にするのに必要な熱量})}{(\text{原料のモル蒸発潜熱})} \tag{5.34}$$

沸点の液(飽和の液)は $q=1$，露点の蒸気(飽和の蒸気)は $q=0$ となる。$0<q<1$ は気液混相，$q>1$ は沸点以下の液，$q<0$ は過熱蒸気を意味する。

(4) 分離条件　原料条件(F, z, q)と一つの製品純度(x_D あるいは x_W)が指定され，製品流量(D あるいは W)または**成分回収率** η ($Dx_D/(Fz)$ または $Wx_W/(Fz)$)が指定されると，すべての分離条件(製品条件)を決定することができる。

例題 5.6　ベンゼンとトルエンを含む原料($F=100\ \mathrm{mol{\cdot}s^{-1}}$，ベンゼン組成 $z=0.3$)から純度 $x_D=0.95$，回収率 $\eta=0.9$ でベンゼンを分離したい。すべての分離条件(D, x_D, W, x_W)を決定せよ。

【解】　原料条件(F, z)，ベンゼンの製品純度(x_D)，回収率(η)が与えられている。回収率 η の定義から，

$$D=\frac{\eta Fz}{x_D}=\frac{(0.90)(100)(0.30)}{(0.95)}=28.42$$

したがって，$D=28.4\ \mathrm{mol{\cdot}s^{-1}}$ が求められる。塔全体の全物質収支(5.25)式から $W=71.6\ \mathrm{mol{\cdot}s^{-1}}$ が得られ，これらの値を成分物質収支(5.26)式に代入すると，$x_W=0.042$ が求められる。

5.4.2　マッケーブ・シール法

原料条件(F, z, q)，分離条件(x_D, x_W)と操作条件として還流比(R)が与えられると，x–y 線図上で操作線の式((5.29)式，(5.32)式)と気液平衡曲線を交互に用いる階段作図から，濃縮部，回収部の各段の気液組成および分離に必要となる理論段数を求めることができる。ここでは，凝縮器は全縮器を仮定し，リボイラーは缶出液と平衡にある蒸気を発生するとして1理論段と見なすことにする。

図5.7を参考にして，**マッケーブ・シール**(McCabe–Thiele)**法**の階段作図の手順を説明する。

① 留出液に対応する点D(x_D, x_D)から y 軸切片 $x_D/(R+1)$ を結ぶ直線が濃縮部の操作線になる。

② 点Z(z, z)を通る傾き $-q/(1-q)$ の直線(q 線，(5.33)式)を引く。

③ 濃縮部の操作線と q 線との交点P(x_p, y_p)から点W(x_W, x_W)を結ぶ直線を引く。これが回収部の操作線となる。

④ 階段作図：点Dを通る水平線と x–y 曲線との交点の座標が第1段目の理論段の気液の組成(x_1, y_1)となる。そこから下ろした垂線と操作線との交点(x_1, y_2)の y 座標は第2段目の蒸気組成となる。そこから水平線を引き，x–y 曲線との交点は第2段目の理論段の気液の組成(x_2, y_2)を与える。以下，この作図を繰り返す。ただし，作図線が点P(x_p, y_p)を越えたら，操作線を濃縮部から回収部に乗り換えて続ける。図中，第 f 段が原料供給段となる。

⑤ x_N が x_W を越えたところで，垂線を下ろして作図を終了する。N の端数は可能であれば，差分 $x_{N-1}-x_N$ に対する $x_{N-1}-x_W$ の割合として求める。

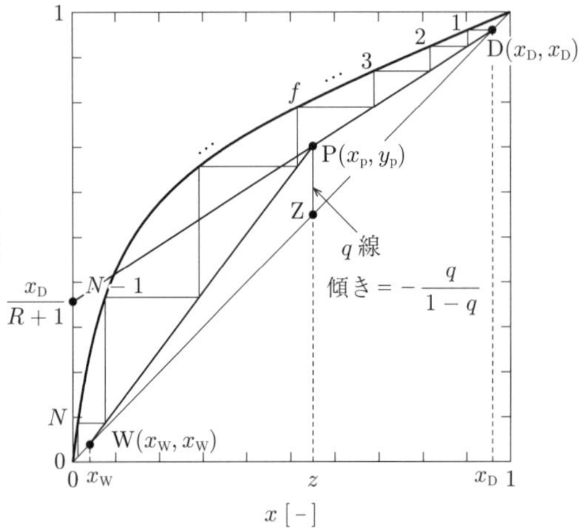

図5.7　マッケーブ・シール階段作図

例題 5.7　例題 5.6 の原料条件，分離条件で，還流比 $R=4.0$ とした場合の理論段数を求めよ。ただし，気液平衡曲線は相対揮発度 $\alpha=2.47$ を仮定した x-y 曲線を用いる。原料は沸点の液で供給され($q=1$)，還流液も沸点で塔頂に戻されるものとし，塔内気液流量に等モル流れを仮定する。

【解】　例題 5.6 の解より，ベンゼンの製品組成 $x_D=0.95$, $x_W=0.042$ が与えられる。

1)　点 D(0.95, 0.95) から y 軸切片 $x_D/(R+1)=0.95/(4.0+1)=0.19$ を結ぶ濃縮部の操作線を引く。また，原料は沸点の液で供給されるので q 線は点 Z(0.3, 0.3) を通る垂直線となる。

2)　濃縮部の操作線と q 線との交点 P(0.30, 0.43) と点 W(0.042, 0.042) を結ぶ回収部の操作線を引く。

3)　点 D から x-y 曲線と濃縮部の操作線を用いて階段作図を行う。6 段目 (0.27, 0.48) で点 P を越えるので，ここからは回収部の操作線を用いて作図を繰り返す。

4)　11 段目 (0.020, 0.048) で $x_W=0.042$ を越えるので，作図を終了する。$x_{10}=0.046$ となるので，N の端数を比例配分して求めると約 0.2 となり，リボイラーを含めた必要理論段数は $N=10.2$ となる。(下図参照)

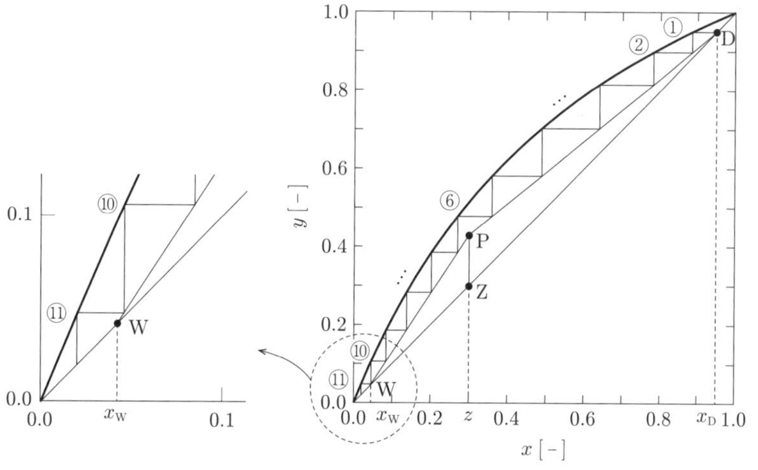

5.4.3　還流比と理論段数

同じ分離条件のもとで，還流比を変えながら必要理論段数を決定しプロットすると，図 5.8 の還流比 R と理論段数 N の関係が得られる ($x_D=0.95$)。この曲線よりも上の条件では目標以上の分離 ($x_D>0.95$) が得られ，曲線よりも下の条件では目標を達成することができない ($x_D<0.95$) ことになる。分離条件を厳しくすると曲線は右上に移動する。

還流比を大きくすると必要な理論段数は減少し，ある値 (N_m) に漸近する。段階作図では，還流比 R の値を大きくすると濃縮部の操作線の傾き ($R/(R+1)$) は大きくなり，無限大で 1，すなわち x-y 線図上で対角線に一致する。このとき回収部の操作線の式の傾きも 1 となり，(5.29)式，(5.32)式はそれぞれ

$$y_{n+1}=x_n, \qquad x_{m+1}=y_m \tag{5.35}$$

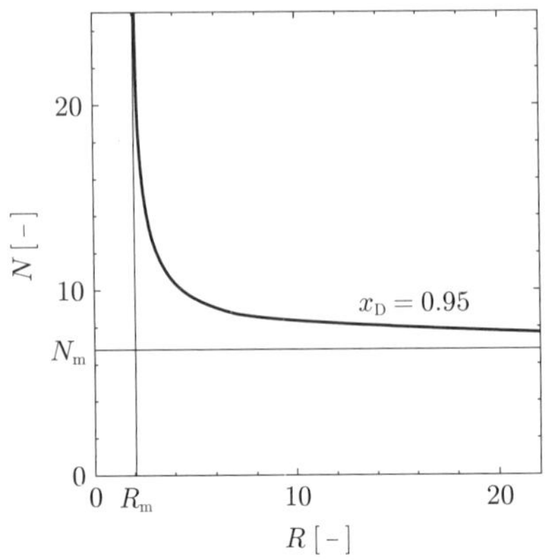

図 5.8　還流比 R と理論段数 N(分離条件固定)

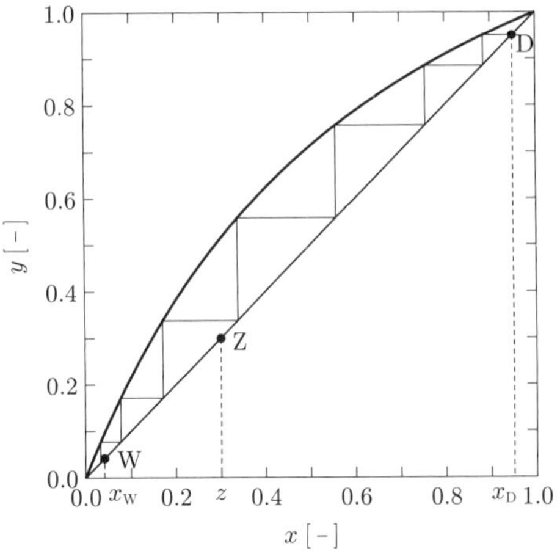

図 5.9　全還流状態(最小理論段数)

となる。これを**全還流状態**とよび，分離条件($x_{\mathrm{D}}, x_{\mathrm{W}}$)を達成するために必要となる**最小理論段数**(N_{m})を与える(図 5.9)。最小理論段数は階段作図によって求めることができるが，相対揮発度が一定と仮定できるとき，次の**フェンスキ**(Fenske)**の式**を用いて計算することもできる。ここで，N_{m} は 1 理論段に相当するリボイラーを含む。

$$N_{\mathrm{m}} = \ln\left[\frac{x_{\mathrm{D}}}{1 - x_{\mathrm{D}}} \cdot \frac{1 - x_{\mathrm{W}}}{x_{\mathrm{W}}}\right] \Big/ \ln \alpha_{\mathrm{av}} \tag{5.36}$$

逆に，還流比を小さくしていくと，必要な理論段数は大きくなり，段数無限大において還流比はある値(R_{m})に漸近する。作図上では，還流比 R の値を小さくすると濃縮部の操作線の傾きは小さく，回収部の操作線の傾きは大きくなり，交点 P は対角線から離れていく。しかし，濃縮部・回収部の両操作線は気液平衡曲線を越えることはできないため，x-y 曲線と q 線の交点($x_{\mathrm{f}}, y_{\mathrm{f}}$)を通る操作線によって還流比の最小値が決まる(図 5.10)。これを**最小還流比**(R_{m})とよび，その値は x-y 線図上に作図された濃縮部の操作線の傾きから求めることができる。

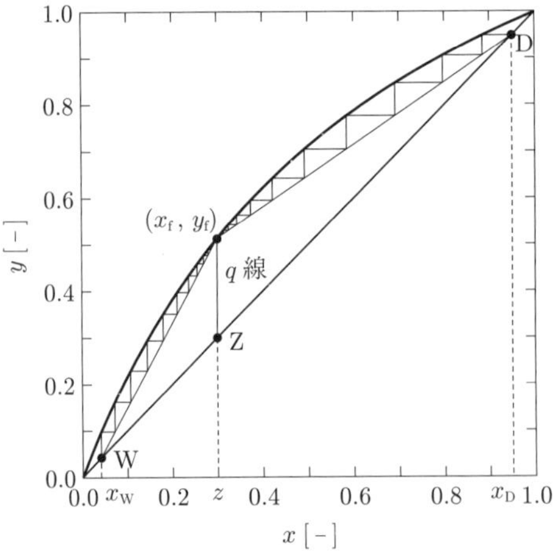

図 5.10　最小還流状態(最小還流比)

$$(\text{傾き}) = \frac{x_\mathrm{D} - y_\mathrm{f}}{x_\mathrm{D} - x_\mathrm{f}} = \frac{R_\mathrm{m}}{R_\mathrm{m} + 1} \tag{5.37}$$

最小還流比は分離条件が同じでも，原料の熱的条件(q 値)により異なる値となる。また，非理想系では x–y 曲線が変曲点をもつことがあり，分離条件によっては上記の方法で操作線を描くと気液平衡曲線を越える場合がある。このような場合，x–y 曲線と操作線との接点の座標から最小還流比を決定する。

例題 5.8　例題 5.6 の分離条件に対して，最小理論段数と最小還流比を求めよ。

【解】　相対揮発度 $\alpha = 2.47$ が与えられているので，フェンスキの式((5.36)式)へ $x_\mathrm{D} = 0.95$, $x_\mathrm{W} = 0.042$ を代入すると，最小理論段数 $N_\mathrm{m} = 6.7$ が得られる。

原料は沸点の液($q = 1$)で供給されるため，q 線は $x = 0.3$ の垂直線となり，x–y 曲線との交点の座標$(x_\mathrm{f}, y_\mathrm{f}) = (0.3, 0.514)$となる。(5.37)式へこれらの値を代入すると，(傾き) $= 0.671$ となり最小還流比 $R_\mathrm{m} = 2.04$ が求められる。

分離条件を満足する還流比と理論段数の組合せは，図 5.8 のように無限にある。ここから実際の設計条件を決めるためには，経済性，消費エネルギーなどの別の評価軸を用いることになる。経験的には，最小還流比の 1.2 倍程度の値を選択することにより，理論段数は最小理論段数の 2 倍程度になる。現在では，省エネルギーのために，還流比をより小さく設定する傾向にある。また，実際に必要となる実段数は理論段数に**総括塔効率**(理論段数/実段数)あるいは**段効率**(1 実段の分離性能/1 理論段の分離性能)を考慮して求める。また，充填物を用いた蒸留塔では，1 理論段に相当する分離性能をもつ充填物の高さ，**HETP**(Height equivalent to a theoretical plate)により，必要な充填高さを求める。

5.4.4　気液平衡関係と分離の限界

分離したい混合物に共沸混合物が存在する場合，原料組成により得られる製品組成が制限される。図 5.11 では原料組成の領域と塔頂製品，塔底製品の組成を示している。

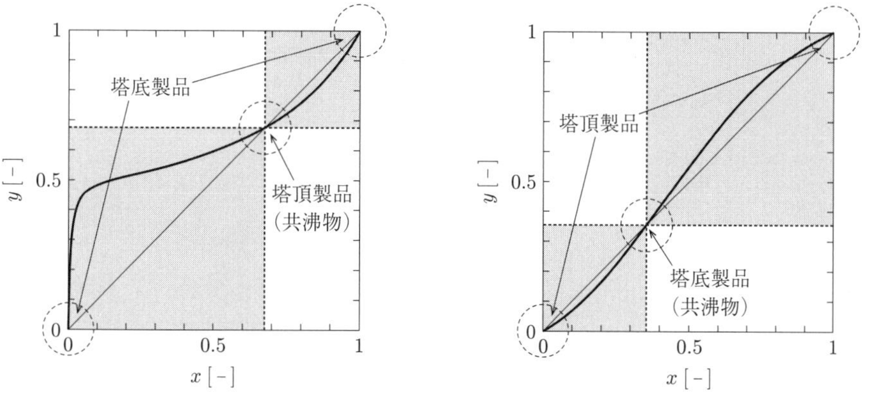

(a)　最低共沸混合物
(2-プロパノール＋水系)

(b)　最高共沸混合物
(アセトン＋クロロホルム系)

図 5.11　共沸と製品組成

(a) 最低共沸混合物では，共沸組成を挟んで塔底製品が変わるが，塔頂製品はいずれの場合も共沸物となる。(b) 最高共沸混合物では逆に，塔頂製品が変わるが塔底製品は共沸物となる。多成分系で共沸混合物が存在する場合は，原料組成と可能な製品組成の範囲の関係はさらに複雑になるため，汎用シミュレータを用いて分離条件の設定の妥当性を確認する必要がある。

5.5　特殊な蒸留

原料に共沸を形成する成分が含まれている，成分間の相対揮発度が1に近い，沸点が非常に高い成分を多く含んでいるなど，通常の蒸留操作では分離ができない場合，分離剤として第3成分を加える，操作圧力を低くする，水蒸気を吹き込むなど，の特殊な蒸留が行われる。

(1) 共沸蒸留　　**共沸蒸留**プロセスは，図5.12のような塔頂にデカンタ(液相分離器)をもつ2本の蒸留塔から構成される。最低共沸混合物を形成する原料2成分と3成分系の不均一最低共沸混合物を形成する第3成分(共沸剤)を添加することにより，共沸剤(エントレーナ)は蒸留塔上部とデカンタに分布して，塔頂蒸気の凝縮液はデカンタで蒸留領域の異なる液相に分離する。原料の2成分はそれぞれ塔底から製品として回収される。応用例として，ジエチルエーテルを共沸剤としたエタノールの脱水プロセスがある。

(2) 抽出蒸留　　**抽出蒸留**プロセスは，原料中の一方の成分と強い分子間相互作用をもち，かつ，揮発性が低く，共沸を形成しない第3成分(溶剤)を添加することにより，第1塔(抽出蒸留塔)の塔頂から第1成分を回収し，第2塔(溶剤回収塔)では塔頂から第2成分を製品として回収し，塔底から得られる溶剤を抽出蒸留塔にリサイクルする(図5.13)。溶剤は溶剤供給段から塔底にかけて高濃度で分布することにより，成分分離を促進する(溶剤効果)。

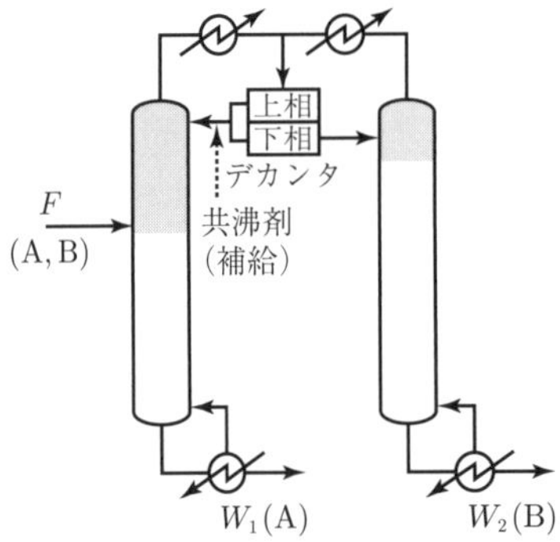

図5.12　共沸蒸留プロセス

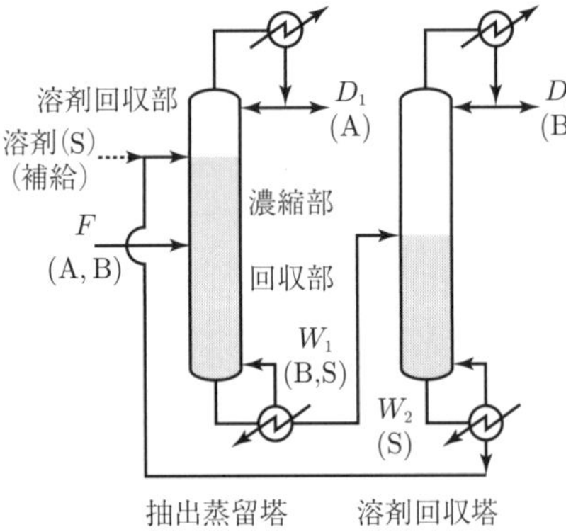

図5.13　抽出蒸留プロセス

(3) 水蒸気蒸留　　水に不溶性の揮発性成分(A)に水蒸気(W)を吹き込むと，発生する蒸気の分圧は液組成とは無関係にそれぞれ揮発成分と水蒸気のその温度における飽和蒸気圧となる。したがって，操作圧力が与えられると沸騰温度は成分の飽和蒸気圧の和が操作圧力 P に等しくなるように決まり((5.38)式)，蒸気組成は(5.39)式で与えられる。

$$P = P_A^\circ + P_W^\circ \tag{5.38}$$

$$y_A = \frac{P_A^\circ}{P}, \qquad y_W = \frac{P_W^\circ}{P} \tag{5.39}$$

蒸気を凝縮すると2液相に分離するため，水を容易に分離できる。**水蒸気蒸留**では水蒸気の分圧だけ減圧されることにより，高沸点成分でも低い温度で蒸留することが可能となり，植物からの精油の回収，油脂の脱臭操作などに用いられる。

例題 5.9　大気圧下(101.325 kPa)でトルエン(沸点 383.7 K)に水蒸気を吹き込んだとき，沸騰温度と蒸気組成を求めよ。

【解】　(5.38)式の蒸気圧 P_A°, P_B° をそれぞれアントワンの式(定数は表 5.2)で置き換えると，温度 T の関数となる。温度 $T = 357.51$ K のとき，$P_A^\circ = 45.050$ kPa，$P_B^\circ = 56.275$ kPa となり，(5.39)式から，$y_A = 0.445$, $y_W = 0.555$ が求められる。

章末問題

5.1　例題 5.1 で，$x_1 = 0.2$ のとき，表 5.1 中の温度 T を用いて(5.8)式から相対揮発度を求めよ。ただし，アントワン定数は表 5.2 の値を用いよ。

5.2　問題 5.1 で求めた相対揮発度を用いて，(5.9)式から平衡蒸気組成 y_1 を計算し，対応する実験値と比較せよ。

5.3　表 E5.1 のデータを用いて，x-y 線図を作成せよ。

表 E5.1　気液平衡データ(101.325 kPa)

(a) メタノール(1)＋水(2)

x_1 [−]	y_1 [−]	T [K]
0.0000	0.0000	373.15
0.0830	0.3690	362.48
0.1250	0.4640	359.45
0.1560	0.5160	357.42
0.2000	0.5800	355.19
0.2470	0.6310	353.16
0.3090	0.6760	350.93
0.4090	0.7370	348.25
0.4630	0.7660	347.10
0.5340	0.7980	345.63
0.6000	0.8260	344.36
0.6670	0.8560	343.26
0.7630	0.9010	341.48
0.8500	0.9330	339.95

(b) アセトン(1)＋クロロホルム(2)

x_1 [−]	y_1 [−]	T [K]
0.0000	0.0000	334.42
0.1001	0.0670	335.83
0.2001	0.1500	336.93
0.3003	0.2750	337.48
0.3993	0.4160	337.55
0.4889	0.5490	336.96
0.5935	0.6800	335.94
0.6957	0.7920	334.35
0.7947	0.8800	332.85
0.8966	0.9470	331.13
1.0000	1.0000	329.40

((a) Verhoeye, L., *et al.*, *J. Appl. Chem. Biotech.*, **23**, 607 (1973)，(b) Kudryavteva, L. S., *et al.*, Zh. *Prikl. Khim.*, **36**, 1231 (1963) より引用)

5.4　メタノール(1)＋水(2)系のウィルソン定数 $\Lambda_{12}=0.39169$, $\Lambda_{21}=1.11284$ を用いて，メタノールの液組成 x_1 に対して活量係数 γ_1, γ_2 を片対数グラフにプロットせよ。(Excel 等を用いて解け。)

5.5　沸点計算により，大気圧(101.325 kPa)おけるアセトン(1)＋クロロホルム(2)系混合溶液($x_1=0.3993$)の沸点および平衡蒸気組成を求めよ。ただし，ウィルソン定数は $\Lambda_{12}=1.04863$, $\Lambda_{21}=1.85256$ を用いよ。(Excel 等を用いて解け。)

5.6　大気圧下(101.325 kPa)でメタノール(1)＋水(2)混合物($L_0=100$ mol，$x_0=0.6$)を単蒸留した。スチル液組成が $x=0.4$ となったとき，スチル液量 L および平均留出液組成 $\bar{x}_D$ を求めよ。ただし，気液平衡関係は表 E5. 1(a)のデータを用いよ。

5.7　メタノール(1)＋水(2)混合物($z=0.5$)の原料 100 mol·s^{-1} を大気圧下(101.325 kPa)でフラッシュ蒸留を行ったとき，留出液量 $D=20, 40, 60$ mol·s^{-1} のときの缶出液組成 x および留出液組成 y を求めよ。ただし，気液平衡関係は問題 5. 3 の x-y 線図を用いよ。

5.8　メタノール 40 mol%，水 60 mol% を含む原料 100 mol·s^{-1} からメタノールを純度 96 mol%，回収率 95 % で回収したい。還流比 $R=3.0$ のときに必要となる理論段数を求めよ。作図には，問題 5. 3 の x-y 線図を用いよ。原料は沸点の液で供給され($q=1$)，還流液も沸点で塔頂に戻されるものとし，塔内気液流量に等モル流れを仮定する。

5.9　問題 5.8 の最小還流比，最小理論段数を求めよ。

5.10　不揮発性の塗料が溶けている p-キシレン(沸点 411.5 K)に大気圧下(101.325 kPa)で過熱水蒸気を吹き込んだとき，沸騰温度と蒸気組成を求めよ。

6

物質の分離

化学工業の原料は，必要な成分以外に多くの不純物が混ざっている場合が多く，不要な成分を分離除去して反応装置に供給する必要がある。また，反応装置を出た生成物には，未反応物や副反応物が含まれており，目的とする成分を分離精製しなければならない。これらの分離操作に関係する設備コストや運転コストは，一般に全プロセスの半分程度を占めるといわれており，物質の分離操作は化学プロセスのキーテクノロジーである。分離操作には，第5章で学んだ蒸留を含めてさまざまな方法があり，これらに共通するのは，特定の成分が互いに混ざり合わない2つの相のあいだを移動する現象（異相間物質移動）である。例えば，蒸留では，液相中の目的成分が蒸発して気相へ移動し，成分の沸点の違いによって気相への移動しやすさが異なることを利用して分離が行われる。したがって，分離プロセスの設計のためには，相平衡関係と物質移動速度を理解する必要がある。また，物質移動にともなう物質収支も考慮しなければならない。本章では分離操作のうち，ガス吸収，抽出，吸着，膜分離の4つを取り上げ，各操作の原理および操作方法・装置設計の基礎を説明する。

6.1 ガス吸収

化学品の製造プロセスでは温度制御のために燃料を燃やすなどして排ガスが出るが，排ガス中には環境に有害な成分が含まれる場合がある。例えば，化石燃料に含まれる硫黄は，燃焼時に有害な硫黄酸化物（SO_x，酸性雨の原因のひとつ）となって排ガス中に含まれる。このような排ガス中の有害成分は環境に害を及ぼさない程度まで除去する必要があり，その除去手段として**ガス吸収**（gas absorption）がある。ガス吸収には，被吸収成分が吸収液に単に溶解するだけの**物理吸収**（physical absorption）と，被吸収成分が吸収液中の成分と反応して異なる成分として吸収される**化学吸収**（chemical absorption）とがある。

ガス吸収では，充填塔などのようなガス吸収装置内で排ガスなどの気体と液体とを接触させて，気体中の特定成分を液体に吸収させる（図6.1参照）。実際問題としては，「吸収させたい特定成分をある濃度で含む排ガスが一定量で排出され，使用する吸収液が決まっているとき，特定成分を決められた濃度まで下げるためには排ガスと吸収液をどのように接触させればよいのか，そのためには吸収液の量（流量）や装置の大きさをどのようにすればよいか」というように，操作方法や装置の設計を行う必要がある。本節では，物理吸収を対象にしながら，そのような操作方法や装置の設計のために必要な基

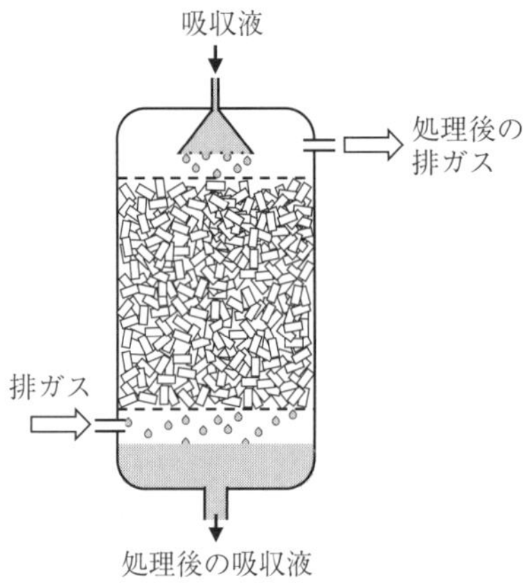

実際にガス吸収を行う際に考慮しなければならないこと。

目的の濃度までどのように除去するか。
・吸収液に何を用いればよいか。
・排ガスと吸収液をどの程度接触させればよいか。
・どの程度の流量で排ガス，吸収液を流すか。
・何を充填するか。
・塔の高さをどの程度にすればよいか。

図 6. 1　充填塔によるガス吸収の概念図とガス吸収で考慮すべきこと

礎的な事柄と基本的な考え方を学ぶ。なお，被吸収成分を A とする。

6.1.1　拡散とフィックの法則

ガス吸収は気-液界面を介して起こる気相から液相への物質移動現象であるが，これには**拡散**(diffusion)が関係している。そこで，まず拡散について説明する。第 4 章で，熱が高温度の領域から低温度の領域へと移動する性質があることを学んだ。同様に，濃度に分布がある混合物中では，混合物全体は静止していても混合物中の成分は高濃度な領域から低濃度な領域へと移動して一様になろうとする性質がある。このような静止混合物中での物質の移動を拡散という。熱流束が温度勾配に比例すること，また，流体のせん断応力(見方を変えれば運動量流束)が流体の速度勾配に比例することは第 3 章および第 4 章で学んだ(それぞれフーリエの法則，ニュートンの粘性法則として学んだことを思い出そう)。拡散による物質移動を拡散流束($[\mathrm{mol \cdot m^{-2} \cdot s^{-1}}]$ あるいは $[\mathrm{kg \cdot m^{-2} \cdot s^{-1}}]$)としてみると，拡散流束は濃度勾配に比例することが知られている。このことは，**フィックの法則**(Fick's law)あるいは**フィックの拡散の法則**(Fick's law of diffusion)とよばれる。例えば，成分 A, B からなる混合物中の A の濃度が x 方向に分布があるとき，x 方向への A の拡散流束 N_A はフィックの法則に従って，

$$N_\mathrm{A} = -D_\mathrm{AB}\frac{\mathrm{d}C_\mathrm{A}}{\mathrm{d}x} \qquad (6.1)$$

と表される。ここで，比例定数 D_AB は成分 B 中で A が拡散する際の**拡散係数**(diffusion coefficient)$[\mathrm{m^2 \cdot s^{-1}}]$ である。

一般に，液体中および気体中の拡散係数はそれぞれおおよそ $10^{-9}\,\mathrm{m^2 \cdot s^{-1}}$ および $10^{-5}\,\mathrm{m^2 \cdot s^{-1}}$ オーダーであることが知られている。拡散係数のオーダーより，液体中よりも気体中での拡散のほうが速いことがわかる。

6.1.2　二重境膜説と吸収速度

前項でも述べたように，ガス吸収は拡散により気-液界面を介して起こる気相から液

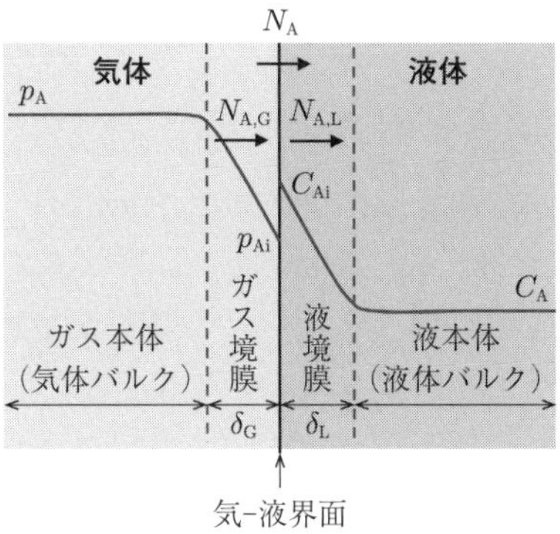

図 6.2　二重境膜説の概念図

相への物質移動現象であり，この物質移動には速さがある。では，この速さはどのようにして見積もられるのであろうか。ガス吸収の際，気-液界面付近は図 6.2 に示したような濃度分布が生じていると考えられる。図 6.2 で，実線の曲線は，被吸収成分 A の濃度・組成・分圧を表している。界面付近では，気相，液相のそれぞれに静止していて濃度の分布がある**境膜**(film，厚さ δ_G, δ_L [m])が存在し，界面の濃度と本体(バルク)の濃度との差が物質移動(すなわちガス吸収)の推進力になっていると考える。気-液界面の両側に濃度境膜があり，境膜内では拡散による物質移動が起こるとして物質移動速度を議論する手法を**二重境膜説**(double-film theory)という。二重境膜説によれば，気相と液相での物質移動速度 N_A [$\mathrm{mol \cdot m^{-2} \cdot s^{-1}}$] は，濃度差を推進力とする(気相では分圧差を推進力とする)式として表される，濃度差(分圧差)に対する比例定数 k [$\mathrm{m \cdot s^{-1}}$] を**物質移動係数**(mass transfer coefficient)という。その表し方は，モル分率(x_A, y_A)基準，モル濃度(C_A [$\mathrm{mol \cdot m^{-3}}$])基準，気体の場合は分圧($p_A$ [Pa])基準など複数あり，

物質移動速度(流束) = 物質移動係数(k) × 濃度差推進力

より，

$$N_A = k_G(p_A - p_{Ai}) = k_y(y_A - y_{Ai}) \tag{6.2}$$

$$N_A = k_L(C_{Ai} - C_A) = k_x(x_{Ai} - x_A) \tag{6.3}$$

ここで k_G [$\mathrm{mol \cdot Pa^{-1} \cdot m^{-2} \cdot s^{-1}}$], k_y [$\mathrm{mol \cdot m^{-2} \cdot s^{-1}}$] を**気相物質移動係数**あるいは**ガス境膜物質移動係数**，k_L [$\mathrm{m \cdot s^{-1}}$], k_x [$\mathrm{mol \cdot m^{-2} \cdot s^{-1}}$] を**液相物質移動係数**あるいは**液境膜物質移動係数**という。ここでは，分圧 p_A およびモル濃度 C_A による表記で以下の議論を進める。気相側の境膜と液相側の境膜での物質移動速度は等しく，

$$N_A = k_G(p_A - p_{Ai}) = k_L(C_{Ai} - C_A) \tag{6.4}$$

なお，これは境膜内の濃度分布が直線的であるとして(6.1)式を積分した式に相当し，物質移動係数 k は拡散係数 D を拡散層(境膜)の厚さ δ で除した量，

$$k = \frac{D}{\delta} \tag{6.5}$$

として与えられる。第 4 章で，伝熱係数について熱伝導度を境膜厚さで除した量として考えたのと同様である。拡散係数 D は物性値であるが，境膜厚さ δ は流体の撹拌状態

や流動の状態に依存して変化する。すなわち，流体の撹拌状態や流動の状態によって物質移動係数 k は変化する。

6.1.3 総括物質移動係数(overall mass transfer coefficient)

実際には，界面付近の濃度(p_{Ai}, C_{Ai})は測定が難しく，(6.2)～(6.4)式を用いて物質移動速度を見積もるのは現実的ではない。そこで，測定が容易な本体(バルク)の濃度 p_{A} および C_{A} で推進力を表して物質移動速度を見積もることを考える。しかし，p_{A} と C_{A} では次元が異なるので，$(p_{\mathrm{A}}-C_{\mathrm{A}})$ といった具合に推進力を考えることはできない。そこで，気相本体の濃度 p_{A} と平衡な液相本体の濃度を C_{A}^*，液相本体の濃度 C_{A} と平衡な気相本体の濃度を p_{A}^* として，気相側と液相側を総括した次元のそろった推進力 $(p_{\mathrm{A}}-p_{\mathrm{A}}^*)$, $(C_{\mathrm{A}}^*-C_{\mathrm{A}})$ で物質移動速度を表す。

$$N_{\mathrm{A}} = K_{\mathrm{G}}(p_{\mathrm{A}}-p_{\mathrm{A}}^*) = K_{\mathrm{L}}(C_{\mathrm{A}}^*-C_{\mathrm{A}}) \tag{6.6}$$

ここで，K_{G}, K_{L} はそれぞれ**気相基準総括物質移動係数**，**液相基準総括物質移動係数**という。

この K_{G}, K_{L} が文字どおり k_{G}, k_{L} を総括していることを(6.4)式から(6.6)式を導出しながら示そう。気液平衡において気相濃度と液相濃度が比例する関係が成り立つとき，これを**ヘンリーの法則**(Henry's law)という。ヘンリーの法則が成り立つとき，C_{A}^* と p_{A}^* は次のように表される。

$$p_{\mathrm{A}} = HC_{\mathrm{A}}^*, \qquad p_{\mathrm{A}}^* = HC_{\mathrm{A}} \tag{6.7}$$

H [$\mathrm{Pa \cdot m^3 \cdot mol^{-1}}$] はヘンリー定数である。また，界面では気液平衡にあるとして，

$$p_{\mathrm{Ai}} = HC_{\mathrm{Ai}} \tag{6.8}$$

これらをふまえて，C_{A} を p_{A}^* に換算して(6.4)式を整理すると，

$$k_{\mathrm{G}}(p_{\mathrm{A}}-HC_{\mathrm{Ai}}) = k_{\mathrm{L}}\left(C_{\mathrm{Ai}}-\frac{p_{\mathrm{A}}^*}{H}\right) \tag{6.9}$$

であるから，加比の理を用いると

$$N_{\mathrm{A}} = \frac{p_{\mathrm{A}}-HC_{\mathrm{Ai}}}{\dfrac{1}{k_{\mathrm{G}}}} = \frac{HC_{\mathrm{Ai}}-p_{\mathrm{A}}^*}{\dfrac{H}{k_{\mathrm{L}}}} = \frac{(p_{\mathrm{A}}-HC_{\mathrm{Ai}})+(HC_{\mathrm{Ai}}-p_{\mathrm{A}}^*)}{\dfrac{1}{k_{\mathrm{G}}}+\dfrac{H}{k_{\mathrm{L}}}} = \frac{p_{\mathrm{A}}-p_{\mathrm{A}}^*}{\dfrac{1}{k_{\mathrm{G}}}+\dfrac{H}{k_{\mathrm{L}}}} \tag{6.10}$$

ここで，

$$\frac{1}{K_{\mathrm{G}}} = \frac{1}{k_{\mathrm{G}}} + \frac{H}{k_{\mathrm{L}}} \tag{6.11}$$

とおけば，

$$N_{\mathrm{A}} = \frac{p_{\mathrm{A}}-p_{\mathrm{A}}^*}{\dfrac{1}{k_{\mathrm{G}}}+\dfrac{H}{k_{\mathrm{L}}}} = \frac{p_{\mathrm{A}}-p_{\mathrm{A}}^*}{\dfrac{1}{K_{\mathrm{G}}}} = K_{\mathrm{G}}(p_{\mathrm{A}}-p_{\mathrm{A}}^*) \tag{6.12}$$

同様にして，

$$\frac{1}{K_{\mathrm{L}}} = \frac{1}{Hk_{\mathrm{G}}} + \frac{1}{k_{\mathrm{L}}} \tag{6.13}$$

より，

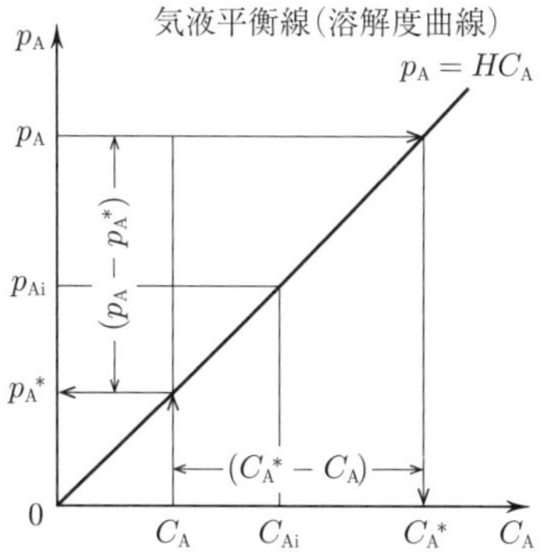

図 6. 3　気液平衡に基づく $p_A, C_A, p_{Ai}, C_{Ai}, p_A^*, C_A^*$ の関係と換算

$$N_A = \frac{C_A^* - C_A}{\dfrac{1}{Hk_G} + \dfrac{1}{k_L}} = \frac{C_A^* - C_A}{\dfrac{1}{K_L}} = K_L(C_A^* - C_A) \tag{6.14}$$

$p_A, C_A, p_{Ai}, C_{Ai}, p_A^*, C_A^*$ の関係を図 6.3 に示す。ヘンリーの法則が成り立たない場合，気液平衡線は直線にならず(6.11)式，(6.13)式は成り立たないが，(6.6)式や図 6.3 で表される総括物質移動係数や物質移動の推進力の概念は成り立つ。

例題 6.1　CO_2 の分圧が 0.10 atm の気相が水と接触していて 30 ℃で平衡状態にあるとき，ヘンリーの法則 $p_A = H'x_A$ が成り立つとして，CO_2 の水中のモル濃度 C_{CO_2} [mol·m^{-3}] を求めよ。なお，30 ℃での CO_2-水系のヘンリー定数 H' は 1.88×10^5 kPa である。

【解】　まず，CO_2 の分圧を[Pa]に換算する。1 atm = 1.013×10^5 Pa より，

$$0.10 \text{ atm} = 1.0 \times 10^4 \text{ Pa}$$

水中での CO_2 のモル分率は，

$$x = \frac{p_{CO_2}}{H'} = \frac{1.0 \times 10^4}{1.88 \times 10^5 \times 10^3} = 5.3 \times 10^{-5}$$

水中の CO_2 は非常に希薄なので，水相の密度を水の密度 1.0×10^3 kg·m^{-3} と近似して水のモル密度を求めると，

$$\text{水相モル密度} = \frac{1.0 \times 10^3}{18} = 55.6 \text{ kmol·m}^{-3}$$

$$\therefore \quad C_{CO_2} = 55.6 \times 5.3 \times 10^{-5} = 0.00295... \fallingdotseq 0.0030 \text{ kmol·m}^{-3} = 3.0 \text{ mol·m}^{-3}$$

補足：ヘンリーの法則にはさまざまな表し方がある。ここまでにでてきた $p_A = HC_A$，$p_A = H'x_A$ の他にも $y_A = mx_A$ などがある。H, H', m はいずれもヘンリー定数であるが，単位が異なるので注意すること。

例題 6.2　気相基準総括物質移動係数 K_G，液相基準総括物質移動係数 K_L について，次の関係式が成り立つことを確認せよ。ただし，H はヘンリー定数である。

$$\frac{1}{K_G} = \frac{H}{K_L}$$

【解】 (6.11)式の右辺を H でくくり，整理すればよい。

$$\frac{1}{K_G}=\frac{1}{k_G}+\frac{H}{k_L}=H\left(\frac{1}{Hk_G}+\frac{1}{k_L}\right)=H\frac{1}{K_L}=\frac{H}{K_L}$$

6.1.4　ガス吸収装置(充填塔)の高さの設計

冒頭に示した向流接触型の充填塔(上から吸収液を流し，下からガスを吹き込んで接触させる)でガス吸収を行う場合，処理量(排出量)と排ガス中の被吸収成分の除去後の濃度(出口濃度)が決まると，排ガスと吸収液をどの程度接触させるべきかを設計する。この設計は，吸収液の流量，塔の径，塔の高さを設計することに相当する。ここでは，排ガスと吸収液の流量，排ガスの入口濃度と出口濃度が決まっているとき，塔の高さをどのように設計するかを考える。

充填塔の高さの設計は，吸収量(物質収支)と吸収速度に基づいて行われる。ガスおよび液の流量を塔内の断面積当たりのモル流量であるモル流速 G [$\mathrm{mol\cdot m^{-2}\cdot s^{-1}}$] および L [$\mathrm{mol\cdot m^{-2}\cdot s^{-1}}$] で考える。図6.4のように，高さ方向を z として，塔頂を $z=0$，塔底を $z=Z$ として考えることにする。

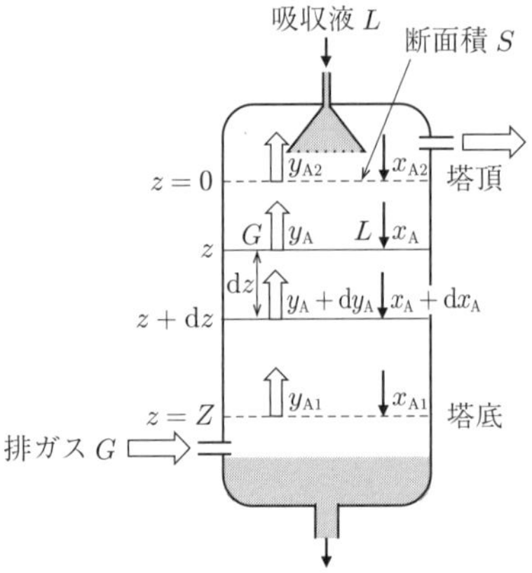

図6.4　充填塔内での高さ方向の物質収支

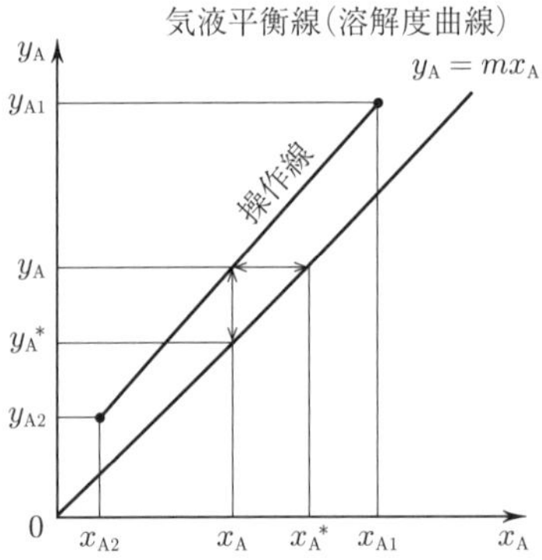

図6.5　向流接触型充填塔の操作線と平衡線

被吸収成分が希薄なとき，塔頂 $z=0$ から任意の高さ($z=z$)までにガスから液に移動した被吸収成分の物質収支を考えると，

$$G(y_A-y_{A2})=L(x_A-x_{A2}) \tag{6.15}$$

(6.15)式は，図6.5の操作線に相当する。続いて，微小区間 dz [m] の被吸収成分の物質収支を考える。dz での被吸収成分の塔断面積当たりの吸収量を dn_A [$\mathrm{mol\cdot m^{-2}\cdot s^{-1}}$] とすると，被吸収成分が希薄なとき，

$$dn_A=G\,dy_A=L\,dx_A \tag{6.16}$$

塔の断面積が S [$\mathrm{m^2}$] のときの吸収量を dm_A [$\mathrm{mol\cdot s^{-1}}$] とすると，

$$dm_A=S\,dn_A=SG\,dy_A=SL\,dx_A \tag{6.17}$$

次に，微小区間 dz の被吸収成分の吸収速度を考えると，(6.6)式をモル分率濃度基準にして

$$N_A = K_y(y_A - y_A^*) = K_x(x_A^* - x_A) \tag{6.18}$$

塔内の単位体積当たりの気液接触面積を a [m^2·m^{-3}]（=[m^{-1}]）とすると，区間 dz の塔内空間 S dz 中の気液接触面積は aS dz となり，

$$\mathrm{d}m_A = aS\,\mathrm{d}z\,N_A = aS\,\mathrm{d}z\,K_y(y_A - y_A^*) = aS\,\mathrm{d}z\,K_x(x_A^* - x_A) \tag{6.19}$$

(6.17)式および(6.19)式より，ガス側基準および液側基準でそれぞれ

$$SG\,\mathrm{d}y_A = aS\,\mathrm{d}z\,K_y(y_A^* - y_A) \tag{6.20}$$

$$SL\,\mathrm{d}x_A = aS\,\mathrm{d}z\,K_x(x_A^* - x_A) \tag{6.21}$$

塔高さ Z [m] は，この微分方程式を解いて求める。ガス側基準の式で考えると，変数分離して

$$\mathrm{d}z = \frac{G\,\mathrm{d}y_A}{K_y a(y_A - y_A^*)} \tag{6.22}$$

境界条件 $z=0$（塔頂）のとき $y_A = y_{A2}$，$z=Z$（塔底）のとき $y_A = y_{A1}$ で解く。

$$Z = \frac{G}{K_y a}\int_{y_{A2}}^{y_{A1}} \frac{\mathrm{d}y_A}{y_A - y_A^*} \tag{6.23}$$

$K_y a$ ($K_x a, k_y a, k_x a$) は，**物質移動容量係数**(volumetric coefficient of mass transfer)とよばれる装置の単位体積当たりの物質移動性能を表す特性値である。また，右辺の積分項は**移動単位数**(**NTU**: Number of Transfer Units)という。($y_A - y_A^*$) は，図 6.5 の縦向き矢印の示す値に相当する。解析解が求められない場合は図積分法で求める。移動単位数の係数である $G/K_y a$ は気相基準の総括の**移動単位高さ**(**HTU**: Height of Transfer Unit)とよばれる。HTU と NTU の値が大きくなるほど塔高さ Z は大きくなる。

6.2 抽　　出

固体または液体原料中に含まれている特定の目的成分を溶剤中に選択的に溶解，移動させて得る操作を**抽出**(extraction)という。お茶やコーヒーを淹れたり，だし汁を作るなど，抽出は古くから行われてきた日常生活でもよく使う身近な操作である。お茶やコーヒー，だし汁のような固体からの目的成分の抽出を**固液抽出**(solid-liquid extraction)という。これに対して，水と油のように混ざり合わずに 2 相を形成するような原料液と溶剤の組合せで行われる抽出を**液液抽出**(liquid-liquid extraction)という。本節では，液液抽出について，水に溶けているピリジンをクロロベンゼンで抽出する場合を例にして考えてみよう。

ピリジンを含む水にクロロベンゼンと接触させると，親和性の違いにより水相からクロロベンゼン相へピリジンが移動する。この現象を利用するのが液液抽出であり，この場合，ピリジンを**抽質**(または溶質)，水を**原溶媒**，クロロベンゼンを**抽剤**(あるいは抽出試薬，抽出剤)とよぶ。図 6.6 に示したように，液液抽出では，抽質を含む原料液(流量 F [kg·s^{-1}])と抽出剤(流量 S [kg·s^{-1}])とを混合機(ミキサー)で撹拌混合して抽出操作を行った後に，セトラーとよばれる相分離器で密度差によって**抽出液**(流量 E [kg·s^{-1}])と**抽残液**(流量 R [kg·s^{-1}])を分離させて回収する。しかしながら，実際には，先の例ではすべてのピリジンが水相からクロロベンゼン相へ移動するわけではなく，また

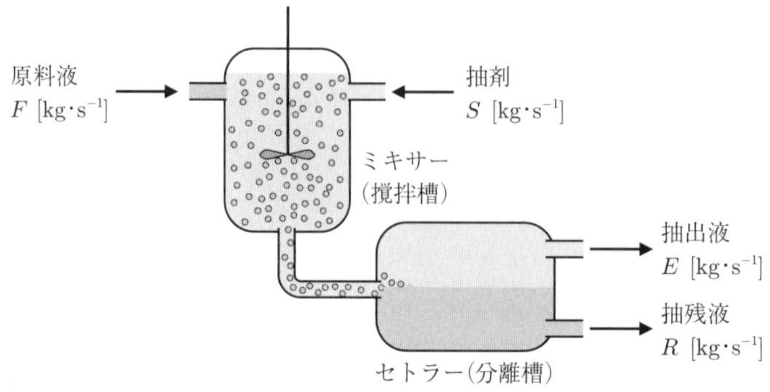

図 6.6 液液抽出の例（ミキサーセトラー型抽出装置）

クロロベンゼンの一部は水相に，水の一部はクロロベンゼン相に移動して，2 相は最終的に平衡組成（液液平衡）になる。本節では，液液抽出において，液液平衡に基づいて原料液から抽出液にどれだけ抽質を回収できるか，また，これを考慮してどのように操作の設計が行われるかを学ぶ。

6.2.1 液液平衡と三角線図

ピリジン-クロロベンゼン-水系の液液平衡時の組成を表 6.1 に示す。表 6.1 では，平衡関係にある 2 相（2 液）のピリジン，クロロベンゼン，水の質量分率として示している。例えば，表 6.1 中の 5 行目のデータについてみてみると，クロロベンゼン相には 28.60 wt% のピリジンと 2.25 wt% の水が含まれており（残り 69.15 wt% がクロロベンゼン），このクロロベンゼン相と平衡状態にある水相にはピリジンが 25.50 wt%，クロロベンゼンが 0.58 wt% 含まれている（残り 73.92 wt% が水）。表 6.1 の液液平衡データを**三角線図**にプロットすると**溶解度曲線**が得られる（図 6.7）。三角線図の各頂点は系を構成する純粋な成分を示し，三角線図中に点をプロットすることは各成分の組成を決定したことになる。ここでは，A はピリジン，B は水，C はクロロベンゼンを示す。図 6.7 の三角線図では，横軸の目盛りはクロロベンゼンの質量分率，縦軸の目盛りはピリジン

表 6.1 ピリジン-クロロベンゼン-水系の平衡関係

抽出相（クロロベンゼン相）[mass fraction]			**抽残相**（水相）[mass fraction]		
ピリジン	クロロベンゼン	水	ピリジン	クロロベンゼン	水
0	0.9995	0.0005	0	0.0008	0.9992
0.1105	0.8828	0.0067	0.0502	0.0016	0.9482
0.1895	0.7990	0.0115	0.1105	0.0024	0.8871
0.2410	0.7428	0.0162	0.1890	0.0038	0.8072
0.2860	0.6915	0.0225	0.2550	0.0058	0.7392
0.3155	0.6558	0.0287	0.3610	0.0185	0.6205
0.3505	0.6100	0.0395	0.4495	0.0418	0.5087
0.4060	0.5300	0.0640	0.5320	0.0890	0.3790
0.490	0.378	0.132	0.490	0.378	0.132

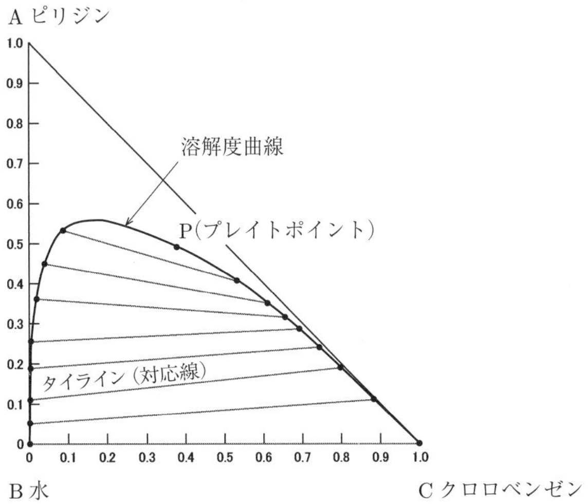

図 6.7　ピリジン-クロロベンゼン-水系三角線図

の質量分率を表している。例えば，表 6.1 の最終行のデータは点 P としてプロットされている。点 P の横軸，縦軸の座標値と表 6.1 のクロロベンゼン組成，ピリジン組成の数値とが対応していることを確認されたい。なお，3 成分の質量分率の和は 1 になるので，3 成分のうち 2 成分の組成がわかれば残る 1 成分の組成も求められる。

三角線図中での液液平衡において，平衡状態にあるクロロベンゼン相と水相の組成の 2 点を結んだ直線を**タイライン**(**対応線**)とよぶ。図 6.7 の点 P は表 6.1 の最後の行に対応しており，ここではベンゼン相と水相の組成が等しくなり均一相となる(この点を**プレイトポイント**という)。2 液を混合した際に，混合液の組成が三角線図中で溶解度曲線の内側にあるとき，2 液は 2 相に分かれて抽出操作が可能である。

6.2.2　三角線図を用いた抽出操作の計算

分率で組成を表現する三角線図を用いると，「てこの原理」で組成・収支などの抽出操作の設計の計算を三角線図上でできる。図 6.7 に示したように原料液を F [kg·s^{-1}]，抽剤を S [kg·s^{-1}] の流量でミキサーに供給し，セトラーから抽出相が E [kg·s^{-1}]，抽残相が R [kg·s^{-1}] で回収されている連続的な抽出操作を三角線図と関連づけて考えよう。原料液，抽出相および抽残相に含まれる目的成分 A の組成(質量分率)をそれぞれ $z_{\mathrm{A}}, y_{\mathrm{A}}$ および x_{A} とする。また，混合液全体の流量と平均組成をそれぞれ M [kg·s^{-1}]，x_{MA} とすると，物質収支より，

$$F+S=E+R=M \tag{6.24}$$

$$Fz_{\mathrm{A}}=Ey_{\mathrm{A}}+Rx_{\mathrm{A}}=Mx_{\mathrm{MA}} \tag{6.25}$$

(6.24)，(6.25)式から

$$\frac{z_{\mathrm{A}}-x_{\mathrm{MA}}}{z_{\mathrm{A}}}=\frac{S}{M}=\frac{S}{S+F} \tag{6.26}$$

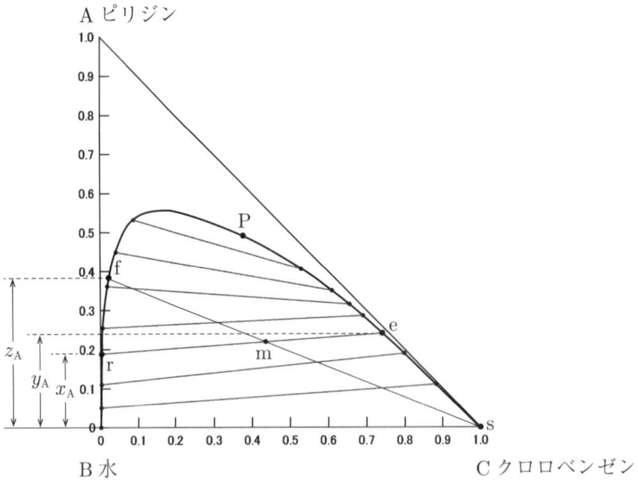

図6.8　抽出操作での計算

(6.26)式を三角線図上で関連づけると，図6.8中で原料液と抽剤の組成をそれぞれf点とs点で表すとき，全体の流量に対する抽剤の流量比を線分fs(操作線)上にプロットした点が混合液の組成(m点)となる(F:S=sm : mf，図6.8参照)。このm点を通過するタイライン(対応線)から，抽出操作で液液平衡になった抽出相と抽残相それぞれの組成e点とr点が決まる。抽出液と抽残液それぞれの流量 E, R は(6.24)，(6.25)式から決定され，三角線図上では線分mrとemの比が E と R の比を示す。ここまでの計算は，原料液の組成 z_A と流量 F，抽剤が決まっているとき，所望の抽出液組成 y_A を達成するための抽剤の流量 S の設計，ならびに抽出率 η の評価などに利用できる。原料中の目的成分のうちで抽出液に抽出された割合を**抽出率** η とすると，

$$\eta = \frac{Ey_A}{Fz_A} \tag{6.27}$$

となる。抽出の結果として抽質が2相に分配され，その程度を**分配係数** K_D [−] として評価できる。

$$K_D = \frac{y_A}{x_A} \tag{6.28}$$

例題6.3　ピリジン-クロロベンゼン-水系について，図6.8に描画されている条件で抽出操作を行った場合の，ピリジンの抽出率 η および分配係数 K_D を求めよ。

【解】　(6.27)式の E と F の比は，

$$E : M = \mathrm{mr} : \mathrm{er} \Longrightarrow E = \frac{\mathrm{mr}}{\mathrm{er}} M$$

$$F : M = \mathrm{ms} : \mathrm{fs} \Longrightarrow F = \frac{\mathrm{ms}}{\mathrm{fs}} M$$

の関係から求めることができる。f, r, m, s, e をそれぞれ(クロロベンゼン組成，ピリジン組成)で示すと，(0.02, 0.38)，(0.01, 0.18)，(0.43, 0.22)，(1, 0)，(0.74, 0.24)である。mrとerは同じ傾きの線分どうしで，msとfsもまた同じ傾きの線分どうしなので，横

座標あるいは縦座標から $\frac{\mathrm{mr}}{\mathrm{er}}$ および $\frac{\mathrm{ms}}{\mathrm{fs}}$ を計算できる。

$$E=\frac{\mathrm{mr}}{\mathrm{er}}M=\frac{0.43-0.01}{0.74-0.01}M=0.58M$$

$$F=\frac{\mathrm{ms}}{\mathrm{fs}}M=\frac{1-0.43}{1-0.02}M=0.58M$$

$$y_{\mathrm{A}}=0.24,\quad z_{\mathrm{A}}=0.38$$

より，

$$\eta=\frac{Ey_{\mathrm{A}}}{Fz_{\mathrm{A}}}=\frac{0.58M}{0.58M}\frac{0.24}{0.38}=0.63$$

$$K_{\mathrm{D}}=\frac{y_{\mathrm{A}}}{x_{\mathrm{A}}}=\frac{0.24}{0.18}=1.3$$

もし，原料液に2種類の抽質(A_1 と A_2)が含まれるとき，どちらか一方を優先的に抽出できれば A_1 と A_2 の分離が可能となる。A_1 と A_2 の分離の容易さは，2つの成分の分配係数の比である**分離係数** α で評価される。

$$\alpha=\frac{K_{\mathrm{DA_1}}}{K_{\mathrm{DA_2}}}\quad\left(=\frac{y_{\mathrm{A_1}}/x_{\mathrm{A_1}}}{y_{\mathrm{A_2}}/x_{\mathrm{A_2}}}\right)\tag{6.29}$$

分離係数が1から離れるほど2成分の分離は容易である。

ここまで紹介してきた1回の抽出操作(単抽出)では，分離性能に限界がある。蒸留操作で多段の連続蒸留を行うように，抽出もミキサーとセトラーからなる操作を多段化することで高い分離性(抽出率)が得られる。

6.3 吸　　着

活性炭による冷蔵庫やトイレの脱臭，あるいはシリカゲルによる菓子や海苔の食品防湿など，**吸着剤**を用いて気体または液体から目的成分を取り出す分離操作を**吸着**(adsorption)という。化学プロセスにおいても炭化水素混合物の分離，空気分離，水処理など広い分野で利用されている。本節では，吸着の基礎となる吸着平衡について学習した後，吸着操作として回分吸着，固定層吸着の設計法について学ぶ。

6.3.1 吸着平衡

吸着は，気体や液体に含まれる成分が，吸着剤と接触することでその表面に濃縮される現象である。吸着される物質を**吸着質**という。吸着質が吸着剤から離れて気体や液体にもどることを**脱着**といい，これによって吸着剤の吸着力を回復させることを**再生**という。工業的に利用される吸着剤は一般に多孔質で，比表面積(単位体積当たりの表面積)が非常に大きいのが特徴である。吸着質は吸着剤の細孔内を拡散し，その表面に吸着する。細孔には，マクロポア(50 nm 以上)，メソポア(2〜50 nm)，ミクロポア(2 nm 以下)があり，表面積はほとんどミクロポアで占められる。

原料に吸着剤を投入して十分時間が経つと，吸着質は流体中と吸着剤表面とのあいだで吸着平衡に到達する。ある温度において，この吸着質の分圧 p [Pa] または濃度 C

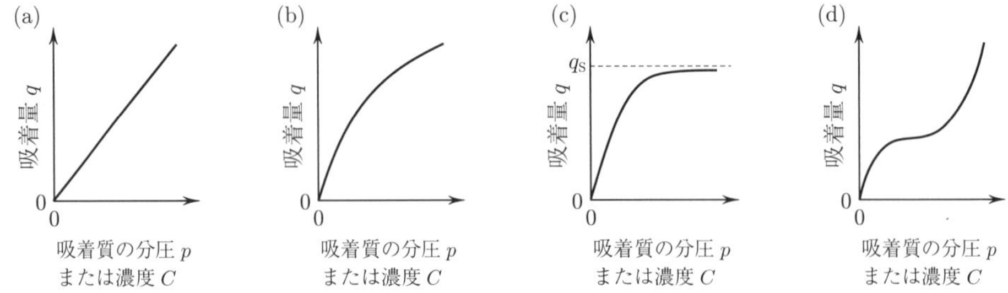

図 6.9 吸着等温線((a) ヘンリーの式，(b) フロイントリッヒの式，(c) ラングミュアの式，(d) BET の式)

[mol·m^{-3}] あるいは [kg·m^{-3}] と，吸着量 q [mol·kg^{-1}] あるいは [kg·kg^{-1}] の関係を表した図を**吸着等温線**(adsorption isotherm)という(図 6.9)。一般に吸着等温線は実験的に求められるが，式で表せる場合もあり，**吸着等温式**という。代表的な吸着等温式(分圧 p を用いた場合)を次に示す。

(a) ヘンリー(Henry)の式

$$q = Hp \tag{6.30}$$

吸着質の分圧や濃度が低いとき近似的に成り立つ。H はヘンリー定数という。

(b) フロイントリッヒ(Freundlich)の式

$$q = kp^{1/n} \tag{6.31}$$

実験値をよく近似できる経験式である。k, n は定数であり，n は吸着剤と吸着質の親和力に関する値である。

(c) ラングミュア(Langmuir)の式

$$q = \frac{q_S Kp}{1 + Kp} \tag{6.32}$$

単分子吸着モデルから導かれる理論式であり，q_S は飽和吸着量，K は吸着平衡定数である。

(d) BET の式

$$q = \frac{q_S bp}{(p_0 - p)[1 + (b-1)(p/p_0)]} \tag{6.33}$$

ラングミュアの単分子吸着の理論を，ブルナウアー(Brunauer, S.)，エメット(Emmett, P.H.)，テラー(Teller, E.)が多分子吸着に拡張した理論式である。q_S は単分子吸着量，p_0 は飽和蒸気圧，b は定数である。

6.3.2 回分吸着

原料に吸着剤を加えて混合し，吸着平衡に達した後，ろ過や遠心分離によって固液を分離する操作を**回分吸着**(batch adsorption)といい，工業的には液相系でよく利用される。

図 6.10(a)に示すように，初濃度 C_0 の吸着質を含む原料 V [m^3] に，吸着剤 W [kg] を投入して平衡に到達させたとき，吸着質に関する物質収支をとると，

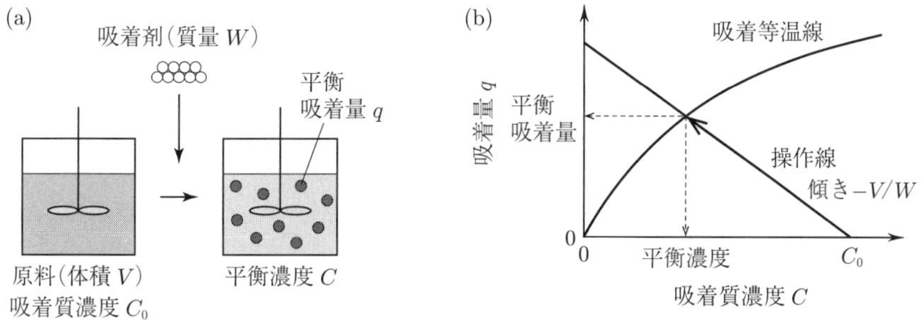

図 6.10　回分吸着操作（(a) 吸着プロセス，(b) 操作線）

$$(C_0 - C)V = qW \tag{6.34}$$

ここで C は平衡濃度，q は平衡吸着量である。したがって，

$$q = \frac{V}{W}(C_0 - C) \tag{6.35}$$

これを**操作線の式**という。図 6.10(b)のように，操作線は x 切片 C_0，傾き $-V/W$ の直線であり，吸着の進行とともに濃度 C と吸着量 q が変化する様子を表す。操作線が吸着等温線と交わると平衡に到達したことを意味し，この交点の座標より平衡濃度 C と平衡吸着量 q が求められる。吸着等温式がわかる場合には，操作線の式との連立方程式として解析的に解くこともできる。

例題 6.4　35 $\mathrm{mol \cdot m^{-3}}$ の酢酸水溶液 0.050 $\mathrm{m^3}$ に活性炭 0.80 kg を加えたとき，平衡後の酢酸濃度を求めよ。ただし，吸着平衡は $q = 0.12C$（q [$\mathrm{mol \cdot kg^{-1}}$]，$C$ [$\mathrm{mol \cdot m^{-3}}$]）で表せるとする。

【解】　(6.34)式に吸着等温式 $q = HC$ を代入する。

$$(C_0 - C)V = HCW$$

$$\therefore \quad C = \frac{VC_0}{V + HW} = \frac{0.050 \times 35}{0.050 + 0.12 \times 0.80} = 12\ \mathrm{mol \cdot m^{-3}}$$

6.3.3　固定層吸着

粒子状の吸着剤を塔型装置に充填し，ここに原料を連続的に供給して吸着質を吸着させる操作を**固定層吸着**(fixed-bed adsorption)といい，工業的に幅広く行われている(図 6.11(a))。

吸着質濃度 C_0 の原料を固定層に供給すると，吸着質は吸着剤の細孔内を拡散した後にミクロポア表面に吸着するため，原料が吸着剤に接触してから吸着平衡に達するまでに時間の遅れを生じる。したがって，図 6.11(a)に示すように，層内には徐々に吸着が進行している部分が存在し，流体よりもはるかに遅い速度で層内を移動する。この領域を**吸着帯**(adsorption zone)とよぶ。吸着帯が通り過ぎた後の層はすでに飽和吸着に達しており，流体中の吸着剤濃度は入口濃度 C_0 と等しい。吸着帯がまだ届いていない層は未吸着であり，吸着質を含まない濃度ゼロの流体が通過している。吸着帯が出口に達すると吸着質が出口から漏出しはじめる。これを**破過**とよぶ。固定層出口の吸着質濃度は

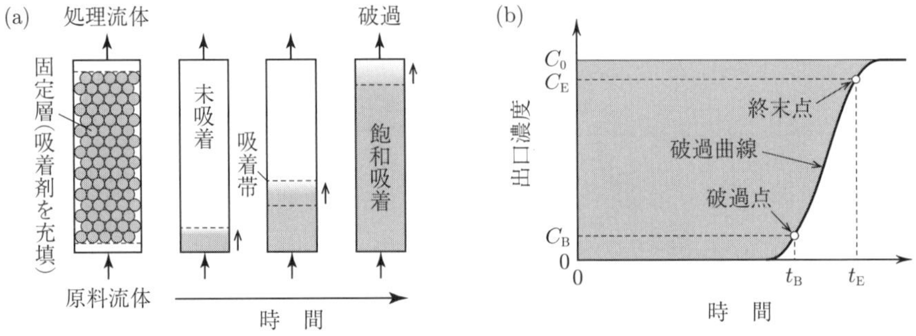

図 6.11 固定層吸着操作((a) 固定層と層内濃度の経時変化,(b) 破過曲線)

図 6.11(b)に示すような**破過曲線**(breakthrough curve)を描く。破過点は破過濃度 C_B に達した点であり,破過点までの時間を**破過時間** t_B という。破過濃度は入口濃度 C_0 の 5% または 10% とする。また,終末点は終末濃度 C_E $(= C_0 - C_B)$ に達した点であり,終末点までの時間を**終末時間** t_E という。固定層吸着操作は,破過点で終了する必要があるため,破過時間を知ることが重要である。

固定層吸着では破過が起こるまで原料を供給して吸着を行い,次に吸着剤の再生を行って,再び吸着を行う操作が繰り返される。気体の吸着の場合には,減圧によって吸着質の脱着を行って吸着剤を再生することができる。これを**圧力スイング吸着**(pressure swing adsorption:PSA)という。図 6.12 に示すように塔型装置を 2 つ用い,一方を加圧して吸着操作を行っているあいだに,飽和吸着に達したもう一方を減圧して再生操作を行う。吸脱着が終了したら,逆の操作を行い,これを繰り返す。減圧のためには,真空ポンプにつないで全圧を低下させる方法と,塔内に吸着剤に対して不活性なパージガスを流して吸着質分圧を低下させる方法がある。

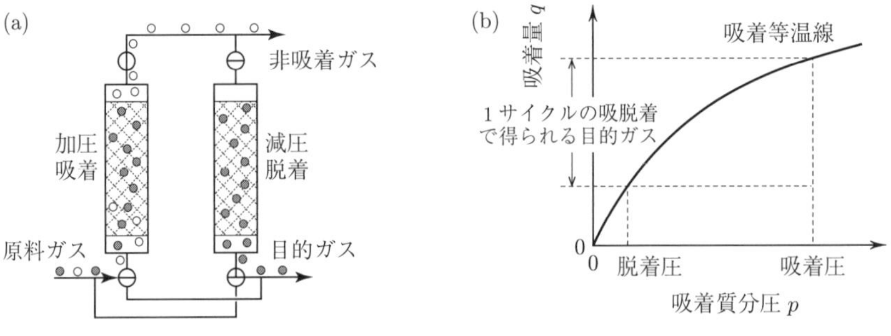

図 6.12 圧力スイング吸着((a) 吸着プロセス,(b) 吸脱着の原理)

6.4 膜 分 離

気体や液体を選択的に透過する膜を用いて,目的物質を分離する方法を**膜分離**(membrane separation)という。例えば,水道の蛇口に取り付ける家庭用浄水器は,ろ過膜により鉄サビ,カビ,一般細菌などを除去している。膜材料の開発の進展とともに膜分離は,工業用には海水淡水化,超純水製造,果汁濃縮など,医療用には人工透析などの幅

表 6.2 膜分離法の分類

膜分離法		駆動力	膜構造	代表的な応用例
膜ろ過	精密ろ過	圧力差	多孔質膜	上水道の浄水，食品工業における除菌
	限外ろ過	圧力差	多孔質膜	タンパク質の分離精製，塗料の回収
	ナノろ過	圧力差	多孔質膜	半導体工場の超純水製造
	逆浸透	圧力差	微多孔質膜	海水淡水化，ジュースの濃縮
透　析	透　析	濃度差	均質膜	人工透析，酸・アルカリの回収
	電気透析	電位差	均質膜	海水濃縮，脱塩処理
ガス分離		濃度差	均質膜	空気の分離，水素の回収
		圧力差	多孔質膜	ウラン同位体の分離

広い分野で応用されている。本節では，分離膜の種類をそのはたらきとともに紹介した後，膜分離操作として液体の膜ろ過とガス分離について学ぶ。

6.4.1 膜分離法の分類

主な膜分離法の分類を表 6.2 に示す。分離膜には，細孔をもつ**多孔質膜**と細孔をもたない**均質膜**がある。多孔質膜を用いる場合，物質の分離は主に**ふるい分け機構**(図 6.13(a))によってなされる。ふるい分け機構では，膜の細孔径よりも大きな物質は透過を阻止され，小さな物質のみが透過する。一方，均質膜では図 6.13(b)に示す**溶解拡散機構**によって物質の分離が起こる。すなわち，物質は膜に溶解し，膜内を拡散した後，反対側で膜から放散される。

膜ろ過は，圧力差を駆動力とする液系の分離操作であり，**精密ろ過**(microfiltration : MF)(細孔径 0.1 μm 以上)，**限外ろ過**(ultrafiltration : UF)(2 nm～0.1 μm)，**ナノろ過**(nanofiltration : NF)(2 nm 以下)，**逆浸透**(reverse osmosis : RO)がある。ナノろ過は，膜表面に荷電をもつため，ふるい分けに加えて静電効果によっても分離ができる。逆浸透は，膜を挟んで濃度の異なる溶液が接するとき生じる浸透圧に対抗して，より高い圧力を高濃度溶液側に加えることで，溶媒を低濃度溶液側に移動させる操作である。逆浸透による海水淡水化では 60 気圧もの高圧を必要とするが，それでも蒸発法に比べると省エネルギーである。

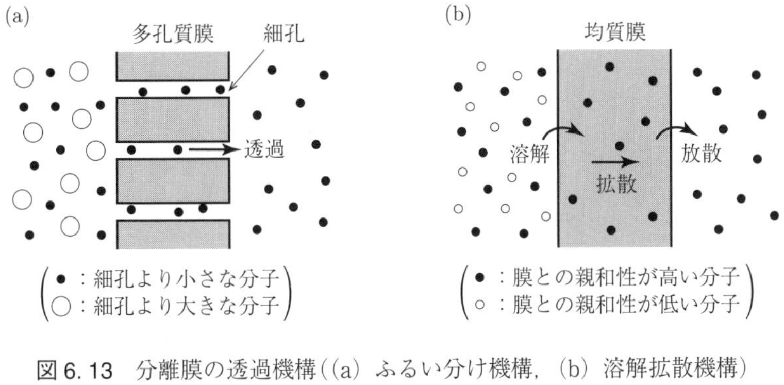

図 6.13 分離膜の透過機構((a) ふるい分け機構，(b) 溶解拡散機構)

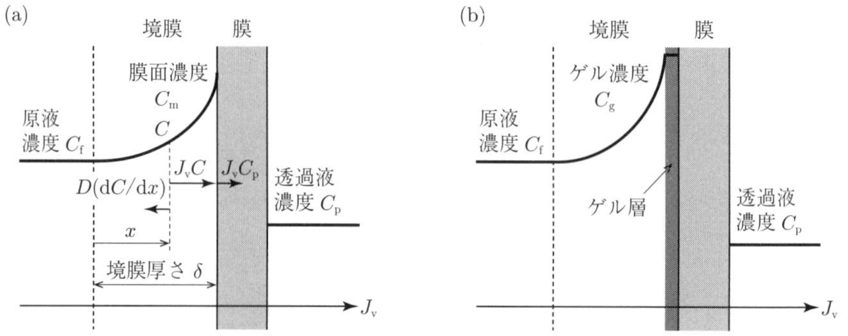

図 6.14　膜近傍の濃度分布（(a) 濃度分極，(b) ゲル分極）

一方，**透析**(dialysis)は，膜の両側での濃度差によって溶質を移動させる方法であり，均質膜による溶解拡散機構で分離が起こる。電気透析は，イオン交換膜と電気泳動を組み合わせてイオンの分離を行う操作である。

6.4.2　膜 ろ 過

膜ろ過では，膜によって透過できない溶質が膜面付近に濃縮され，図 6.14 に示すように膜面濃度 C_m [mol·m^{-3}] は原液濃度 C_f [mol·m^{-3}] よりも高く，境膜内に濃度勾配を生じる。この現象を**濃度分極**とよぶ。透過液濃度が C_p [mol·m^{-3}] のとき，膜の**見かけの阻止率** R_a [−] と**真の阻止率** R_i [−] は次式で定義される。

$$R_a = 1 - \frac{C_p}{C_f} \tag{6.36}$$

$$R_i = 1 - \frac{C_p}{C_m} \tag{6.37}$$

濃度分極が大きくなり膜面濃度が高くなると，R_i は膜の特性なのでほぼ一定値であるが，R_a は小さくなるので分離性能は低下する。さらに濃度分極が進んで膜面濃度が溶質の溶解度以上になると，溶質の析出やゲル層生成を引き起こす。これを**ゲル分極**といい，圧力を高くしても透過流束は増加しない。

溶液の透過流束 J_v [m^3·m^{-2}·s^{-1}] を表すために，境膜における物質収支を考える。膜を透過する溶質の流束 J_s [mol·m^{-2}·s^{-1}] は，境膜を通過する溶質の流束に等しく，後者は溶液とともに輸送される溶質と濃度分極によって逆方向に拡散する溶質の和として表せる。

$$J_s = J_v C_p = J_v C - D\frac{dC}{dx} \tag{6.38}$$

ここで C [mol·m^{-3}] は任意位置 x の溶質濃度，D [m^2·s^{-1}] は境膜内の溶質の拡散係数である。境膜の厚さを δ として，$x=0$ のとき $C=C_f$，$x=\delta$ のとき $C=C_m$ の条件で積分すると，

$$J_v = \frac{D}{\delta}\ln\frac{C_m - C_p}{C_f - C_p} = k\ln\frac{C_m - C_p}{C_f - C_p} \tag{6.39}$$

ここで k [m·s^{-1}] $(=D/\delta)$ は**境膜物質移動係数**である。

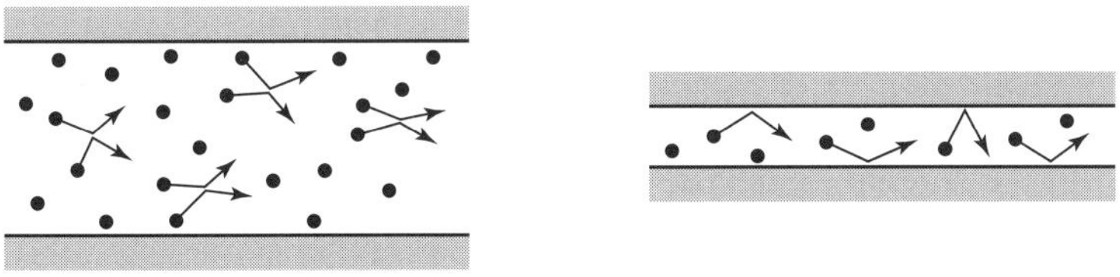

(a) 細孔径/平均自由行程＞10
（分子どうしの衝突が支配的）

(b) 細孔径/平均自由行程＜0.1
（分子と細孔壁の衝突が支配的）

図 6.15 細孔中の拡散機構（(a) 分子拡散，(b) クヌーセン拡散）

例題 6.5 真の阻止率 95 % の限外ろ過膜を用いて，濃度 0.25 kg·m^{-3} のアルブミン水溶液をろ過したところ，0.020 kg·m^{-3} の透過液を得た。境膜物質移動係数が 0.86 m·s^{-1} のとき，溶液の透過流束を求めよ。

【解】 (6.37)式から，膜面濃度は，

$$C_{\mathrm{m}}=\frac{C_{\mathrm{p}}}{1-R_{\mathrm{i}}}=\frac{0.020}{1-0.95}=0.40\ \mathrm{kg\cdot m^{-3}}$$

(6.39)式から，溶液の透過流束は，

$$J_{\mathrm{v}}=k\ln\frac{C_{\mathrm{m}}-C_{\mathrm{p}}}{C_{\mathrm{f}}-C_{\mathrm{p}}}=0.86\times\ln\frac{0.40-0.020}{0.25-0.020}=0.43\ \mathrm{m^3\cdot m^{-2}\cdot s^{-1}}$$

6.4.3 ガス分離

ガス分離に用いる膜には，高分子均質膜と無機多孔質膜がある。気体の膜透過流束 J [mol·m^{-2}·s^{-1}] は膜の両側の圧力差を推進力として次式で与えられる。

$$J=\frac{P_{\mathrm{m}}}{\delta_{\mathrm{m}}}(p_{\mathrm{f}}-p_{\mathrm{p}}) \tag{6.40}$$

ここで P_{m} [mol·m^{-1}·Pa^{-1}·s^{-1}] は**膜透過係数**，δ_{m} [m] は膜の厚み，$p_{\mathrm{f}}, p_{\mathrm{p}}$ [Pa] はそれぞれ原料側および透過側のガス分圧である。透過後の気体の圧力比 $p_{\mathrm{p,A}}/p_{\mathrm{p,B}}$ は透過流束の比 $J_{\mathrm{A}}/J_{\mathrm{B}}$ に等しいので，透過側の圧力が原料側に比べて十分小さいとき($p_{\mathrm{p}}\ll p_{\mathrm{f}}$)，気体 B に対する気体 A の分離係数 α_{AB} は次式で近似される。

$$\alpha_{\mathrm{AB}}=\frac{p_{\mathrm{p,A}}/p_{\mathrm{p,B}}}{p_{\mathrm{f,A}}/p_{\mathrm{f,B}}}=\frac{P_{\mathrm{m,A}}(1-p_{\mathrm{p,A}}/p_{\mathrm{f,A}})}{P_{\mathrm{m,B}}(1-p_{\mathrm{p,B}}/p_{\mathrm{f,B}})}\approx\frac{P_{\mathrm{m,A}}}{P_{\mathrm{m,B}}} \tag{6.41}$$

均質膜の場合，溶解拡散機構に従い，気体は原料側で膜に溶解した後，膜内を拡散し，透過側で膜から放散する（図 6.13）。そのため膜透過係数 P_{m} は，膜に対する気体の溶解度係数 S [mol·m^{-3}·Pa^{-1}] と膜内の気体の拡散係数 D [m^2·s^{-1}] の積で与えられ，分離係数は次式となる。

$$\alpha_{\mathrm{AB}}=\frac{P_{\mathrm{m,A}}}{P_{\mathrm{m,B}}}=\frac{S_{\mathrm{A}}}{S_{\mathrm{B}}}\cdot\frac{D_{\mathrm{A}}}{D_{\mathrm{B}}} \tag{6.42}$$

多孔質膜では，気体は膜内の細孔を移動する。細孔径が気体分子の平均自由行程（大気圧の空気で約 70 nm）の 10 分の 1 以下のとき，分子どうしの衝突より細孔壁との衝突が支配的となる（図 6.15）。これを**クヌーセン**(Knudsen)**拡散**とよぶ。このとき，膜透過係数 P_{m} は気体の分子量の 1/2 乗に反比例することが知られている。したがって，透

過側の圧力が原料側に比べて十分小さいとき，分離係数は次式で与えられ，分子量の違いによって分離できる。

$$\alpha_{AB}=\frac{P_{m,A}}{P_{m,B}}=\sqrt{\frac{M_B}{M_A}} \tag{6.43}$$

以上のように，多孔質膜では気体の種類によって分離係数が決まるが，均質膜では材質によって分離係数を向上させることが可能である。一方，透過流束は多孔質膜のほうが大きい。

章末問題

6.1 温度 303 K，圧力 1 atm で排ガスが流量 1700 $m^3 \cdot h^{-1}$ で排出されるプロセスがある。排ガスには濃度 2.0 vol% の SO_2 が含まれている。純水を吸収液として向流接触型の充填塔で排ガスに含まれる SO_2 の 80 % を除去したい。充填塔の断面積が 1.0 m^2 のとき，塔頂での排出ガス中の SO_2 のモル分率を求めよ。排ガスの SO_2 以外の成分は，空気で水に溶けないとする。

6.2（問題 6.1 のつづき） 出口での吸収液の SO_2 濃度がモル分率 0.030 になるようにするためには，吸収液の流量をいくらにすればよいか算出せよ。

6.3 45 wt% ピリジン水溶液を原料液，純粋なクロロベンゼンを抽剤としてミキサーにそれぞれ $F=10$ $kg \cdot s^{-1}$，$S=35$ $kg \cdot s^{-1}$ で供給し，セトラーから抽出液を回収する。回収される 2 液が平衡に達しているものとして，図 6.7 を用い抽出液の量 E [$kg \cdot s^{-1}$] と抽残液の量 R [$kg \cdot s^{-1}$]，抽出率 η，分配係数 K_D を求めよ。

6.4 例題 6.4 において，活性炭 0.80 kg を 2 つに分け，まず活性炭 0.40 kg を酢酸水溶液に加えて平衡に到達させる。活性炭を取り除いた後，残りの活性炭 0.40 kg を加えて吸着を繰り返したとき，平衡後の酢酸濃度を求めよ。

6.5 均質膜を用いた場合と多孔質膜を用いた場合の，窒素に対する二酸化炭素の分離係数をそれぞれ求めよ。ただし，均質膜への二酸化炭素と窒素の溶解度係数はそれぞれ 3.7×10^{-4}，2.8×10^{-5} $mol \cdot m^{-3} \cdot Pa^{-1}$，均質膜内の二酸化炭素と窒素の拡散係数はそれぞれ 1.4×10^{-10}，1.2×10^{-10} $m^2 \cdot s^{-1}$ とする。

7

反応速度論と反応工学

化学工業とは，石油や石炭などの天然物や原料に化学的・物理的変化を加えて性状を変えることで製品を生産する工業であり，その製造工程を化学プロセスとよんでいる。その化学プロセスは物理的操作としての単位操作と化学的操作としての反応操作から成り立っている。反応操作においては目的生成物を最も望ましい方法で生産するため，最適な反応器を設計し，操作方法を決定することが要求される。すなわち，反応工学とは化学プロセスにおいて中心的役割を担う反応器を設計，運転するための方法論であり，反応速度を測定し，さらに流体・熱・物質の移動現象の知識を加えて，反応器を合理的に設計し操作するための工学である。

7.1　化学反応の分類

7.1.1　化学量論式の数による分類

ある成分が 1 mol 反応したときに，同じ反応で消費される成分や生成する成分が何 mol 消費され生成するかという反応に関係する各成分の物質量の相対関係を**量論関係**といい，量論関係を表した式を**化学量論式**という。単純反応の場合は次式のように 1 つの量論式で表される。

$$aA + bB \rightarrow cC + dD \tag{7.1}$$

ここで，A, B, C, D は成分を表し，a, b, c, d は**量論係数**とよばれる反応量論関係における各成分のモル比を表す。もちろん，反応によっては反応物が 1 つしかないこともあるが，そのような場合は量論係数の b が 0 であると考えればよい。量論式は反応式とほぼ同義であるが，量的関係に重点をおく場合には量論式とよばれる。

量論関係が 1 つの式だけで表される反応系を**単一反応**(single reaction)といい，量論式が複数ある反応系を**複合反応**(multiple reaction)という。さらに複合反応には同じ反応物から異なる生成物を生じる複数の反応が進行する**並列反応**(parallel reaction)(A → C，A → D など)，ある反応の生成物がさらに反応する**逐次反応**(consecutive reaction)(A → C → D など)，これらが組み合わされた**逐次並列反応**(consecutive-parallel reaction)(A + B → C，C + B → 2D など)の 3 つの基本パターンがある。量論関係を考える際には単一反応と複合反応の区別が必要となる。

7.1.2　反応場の相による分類

反応が進行する場が気相のみ，あるいは液相のみというように，均質な１つの相で起こっている場合を**均一反応**(homogeneous reaction)あるいは**均相系反応**という。気体と固体が反応する場合など，反応に関与する相が２つ以上ある場合を**不均一反応**(heterogeneous reaction)あるいは**異相系反応**という。均一反応は気相反応と液相反応に大別され，不均一反応は気相，液相および固相の組合せにより種々の反応に分類できる。

7.1.3　反応機構による分類

例えば，A＋B→C＋Dという単一の量論式で表される反応であっても，実際には分子Aと分子Bが衝突して反応しているとは限らず，成分Aから生成した活性中間体(ラジカル，イオンなど)が成分Bと反応するというような反応機構が存在する場合がほとんどである。このような反応物の衝突レベルにまで反応式を分解して反応機構を表現するとき，それ以上分解できない反応を**素反応**(elementary reaction)とよぶ。素反応では，反応速度は各反応物の衝突頻度に比例するため，反応速度は各反応物の濃度に比例し，生成物の濃度には無関係である。実際の反応は複雑なメカニズムで進行しており，いくつかの活性中間体を経由する複数の素反応から成り立っている。したがって，このような場合の反応速度は反応物の濃度に比例するとは限らず，反応速度を考えるうえでは注意が必要となる。

7.2　反 応 器

7.2.1　反応器形状による分類

反応器の形状はさまざまであるが，大きくは**槽型反応器**(tank reactor)と**管型反応器**(tube reactor)に分けられる。槽型反応器は一般的には撹拌機が装備されている。管型反応器のうち縦型のものは塔型反応器とよぶことがある。

7.2.2　操作による分類

原料をすべて反応器内に仕込んでから反応を開始し，反応後に反応生成物全体を取り出す１回１回が独立した操作法を**回分操作**(batch operation)といい，回分操作で運転される反応器を**回分反応器**(batch reactor)という。回分反応器としては撹拌槽型反応器が用いられる。一方，反応器に原料を連続的に供給し，出口から連続的に生成物を流出させる操作法を**連続操作**(continuous oparation)といい，用いられる反応器を連続式反応器または流通式反応器という。流通反応器としては**槽型反応器**や**管型反応器**が用いられる。また，一方の成分を反応器に仕込んでおき，そこにもう一方の反応成分を連続的に流入させながら反応を進行させる操作法を**半回分操作**(semi-batch operation)という。半回分反応器としては撹拌槽型反応器が用いられる。図7.1に反応器の形状と操作法による分類を示す。

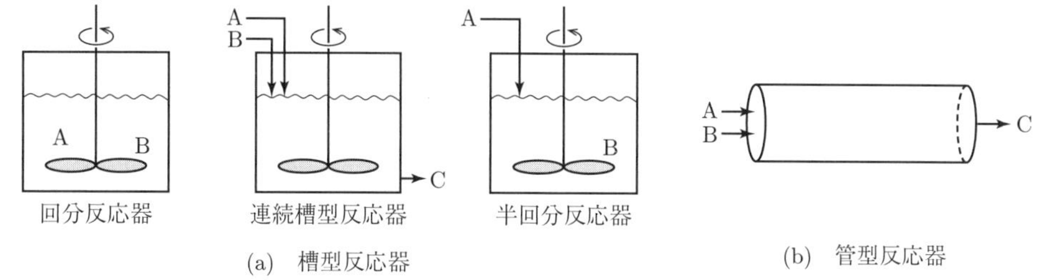

図 7.1　反応器の形状と操作法による分類

7.2.3　流れの状態による分類

反応器を設計・操作するためには，反応器内の流体の混合状態を知る必要がある。流通式反応器においては，反応器内の流体の混合状態によって反応器内の濃度分布や温度分布が異なり，反応速度が異なってくる。槽型反応器内の流体が完全に混合され，流体の濃度や温度が槽内のすべての点で同じとみなせるような流れを**完全混合流れ**とよぶ。このような理想的な混合状態で回分操作されている槽型反応器を**回分反応器**(batch reactor : BR)，連続操作されている槽型反応器を**連続槽型反応器**(continuous stirred tank reactor : CSTR)とよぶ。一方，流体が半径方向に濃度・温度・速度の分布がなく，入口での分布の形状を保ったまま流れていく流体を**押し出し流れ**(栓流)とよぶ。この仮想的な混合状態で流れている管型反応器を**押し出し流れ反応器**(plug flow reactor あるいは piston flow reactor : PFR)とよぶ。これらの流通反応器内の原料成分 A の濃度分布は図 7.2 に示すようになる。同じ体積の CSTR と PFR に同じ反応原料を同じ流量で供給すると，一般的には PFR を用いたほうがより反応が進行する。このことは PFR のほうが CSTR より性能が良いことを意味している。CSTR の性能を PFR の性能に近づけるためには，図 7.2 のように，CSTR を直列に接続した直列連続槽型反応器が用いられる。

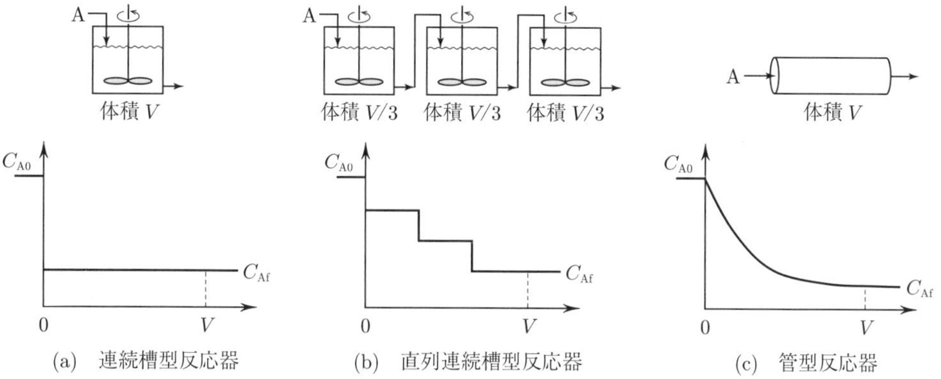

図 7.2　流通反応器内の反応原料 A の濃度分布

7.3 反応速度式

7.3.1 反応速度の定義

反応速度(reaction rate)とは，反応が進む速さを表し，単位体積当たり，単位時間当たりの物質量の変化で定義される。(7.1)式で示される単一反応の量論式においては，反応成分Aについて

$$-r_{\mathrm{A}} = -\frac{1}{V}\frac{\mathrm{d}n_{\mathrm{A}}}{\mathrm{d}t} = \frac{(\text{消失した成分 A の物質量})}{(\text{体積})(\text{時間})} = -\frac{\mathrm{d}C_{\mathrm{A}}}{\mathrm{d}t}\ [\mathrm{mol \cdot m^{-3} \cdot s^{-1}}] \tag{7.2}$$

生成物Cについて

$$r_{\mathrm{C}} = \frac{1}{V}\frac{\mathrm{d}n_{\mathrm{C}}}{\mathrm{d}t} = \frac{(\text{生成した成分 C の物質量})}{(\text{体積})(\text{時間})} = \frac{\mathrm{d}C_{\mathrm{C}}}{\mathrm{d}t}\ [\mathrm{mol \cdot m^{-3} \cdot s^{-1}}] \tag{7.3}$$

このように，反応速度r_jは成分jが反応原料であれば負の値，反応生成物であれば正の値をとることがわかる。

量論式(7.1)より符号を考慮に入れつつr_jをそれぞれの量論係数で割った値は等しくなるので，それをrとおくと次式が成立することがわかる。

$$\frac{-r_{\mathrm{A}}}{a} = \frac{-r_{\mathrm{B}}}{b} = \frac{r_{\mathrm{C}}}{c} = \frac{r_{\mathrm{D}}}{d} = r \tag{7.4}$$

このように定義されたrは成分には依存しない量論式に固有の反応速度で，**量論式に対する反応速度**とよぶ。ただし，rの値は同一の反応でも量論式の表現法が異なると違ってくることに注意を要する。この反応速度rを用いると逆に，各成分の反応速度を

$$r_{\mathrm{A}} = -ar, \quad r_{\mathrm{B}} = -br, \quad r_{\mathrm{C}} = cr, \quad r_{\mathrm{D}} = dr \tag{7.5}$$

のように表すことが可能となるので，2つ以上の量論式で与えられる複合反応の場合，着目した成分に対する反応速度は各量論式に対する反応速度と量論係数の積の和として表される。

例題 7.1 次のような複合反応において，各成分に対する反応速度を量論式に対する反応速度r_1, r_2を用いて表せ。

反応1 $\mathrm{A + 3B \rightarrow 2C + D}$ ：r_1

反応2 $\mathrm{2A + C \rightarrow 2D}$ ：r_2

【解】 反応1による各成分の反応速度は次のように表される。

$$r_{1\mathrm{A}} = -r_1, \quad r_{1\mathrm{B}} = -3r_1, \quad r_{1\mathrm{C}} = 2r_1, \quad r_{1\mathrm{D}} = r_1$$

同様に，反応2による各成分の反応速度は次のように表される。

$$r_{2\mathrm{A}} = -2r_2, \quad r_{2\mathrm{C}} = -r_2, \quad r_{2\mathrm{D}} = 2r_2$$

よって，各成分の反応速度は次のように求められる。

$$r_{\mathrm{A}} = -r_1 - 2r_2, \quad r_{\mathrm{B}} = -3r_1, \quad r_{\mathrm{C}} = 2r_1 - r_2, \quad r_{\mathrm{D}} = r_1 + 2r_2$$

7.3.2 反応速度式と反応次数

反応速度は一般に，反応成分の濃度，温度，触媒濃度などの関数で表現される。この関数関係を式として表現したものを**反応速度式**(reaction rate equation)という。この反

応速度式は次のように，濃度のべき数の積として表される場合が多い。

$$r = kC_A^m C_B^n \tag{7.6}$$

(7.6)式において，べき数 m, n を**反応次数**(reaction order)とよび，成分 A について m 次，成分 B について n 次，全体で$(m+n)$次の反応であるという。反応次数は必ずしも整数とは限らず，分数や小数あるいは負のときもある。また，反応次数という概念が適用できない例もある。反応速度式に含まれる定数 k は**反応速度定数**(reaction rate constant)という。濃度には依存しないが，温度に依存する。反応速度定数の温度依存性は，次の**アレニウスの式**(Arrhenius equation)で表される。

$$k = k_0 \exp\left(-\frac{E}{RT}\right) \tag{7.7}$$

ここで，k_0 は**頻度因子**(frequency factor)とよばれる定数で反応速度定数 k と同じ次元をもつ。E は反応の**活性化エネルギー**(activation energy) [J·mol^{-1}] である。また，R は気体定数(=8.314 J·mol^{-1}·K^{-1})，T は絶対温度[K] である。k を $1/T$ に対して片対数プロットしたものを**アレニウスプロット**といい，その傾きが活性化エネルギーを与える。

7.3.3　反応速度式の導出

素反応であることがわかれば，量論式に対する反応速度は(7.6)式のように濃度のべき数の積として表現できる。しかしながら，実際の反応は複雑なメカニズムで進行しており，いくつかの活性中間体を経由する複数の素反応から成り立っている。ラジカルやイオン種である活性中間体は，非常に反応性に富んでおり，その濃度は他の成分に比べてきわめて小さいので，活性中間体の反応速度を 0 とみなすことができる。この仮定を**定常状態近似**(steady-state approximation)という。この近似を用いることで，いくつかの素反応からなる総括反応の反応速度式の導出が可能となる。

例題 7.2

$$\mathrm{A} \rightarrow \mathrm{C} + \mathrm{D} \qquad \cdots\cdots①$$

で示される総括の反応は，次の素反応によって表現される。

$$\mathrm{A} + \mathrm{A} \underset{k_2}{\overset{k_1}{\rightleftarrows}} \mathrm{A}^* + \mathrm{A} \qquad \cdots\cdots②$$

$$\mathrm{A}^* \xrightarrow{k_3} \mathrm{C} + \mathrm{D} \qquad \cdots\cdots③$$

定常状態近似により反応速度式を導出せよ。

【解】　活性中間体 A* の生成速度を求めて，これに定常状態近似を適用する。

$$r_{A^*} = k_1 C_A^2 - k_2 C_{A^*} C_A - k_3 C_{A^*} = 0$$

よって，$C_{A^*} = \dfrac{k_1 C_A^2}{k_2 C_A + k_3}$

① 式に対する反応速度 r は，C または D の生成速度 r_C, r_D に等しいので，

$$r_C = k_3 C_{A^*} = \frac{k_1 k_3 C_A^2}{k_2 C_A + k_3}$$

それに対して，活性中間体を含むいくつかの素反応が逐次的に進行する場合，その中の 1 つの素過程の速度が他の反応速度に比べて非常に遅いと，全体の反応速度はその素反応によって決まる。その最も遅い過程を**律速段階**(rate determining step)とよび，それ以外の素反応は十分に速く，部分平衡にあると仮定する。このようにして反応速度を決定する方法を**律速段階近似**(rate determining step approximation)という。

例題 7.3　例題 7.2 の反応について，律速段階近似により反応速度式を導出せよ。

【解】　例題 7.2 の ② 式が部分平衡であるとすれば

$$K_1 = \frac{C_A^* C_A}{C_A^2} = \frac{k_1}{k_2}$$

③ 式が律速段階であるとすると

$$r = r_C = k_3 C_A^* = \frac{k_1 k_3 C_A}{k_2}$$

定常状態近似で得られた式で $k_2 C_A \gg k_3$ とおけば同じ式となる。

7.4　化学量論関係

7.4.1　量論関係と反応率

(7.1)式の量論式で表される反応を考える。反応器に供給される反応原料の組成は，量論式の比率になっていない場合が多い。そこで，成分 A が**限定反応成分**(limiting reactant)であるとして，成分 A の量論係数が 1 になるように書き換える。

$$A + \frac{b}{a}B \rightarrow \frac{c}{a}C + \frac{d}{a}D \tag{7.8}$$

この式は成分 A が 1 mol と，成分 B が b/a [mol] 反応し，成分 C が c/a [mol]，成分 D が d/a [mol] 生成することを意味している。回分反応器の場合は，反応開始時に反応器内にある成分 A の物質量を n_{A0} [mol]，時刻 t における反応器内の成分 A の物質量を n_A [mol] とすると，成分 A の**反応率** x_A は次式で定義される。

$$x_A = \frac{(\text{反応した成分 A の物質量})}{(\text{反応器に供給された成分 A の物質量})} = \frac{n_{A0} - n_A}{n_{A0}} \tag{7.9}$$

一方，流通反応器の場合は，反応開始時に反応器内にある成分 A の物質量流量を F_{A0} [mol·s^{-1}]，反応器内でのある位置における成分 A の物質量流量を F_A [mol·s^{-1}] とすると，成分 A の反応率 x_A は次式で定義される。

$$x_A = \frac{(\text{反応した成分 A の物質量流量})}{(\text{反応器に供給された成分 A の物質量流量})} = \frac{F_{A0} - F_A}{F_{A0}} \tag{7.10}$$

回分反応器において残存した成分 A の量 n_A は

$$n_A = (\text{A の仕込み量}) - (\text{A の反応量}) = n_{A0} - n_{A0}x_A = n_{A0}(1 - x_A) \tag{7.11}$$

成分 B については，B の反応量は量論関係から $n_{A0}x_A \times \dfrac{b}{a}$ で与えられるので，

$$n_B = (\text{B の仕込み量}) - (\text{B の反応量}) = n_{B0} - \frac{b}{a}n_{A0}x_A = n_{A0}\left(\frac{n_{B0}}{n_{A0}} - \frac{b}{a}x_A\right) = n_{A0}\left(\theta_B - \frac{b}{a}x_A\right) \tag{7.12}$$

表 7.1　回分反応器の量論関係

成分	仕込み量 [mol]	変化量 [mol]	残存量 [mol]
A	n_{A0}	$-n_{A0}x_A$	$n_A=n_{A0}(1-x_A)\ \Rightarrow\ n_{A0}-n_{A0}x_A$
B	n_{B0}	$-\dfrac{b}{a}n_{A0}x_A$	$n_B=n_{A0}\left(\theta_B-\dfrac{b}{a}x_A\right)\ \Rightarrow\ n_{B0}-\dfrac{b}{a}n_{A0}x_A$
C	n_{C0}	$\dfrac{c}{a}n_{A0}x_A$	$n_C=n_{A0}\left(\theta_C+\dfrac{c}{a}x_A\right)\ \Rightarrow\ n_{C0}+\dfrac{c}{a}n_{A0}x_A$
D	n_{D0}	$\dfrac{d}{a}n_{A0}x_A$	$n_D=n_{A0}\left(\theta_D+\dfrac{d}{a}x_A\right)\ \Rightarrow\ n_{D0}+\dfrac{d}{a}n_{A0}x_A$
I	n_{I0}	0	$n_I=n_{A0}\theta_I\ \Rightarrow\ n_{I0}$
合計	n_{t0}	$n_{A0}x_A\left(-1-\dfrac{b}{a}+\dfrac{c}{a}+\dfrac{d}{a}\right)$	$n_t=n_{t0}+n_{A0}x_A\left(-1-\dfrac{b}{a}+\dfrac{c}{a}+\dfrac{d}{a}\right)$ $=n_{t0}(1+\varepsilon_A x_A)$

ただし，θ_B は成分 B の仕込み量と成分 A の仕込み量の比である。他の成分についても同様に考えて，表 7.1 にまとめる。ただし，成分 I は不活性成分である。

反応開始時の全物質量を n_{t0}，反応率が x_A に達したときに反応器内に存在する全物質量 n_t は，

$$n_t=n_{t0}+\left(-1-\frac{b}{a}+\frac{c}{a}+\frac{d}{a}\right)n_{A0}x_A \tag{7.13}$$

ここで，$-1-\dfrac{b}{a}+\dfrac{c}{a}+\dfrac{d}{a}$ は成分 A が 1 mol 反応したときの反応系の物質量変化であり，これを δ_A とおくと

$$n_t=n_{t0}+\delta_A n_{A0}x_A=n_{t0}\left(1+\delta_A\frac{n_{A0}}{n_{t0}}x_A\right) \tag{7.14}$$

n_{A0}/n_{t0} は原料中の成分 A のモル分率であり，これを y_{t0} とおくと

$$n_t=n_{t0}(1+\delta_A y_{A0}x_A) \tag{7.15}$$

となる。さらに，$\varepsilon_A=\delta_A y_{A0}$ とおくと，

$$n_t=n_{t0}(1+\varepsilon_A x_A) \tag{7.16}$$

ここで ε_A は，原料 1 mol 中に含まれる成分 A がすべて反応したときの反応系の物質量変化を表している。反応にともないモル数が増加する反応では $\delta_A>0$，$\varepsilon_A>0$，減少する反応では $\delta_A<0$，$\varepsilon_A<0$ となる。

流通反応器の場合には，物質量 n [mol] を物質量流量 F [mol·s^{-1}] に置き換えるだけで本質的には同じ式が使用できる。量論関係を表 7.2 にまとめる。

7.4.2　濃度と反応率

回分反応器内の任意の成分 j の物質量を n_j [mol]，反応混合物の体積を V [m^3] とすれば，成分 j の濃度 C_j [mol·m^{-3}] は次式で与えられる。

$$C_j=\frac{n_j}{V} \tag{7.17}$$

表 7.2　流通反応器の量論関係

成分	供給速度 [mol·s^{-1}]	変化速度 [mol·s^{-1}]	流出速度 [mol·s^{-1}]
A	F_{A0}	$-F_{A0}x_A$	$F_A = F_{A0}(1-x_A) \Rightarrow F_{A0} - F_{A0}x_A$
B	F_{B0}	$-\dfrac{b}{a}F_{A0}x_A$	$F_B = F_{A0}\left(\theta_B - \dfrac{b}{a}x_A\right) \Rightarrow F_{B0} - \dfrac{b}{a}F_{A0}x_A$
C	F_{C0}	$\dfrac{c}{a}F_{A0}x_A$	$F_C = F_{A0}\left(\theta_C + \dfrac{c}{a}x_A\right) \Rightarrow F_{C0} + \dfrac{c}{a}F_{A0}x_A$
D	F_{D0}	$\dfrac{d}{a}F_{A0}x_A$	$F_D = F_{A0}\left(\theta_D + \dfrac{d}{a}x_A\right) \Rightarrow F_{D0} + \dfrac{d}{a}F_{A0}x_A$
I	F_{I0}	0	$F_I = F_{A0}\theta_I \Rightarrow F_{I0}$
合計	F_{t0}	$F_{A0}x_A\left(-1-\dfrac{b}{a}+\dfrac{c}{a}+\dfrac{d}{a}\right)$	$F_t = F_{t0} + F_{A0}x_A\left(-1-\dfrac{b}{a}+\dfrac{c}{a}+\dfrac{d}{a}\right) = F_{t0}(1+\varepsilon_A x_A)$

一方，流通反応器内の成分 j の濃度 C_j は，成分 j の物質量流量を F_j [mol·s^{-1}]，反応混合物の体積流量を v [m^3·s^{-1}] とすれば，次式から算出できる。

$$C_j = \frac{F_j}{v} \tag{7.18}$$

反応器内で気相反応を行う場合，成分 j の分圧 p_j [Pa] は，理想気体の法則が成立するときには，気体定数 R [J·mol^{-1}·K^{-1}]，温度 T [K] を用いて，次式から計算できる。

$$p_j = C_jRT \tag{7.19}$$

反応の進行にともなって反応混合物の密度が変化しない場合を**定容系**という。液相反応は，回分反応器または流通反応器のどちらを用いても定容系とみなしうる場合が多い。気相反応も，一定体積の回分反応器で行う場合や反応の前後で物質量の変化がない場合には，定容系として取り扱うことができる。定容系の場合は反応混合物の体積 V と体積流量 v は，それぞれ反応開始時の V_0 および反応器入口の v_0 に等しい。したがって，例えば，定容回分反応器で得られた(7.11)式や(7.12)式を(7.17)式に代入し，$V=V_0$ とおくと，各成分の濃度として諸式が得られる。

$$\begin{aligned} &C_A = C_{A0}(1-x_A), && C_B = C_{A0}\left(\theta_B - \frac{b}{a}x_A\right) \\ &C_C = C_{A0}\left(\theta_C + \frac{c}{a}x_A\right), && C_D = C_{A0}\left(\theta_D + \frac{d}{a}x_A\right) \\ &C_I = C_{A0}\theta_I \end{aligned} \tag{7.20}$$

これらの関係式は，定容系とみなせる流通反応器の場合でも成立し，表 7.2 の量論関係と(7.18)式，$v=v_0$ より，(7.20)式と同じ式が得られる。

次に，反応の進行にともない体積が変化する回分反応器を用いて非定容系の気相反応を行う場合は，体積 V を反応率 x_A の関数として表現しなくてはならない。時間 t において反応系の全圧 P_t，温度を T とすると，理想気体の状態方程式は

$$P_tV = n_tRT \tag{7.21}$$

また，$t=0$ では同様に

$$P_{t0}V_0 = n_{t0}RT_0 \tag{7.22}$$

と表すものとすると，(7.21)式を(7.22)式で除して，(7.16)式を代入すると，

$$V = V_0\left(\frac{P_{t0}}{P_t}\right)\left(\frac{T}{T_0}\right)(1+\varepsilon_A x_A) \tag{7.23}$$

温度，全圧が一定ならば

$$V = V_0(1+\varepsilon_A x_A) \tag{7.24}$$

(7.11)式や(7.12)式を(7.17)式に代入し，(7.24)式を用いると

$$\begin{aligned} C_A &= \frac{C_{A0}(1-x_A)}{1+\varepsilon_A x_A}, \qquad & C_B &= \frac{C_{A0}\left(\theta_B - \dfrac{b}{a}x_A\right)}{1+\varepsilon_A x_A} \\ C_C &= \frac{C_{A0}\left(\theta_C + \dfrac{c}{a}x_A\right)}{1+\varepsilon_A x_A}, \qquad & C_D &= \frac{C_{A0}\left(\theta_D + \dfrac{d}{a}x_A\right)}{1+\varepsilon_A x_A} \\ C_I &= \frac{C_{A0}\theta_I}{1+\varepsilon_A x_A} \end{aligned} \tag{7.25}$$

流通反応器を用いて非定容系の気相反応を行う場合も，上記と同様に取り扱うことで，温度，全圧が一定ならば

$$v = v_0(1+\varepsilon_A x_A) \tag{7.26}$$

となるので，(7.18)式より(7.25)式と同じ式が得られる。

例題 7.4 A + 2B → 3C + D で表される液相反応を回分反応器で行う。仕込み原料は成分 A, B および不活性成分 I からなり，成分 A, B, I の濃度はそれぞれ 100, 400, 20 mol·m^{-3} であった。成分 A の反応率が 80 % に達したときの各成分の濃度を求めよ。

【解】 定容系反応とみなせるので，(7.20)式から各成分濃度を計算できる。

$$C_A = C_{A0}(1-x_A) = 100(1-0.8) = 20\ \mathrm{mol\cdot m^{-3}}$$

$$C_B = C_{A0}\left(\theta_B - \frac{b}{a}x_A\right) = 100\left\{\left(\frac{400}{100}\right) - \frac{2}{1}\times 0.8\right\} = 240\ \mathrm{mol\cdot m^{-3}}$$

$$C_C = C_{A0}\left(\theta_C + \frac{c}{a}x_A\right) = 100\left\{\left(\frac{0}{100}\right) + \frac{3}{1}\times 0.8\right\} = 240\ \mathrm{mol\cdot m^{-3}}$$

$$C_D = C_{A0}\left(\theta_D + \frac{d}{a}x_A\right) = 100\left\{\left(\frac{0}{100}\right) + \frac{1}{1}\times 0.8\right\} = 80\ \mathrm{mol\cdot m^{-3}}$$

$$C_I = C_{A0}\theta_I = 100\times\frac{20}{100} = 20\ \mathrm{mol\cdot m^{-3}}$$

例題 7.5 A + 2B → C + D で表される気相反応を等温等圧の槽型反応器で行う。仕込み原料は成分 A, B および不活性成分 I からなり，成分 A ならびに成分 B のモル分率はそれぞれ 30 % および 60 % となっている。原料中の成分 A のモル濃度が $C_{A0} = 3.0\times 10^3$ mol·m^{-3}，成分 A の反応率が 60 % としたときの成分 B の濃度を求めよ。

【解】 原料の成分 A と成分 B のモル分率より，$\theta_B = 60/30 = 2$

ε_A は量論式の量論関係と成分 A のモル分率より

$$\varepsilon_A = (2-3)\times 0.3 = -0.3, \qquad x_A = 0.6$$

非定容系の濃度と反応率の関係から，成分 B の濃度 C_B は

$$C_B = \frac{C_{A0}\left(\theta_B - \dfrac{b}{a}x_A\right)}{1+\varepsilon_A x_A} = \frac{3\times 10^3\left(2-\dfrac{2}{1}\times 0.6\right)}{1+(-0.3)\times 0.6} = 2927 \fallingdotseq 2.9\times 10^3\ \mathrm{mol\cdot m^{-3}}$$

7.5　設計方程式

7.5.1　反応器の設計

反応器全体での成分 j の一般的な物質収支式を考える。

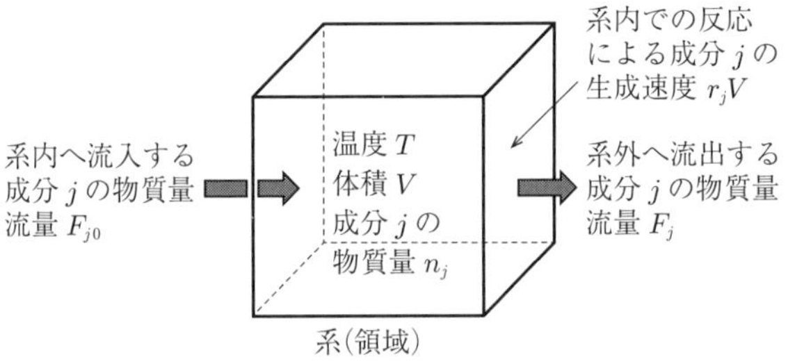

図 7. 3　反応器における物質収支

[系内での成分 j の蓄積速度[$\mathrm{mol\cdot s^{-1}}$]]
　　= [系内への成分 j の流入速度[$\mathrm{mol\cdot s^{-1}}$]]
　　　− [系外への成分 j の流出速度[$\mathrm{mol\cdot s^{-1}}$]]
　　　+ [系内での反応による成分 j の生成速度[$\mathrm{mol\cdot s^{-1}}$]]　　(7. 27)

であるから,

$$\frac{\mathrm{d}n_j}{\mathrm{d}t} = F_{j0} - F_j + r_jV \tag{7.28}$$

が成り立つ。

7.5.2　回分反応器の設計方程式

図 7. 4 に示すように，回分反応器においては物質の出入りがないから，(7. 28)式の限定反応成分 A についての物質収支式は,

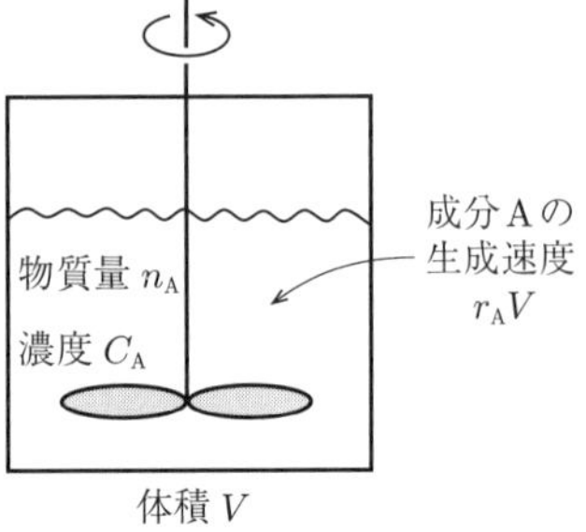

図 7. 4　回分反応器の物質収支

$$\frac{\mathrm{d}n_A}{\mathrm{d}t} = r_A V \tag{7.29}$$

という微分方程式で表される。これが回分反応器の設計方程式である。

定容系の場合には V は一定だから，両辺を V で割ると $C_A = n_A/V$ で，物質量からモル濃度を導くことができ，モル濃度で表記した設計方程式が以下のように得られる。

$$\frac{\mathrm{d}C_A}{\mathrm{d}t} = r_A \tag{7.30}$$

成分 A の仕込み濃度($t=0$ における濃度)が C_{A0} であるとして積分すると

$$t = \int_{C_{A0}}^{C_A} \frac{\mathrm{d}C_A}{r_A} \tag{7.31}$$

一方，成分 A の反応率 x_A は，n_{A0}, n_A を使って $x_A = (n_{A0} - n_A)/n_{A0}$ と定義されるから，$\mathrm{d}n_A = -n_{A0}\,\mathrm{d}x_A$ である。よって，限定反応成分 A の物質収支式は反応率を使って，

$$n_{A0}\frac{\mathrm{d}x_A}{\mathrm{d}t} = -r_A V \tag{7.32}$$

と表すことができる。

定容系の場合には V が一定であり，両辺を V で割ると $C_{A0} = n_{A0}/V$ より，

$$C_{A0}\frac{\mathrm{d}x_A}{\mathrm{d}t} = -r_A \tag{7.33}$$

となる。変数分離して積分すると，

$$t = C_{A0}\int_0^{x_A} \frac{\mathrm{d}x_A}{-r_A} \qquad (\text{定容系}) \tag{7.34}$$

となる。

非定容系の場合には，(7.24)式より $V = V_0(1+\varepsilon_A x_A)$ の関係があるので，定容系の(7.29)～(7.33)式と同様に考えることにより，

$$t = C_{A0}\int_0^{x_A} \frac{\mathrm{d}x_A}{(1+\varepsilon_A x_A)(-r_A)} \qquad (\text{非定容系}) \tag{7.35}$$

となる。

例題 7.6　定容系回分反応器を用いて，A → C で表される液相反応を行う。反応開始時の成分 A の濃度を C_{A0} として以下の問いに答えよ。

(1) 反応速度が 1 次反応 $-r_A = kC_A$ で表される場合の反応時間 t と成分 A の濃度 C_A の関係および，成分 A の半減期 $t_{1/2}$ を求めよ。

(2) 反応速度が 2 次反応 $-r_A = kC_A^2$ で表される場合の反応時間 t と成分 A の濃度 C_A の関係を求めよ。

【解】　(1) 回分反応器の設計方程式は $\mathrm{d}n_A/\mathrm{d}t = r_A V$，定容系であるから $\mathrm{d}C_A/\mathrm{d}t = r_A = -kC_A$。

$$-k\int_0^t \mathrm{d}t = \int_{C_{A0}}^{C_A} \frac{\mathrm{d}C_A}{C_A} \quad \text{より} \quad -kt = \ln\frac{C_A}{C_{A0}}, \quad \text{したがって，} \quad t = \frac{1}{k}\ln\frac{C_{A0}}{C_A}$$

定容系では $C_A = C_{A0}(1-x_A)$ とおけるので，$\ln(1-x_A) = -kt$ とも書ける。成分 A の半減期 $t_{1/2}$ は初濃度の半分になる時間，すなわち $x_A = 0.5$ になる時間であるから，

$$t_{1/2} = -\frac{1}{k}\ln\frac{1}{2} = \frac{\ln 2}{k}$$

(2) 同様に設計方程式は $\mathrm{d}n_A/\mathrm{d}t = r_A V$，定容系であるから $\mathrm{d}C_A/\mathrm{d}t = r_A = -kC_A^2$。

$$-k\int_0^t \mathrm{d}t = \int_{C_{A0}}^{C_A} C_A^{-2}\,\mathrm{d}C_A \quad \text{より，} \quad -kt = \frac{1}{C_{A0}} - \frac{1}{C_A} \quad \text{だから} \quad kC_{A0}t = \frac{C_{A0}}{C_A} - 1$$

$$\therefore \quad t = \frac{1}{kC_{A0}}\left(\frac{C_{A0}}{C_A} - 1\right)$$

例題 7.7　定容回分反応器を用いて，$A \to 2C\ (-r_A = kC_A^2)$ で表される液相 2 次反応を，成分 A の初濃度 2.0 kmol·m^{-3} の条件で 30 分間反応させたところ，反応率は 80 % という結果を得た。

(1) この反応の反応速度定数 k [m^3·mol^{-1}·s^{-1}] を求めよ。

(2) 同じ成分 A の初濃度 2.0 kmol·m^{-3} の条件で，反応率 95 % を達成するのに必要な反応時間を求めよ。

(3) 反応器への原料の仕込みなどの準備に 15 min，反応後の処理に 15 min，合計 30 min 必要であるとする。(1)の反応条件で，成分 C を 20 kmol·h^{-1} の生産速度で操作するための反応器体積 V [m^3] を求めよ。

【解】　(1) 2 次反応で表される液相定容反応を回分反応器で行う場合の設計方程式は

$$t = \int_{C_{A0}}^{C_A} \frac{\mathrm{d}C_A}{r_A} = -\frac{1}{k}\int_{C_{A0}}^{C_A} \frac{\mathrm{d}C_A}{C_A^2} = -\frac{1}{k}\left(\frac{1}{C_{A0}} - \frac{1}{C_A}\right)$$

より，

$$k = -\frac{1}{t}\left(\frac{1}{C_{A0}} - \frac{1}{C_A}\right) = -\frac{1}{t}\left(\frac{1}{C_{A0}} - \frac{1}{C_{A0}(1-x_A)}\right)$$

$$= -\frac{1}{30\times 60}\left(\frac{1}{2000} - \frac{1}{2000(1-0.8)}\right) \fallingdotseq 1.11\times 10^{-6}\ \mathrm{m^3\cdot mol^{-1}\cdot s^{-1}}$$

(2) $$t = -\frac{1}{k}\left(\frac{1}{C_{A0}} - \frac{1}{C_{A0}(1-x_A)}\right) = -\frac{1}{1.11\times 10^{-6}}\left(\frac{1}{2000} - \frac{1}{2000(1-0.95)}\right)$$

$$= 8558\ \mathrm{s} \fallingdotseq 2.38\ \mathrm{h}$$

(3) 1 回の操作で，$30 + 15 + 15 = 60\ \mathrm{min} = 1\ \mathrm{h}$ 必要である。

1 回の操作で生成できる生成物量は，反応器体積を V [m^3]，成分 A の初濃度を C_{A0} [kmol·m^{-3}] とすると，

成分 C の生成量：　$2VC_{A0}x_A = 2V(2.0\times 0.8) = 3.2V$ kmol

生成物 C を 20 kmol·h^{-1} の速度で生成したいので

$$\frac{3.2V}{1} = 20,\quad \text{よって} \quad V = 6.25\ \mathrm{m^3}$$

7.5.3　連続槽型反応器の設計方程式

定常状態における連続槽型反応器全体での成分 j の物質収支式を考えると，蓄積速度 $=0$ とおくことができるので，図 7.5 に示すように，成分 A の反応器入口における物質量流量を F_{A0}，反応器出口における物質量流量を F_A，反応速度を r_A，反応器体積を V とすると，物質収支式は，

$$F_A - F_{A0} = r_A V \tag{7.36}$$

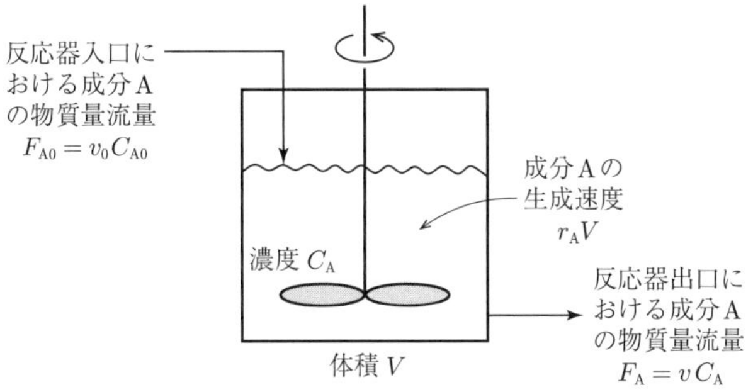

図 7.5　連続槽型反応器の物質収支

という方程式で表される。

限定反応成分 A の反応率 x_A は，F_{A0}, F_A を使って，$x_A=(F_{A0}-F_A)/F_{A0}$ と定義されるから，限定反応成分 A の物質収支式は，反応率を使って，

$$-F_{A0}x_A=r_AV \tag{7.37}$$

と表される。

反応器入口における体積流量を v_0 とすると $F_{A0}=v_0C_{A0}$ であるから，両辺を v_0 で割って整理すると，

$$\tau=\frac{V}{v_0}=-C_{A0}\frac{x_A}{r_A} \tag{7.38}$$

となる。この式は定容系，非定容系にかかわらず成立する。τ は空間時間とよばれる時間の次元をもつ量であり，定容系では平均滞留時間に一致する。

例題 7.8　例題 7.7 と同じ反応（成分 A の初濃度 2.0 kmol·m^{-3}，反応率 80 %，成分 B の生成速度 20 kmol·h^{-1}）を連続槽型反応器で行った場合，反応器に供給される原料の体積流量 v_0 [m^3·h^{-1}] と反応器体積 V [m^3] を求めよ。

【解】　連続槽型反応器出口における成分 C の物質量流量は v_0C_C で与えられるので，

$$v_0C_C=2v_0C_{A0}x_A=2\times v_0\times 2.0\times 0.8$$

これが生成速度 20 kmol·h^{-1} と等しくなるので，

$$v_0=6.25\ \mathrm{m^3\cdot h^{-1}}$$

と求まる。定容系の設計方程式より

$$\tau=\frac{V}{v_0}=-C_{A0}\frac{x_A}{r_A}=\frac{C_{A0}x_A}{kC_A^2}=\frac{x_A}{kC_{A0}(1-x_A)^2}$$

$$=\frac{0.8}{1.11\times 10^{-6}\times 3600\times 2.0\times 10^3\times(1-0.8)^2}=2.50\ \mathrm{h}$$

よって，$V=\tau v_0=2.50\times 6.25\fallingdotseq 15.6\ \mathrm{m^3}$

例題 7.9　次に示すような液相 1 次反応を考える。

$$\mathrm{A}\rightarrow\mathrm{C}\qquad(-r_A=kC_A,\ k=0.05\ \mathrm{s^{-1}})$$

この反応を，

(1)　体積 6.0 m^3 の 1 個の連続槽型反応器で行う場合，

(2) 体積 2.0 m^3 の連続槽型反応器を 3 個直列に連結して行う場合，
についての反応率を求めよ。ただし，原料は成分 A のみで体積流量は 0.1 $\mathrm{m}^3\cdot\mathrm{s}^{-1}$ とする。

【解】 (1) 第 1 槽の入口濃度を C_{A0}，出口濃度を C_{A1} とおくと，定容系連続槽型反応器の設計方程式より，

$$\tau=\frac{V}{v_0}=\frac{C_{A0}-C_{A1}}{-r_A}=\frac{C_{A0}-C_{A1}}{kC_{A1}}$$

変形すると，

$$\frac{C_{A1}}{C_{A0}}=1-x_A=\frac{1}{k\tau+1}$$

$$k\tau=0.05\times\frac{6.0}{0.1}=3\quad より\quad x_A=1-\frac{1}{3+1}=0.75$$

(2) 第 2 槽，第 3 槽についても同様に考えると，

$$\frac{C_{A2}}{C_{A1}}=\frac{1}{1+k\tau},\qquad \frac{C_{A3}}{C_{A2}}=\frac{1}{1+k\tau}$$

直列に配置した反応器を一つの反応器とみなすと，入口濃度は C_{A1}，出口濃度は C_{A3} とみなせるので，全体の反応率として x_A を考えると，

$$\frac{C_{A3}}{C_{A0}}=\left(\frac{C_{A1}}{C_{A0}}\right)\left(\frac{C_{A2}}{C_{A1}}\right)\left(\frac{C_{A3}}{C_{A2}}\right)=1-x_A=\frac{1}{(1+k\tau)^3}$$

$$k\tau=0.05\times\left(\frac{2.0}{0.1}\right)=1\quad より\quad x_A=1-\frac{1}{(1+k\tau)^3}=1-\frac{1}{(1+1)^3}=0.875$$

このように，連続槽型反応器を直列に繋げるほど，反応率が増大することがわかる。

7.5.4 管型反応器の設計方程式

図 7.6 に示すように，管型反応器入口から体積 V の位置にある系 ΔV を考える。系内では組成や温度は均一と見なせる。系に流入する成分 A の物質量流量を $F_A(V)$，系から流出する物質量流量を $F_A(V+\Delta V)$，系での成分 A の生成速度を r_A とすると，定常

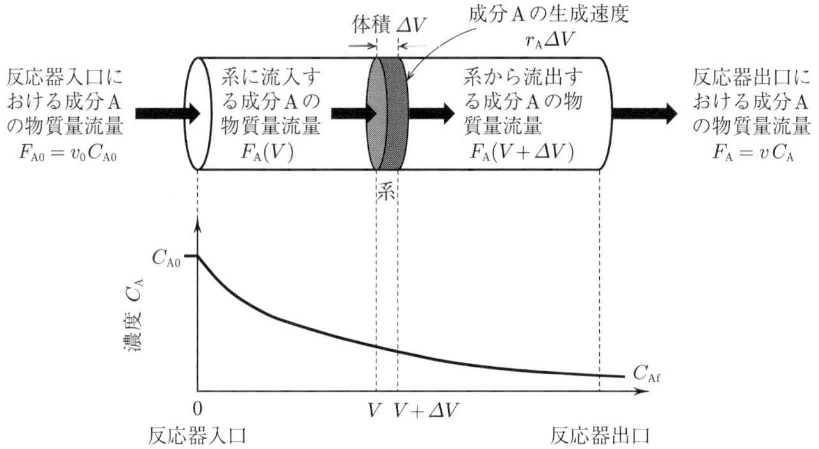

図 7.6　管型反応器の物質収支

状態における系での成分 A の物質収支式は，

$$0 = F_A(V) - F_A(V+\Delta V) + r_A \Delta V \tag{7.39}$$

$$\therefore \quad \frac{F_A(V) - F_A(V+\Delta V)}{\Delta V} = -r_A \tag{7.40}$$

ここで，$\Delta V \to 0$ とすると，微分の定義より

$$\frac{\mathrm{d}F_A(V)}{\mathrm{d}V} = r_A \tag{7.41}$$

$F_A(V)$ を F_A と略記すれば，(7.41)式は

$$\mathrm{d}F_A = r_A\,\mathrm{d}V \tag{7.42}$$

で表される。

限定反応成分 A の F_A を反応率 x_A で表すと，$F_A = F_{A0}(1-x_A)$ より

$$\mathrm{d}F_A = -F_{A0}\,\mathrm{d}x_A \tag{7.43}$$

これを(7.42)式に代入すると，

$$F_{A0}\frac{\mathrm{d}x_A}{\mathrm{d}V} = -r_A \tag{7.44}$$

と表される。反応器入口における原料混合物の体積流量を v_0 とすると，$F_{A0} = v_0 C_{A0}$ なので，変数分離して積分すると，

$$\tau = \frac{V}{v_0} = C_{A0}\int_0^{x_A}\frac{\mathrm{d}x_A}{-r_A} \tag{7.45}$$

となる。ただし，τ は空間時間，V は反応器体積である。この式は，定容系，非定容系にかかわらず成立する。

例題 7.10　次の反応で表される気相 1 次反応を管型反応器で行う。

$$\mathrm{A} \rightarrow 2\mathrm{C} + \mathrm{D} \quad (-r_A = kC_A,\ k = 0.005\ \mathrm{s^{-1}})$$

全圧は 2.0×10^5 Pa，反応温度は 150 ℃ である。A が 80 %，不活性ガスが 20 % からなる反応原料を $3.0\times10^3\ \mathrm{mol\cdot h^{-1}}$ の物質量流量で反応器入口に供給し，反応器出口での反応率を 70 % にしたい。このとき，必要な反応器体積を求めよ。

【解】　理想気体を仮定すると，$Pv_0 = F_0RT$ より，

$$C_{A0} = \frac{F_0}{v_0} = \frac{P}{RT} = \frac{2.0\times10^5\times0.8}{8.314\times(273+150)} = 45.5\ \mathrm{mol\cdot m^{-3}}$$

また，$\varepsilon_A = \delta_A y_A = (3-1)\times0.8 = 1.6$

定圧，定温の系では $C_A = \dfrac{C_{A0}(1-x_A)}{1+\varepsilon_A x_A}$

管型反応器の設計方程式(7.45)より

$$\tau = \frac{V}{v_0} = C_{A0}\int_0^{x_A}\frac{\mathrm{d}x_A}{-r_A} = \frac{1}{k}\int_0^{x_A}\frac{1+\varepsilon_A x_A}{1-x_A}\,\mathrm{d}x_A$$

$$= \frac{1}{k}\left\{(1+\varepsilon_A)\int_0^{x_A}\frac{\mathrm{d}x_A}{1-x_A} - \int_0^{x_A}\varepsilon_A\,\mathrm{d}x_A\right\}$$

$$= \frac{1}{k}\{-(1+\varepsilon_A)\ln(1-x_A) - \varepsilon_A x_A\}$$

$$= \frac{1}{0.005}\{-(1+1.6)\ln(1-0.7) - (1.6)(0.7)\} \fallingdotseq 402\ \mathrm{s}$$

表 7.3　各反応器における濃度・反応率と反応時間・空間時間の関係

量論式	反応速度式	回分反応器 (定容系)	連続槽型反応器 (定容系)	管型反応器 (非定容系)
任　意	1 次反応 $-r_A = kC_A$	$\ln(C_A/C_{A0}) = -kt$ $\ln(1-x_A) = -kt$	$k\tau = \dfrac{C_{A0}-C_A}{C_A}$, $x_A = \dfrac{k\tau}{k\tau+1}$	$k\tau = (1+\varepsilon_A)\ln\left(\dfrac{1}{1-x_A}\right) - \varepsilon_A x_A$
任　意	2 次反応 $-r_A = kC_A^2$	$\dfrac{1}{C_A} - \dfrac{1}{C_{A0}} = kt$ $\dfrac{x_A}{1-x_A} = ktC_{A0}$	$k\tau = \dfrac{C_{A0}-C_A}{C_A^2}$ $= \dfrac{x_A}{C_{A0}(1-x_A)^2}$	$k\tau C_{A0} = 2\varepsilon_A(1+\varepsilon_A)\ln(1-x_A) - \varepsilon_A^2 x_A$ $+ (1+\varepsilon_A)^2\left(\dfrac{x_A}{1-x_A}\right)$
$A + bB \rightarrow C$	2 次反応 $-r_A = kC_AC_B$ $(\theta_B/b \neq 1)$	$\ln\dfrac{C_{A0}C_B}{C_{B0}C_A}$ $= \ln\left(\dfrac{\theta_B - bx_A}{\theta_B(1-x_A)}\right)$ $= C_{A0}(\theta_B - b)kt$ $(\theta_B = C_{B0}/C_{A0})$	$\dfrac{x_A(1+\varepsilon_A x_A)^2}{(1-x_A)(\theta_B - bx_A)} = k\tau C_{A0}$	$\varepsilon_A^2 x_A + \dfrac{(1+\varepsilon_A)^2}{(\theta_B/b)-1}\ln\left(\dfrac{1}{1-x_A}\right)$ $+ \dfrac{(1+\varepsilon_A\theta_B/b)^2}{(\theta_B/b)-1}\ln\left(\dfrac{(\theta_B/b)-x_A}{\theta_B/b}\right)$ $= k\tau C_{A0}b$

$$v_0 = 3.0\times10^3\times\frac{0.0224}{3600} = 0.0187\ \mathrm{m^3{\cdot}s^{-1}}$$

$$\therefore\quad V = \tau v_0 = 402\times0.0187 \fallingdotseq 7.52\ \mathrm{m^3}$$

例題と同様に，反応速度が 1 次反応ならびに 2 次反応によって表される場合の各反応器における濃度・反応率と反応時間・空間時間の関係を表 7.3 にまとめる。

7.5.5 連続槽型反応器（CSTR）と管型反応器（PFR）の性能比較

横軸に成分 A の反応率 x_A，縦軸に $C_{A0}/(-r_A)$ とり，反応速度が x_A の増加とともに減少する場合には，図 7.7 のような増加関数の曲線が得られる。反応器出口の反応率を x_{Af} とし，CSTR の空間時間を τ_m，PFR の空間時間を τ_p とすると，それぞれの設計方程式より，

$$\text{CSTR}:\ \tau_m = \frac{C_{A0}}{-r_A}\times x_{Af} \tag{7.46}$$

$$\text{PFR}:\ \tau_p = C_{A0}\int_0^{x_{Af}}\frac{\mathrm{d}x_{Af}}{-r_A} \tag{7.47}$$

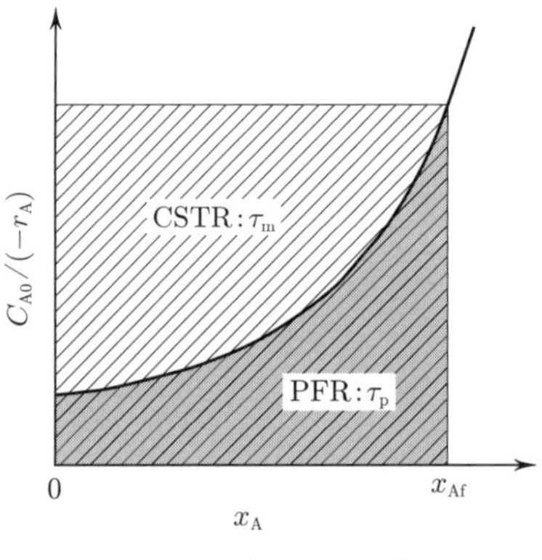

図 7.7　CSTR と PFR の性能比較

図 7.7 では，斜線の長方形の面積が CSTR の τ_m，濃いアミの部分の面積が PFR の τ_p となるので，同じ反応率を達成するには PFR のほうが CSTR より空間時間が短い。つまり，PFR の体積 V_p のほうが CSTR の体積 V_m より小さくてすむ。すなわち，PFR のほうが CSTR より性能が良いということがわかる。

次に，図 7.8 のような，まったく同じ反応を 2 つの連続槽型反応器を直列にして行う場合を考える。それぞれの設計方程式より，

$$\text{CSTR1}：\tau_{m1} = \frac{V_{m1}}{v_0} = \frac{C_{A0}}{-r_{A1}} \times x_{A1} \tag{7.48}$$

$$\begin{aligned} \text{CSTR2}：F_{Af} - F_{A1} &= F_{A0}(1 - x_{Af}) - F_{A0}(1 - x_{A1}) \\ &= v_0 C_{A0}(x_{Af} - x_{A1}) = r_{A2} V_{m2} \end{aligned} \tag{7.49}$$

$$\tau_{m2} = \frac{V_{m2}}{v_0} = \frac{C_{A0}}{-r_{A2}} \times (x_{Af} - x_{A1}) \tag{7.50}$$

$\tau_{m1} + \tau_{m2} < \tau_m$ より，2 つの CSTR を直列に接続して操作すると，CSTR を 1 つで操作した場合より小さな体積で同じ反応率を達成できることがわかる。

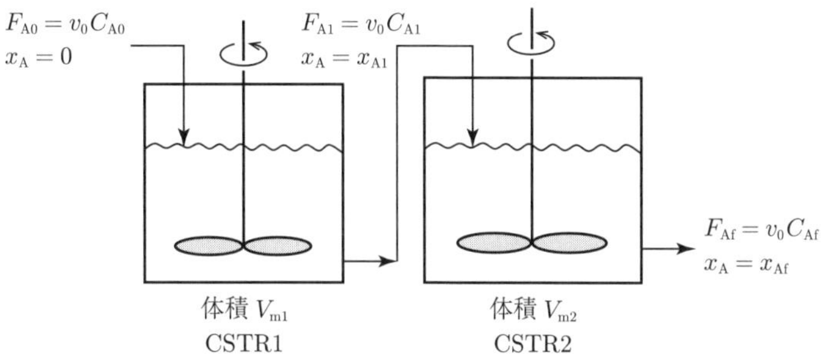

図 7.8　2 つの CSTR を直列に接続した場合の操作

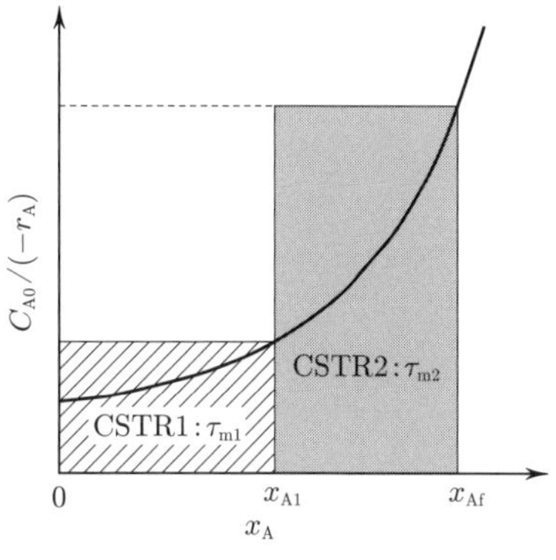

図 7.9　2 つの CSTR を直列に接続した場合の空間時間

例題 7.11　直列に連結した 2 つの連続槽型反応器を用いて，酢酸エチルの加水分解反応を行う。第 1 反応器(体積 $V_1 = 3.0 \times 10^{-3}\ \mathrm{m^3}$)に酢酸エチルを $4.0 \times 10^{-4}\ \mathrm{m^3 \cdot min^{-1}}$ の体積流量で添加した。第 2 反応器の体積 V_2 を $2.5 \times 10^{-3}\ \mathrm{m^3}$ としたとき，第 2 反応器からの流出液の反応率を求めよ。ただし，酢酸エチルの加水分解反応は 1 次反応として取り扱うことができ，その反応速度定数 k は $0.158\ \mathrm{min^{-1}}$ である。

【解】　第 1 反応器に対して，設計方程式を考える。

$$\tau_1 = \frac{V_1}{v_0} = C_{\mathrm{A0}} \frac{x_{\mathrm{A}}}{-r_{\mathrm{A1}}} = C_{\mathrm{A0}} \frac{x_{\mathrm{A1}}}{kC_{\mathrm{A1}}} = \frac{x_{\mathrm{A1}}}{k(1 - x_{\mathrm{A1}})}$$

より

$$\frac{3.0 \times 10^{-3}}{4.0 \times 10^{-4}} = \frac{x_{\mathrm{A1}}}{0.158(1 - x_{\mathrm{A1}})},\quad \text{よって，}\ x_{\mathrm{A1}} = 0.542$$

第 2 反応器に対して，設計方程式を考える。

$$\tau_2 = \frac{V_2}{v_0} = \frac{C_{\mathrm{A0}}}{-r_{\mathrm{A2}}}(x_{\mathrm{A2}} - x_{\mathrm{A1}}) = \frac{C_{\mathrm{A0}}}{kC_{\mathrm{A2}}}(x_{\mathrm{A2}} - x_{\mathrm{A1}}) = \frac{x_{\mathrm{A2}} - x_{\mathrm{A1}}}{k(1 - x_{\mathrm{A2}})}$$

より

$$\frac{2.5 \times 10^{-3}}{4.0 \times 10^{-4}} = \frac{x_{\mathrm{A2}} - 0.542}{0.158(1 - x_{\mathrm{A2}})},\quad \text{よって，}\ x_{\mathrm{A2}} = 0.770$$

7.6　反応速度の解析

回分反応器を用いて液相反応を行い，反応物の限定反応成分 A の濃度の経時変化を測定する。回分反応器では，(7.2)式の反応速度の定義より，

$$r_{\mathrm{A}} = \frac{\mathrm{d}C_{\mathrm{A}}}{\mathrm{d}t} \tag{7.2}$$

図 7.10 のように，反応時間 t に対して，測定した濃度 C_{A} をプロットし，なめらかな曲線を描く。ある濃度 C_{Ai} における曲線の接線$\left(\text{勾配} = \dfrac{\mathrm{d}C_{\mathrm{A}}}{\mathrm{d}t}\right)$が反応速度 r_{Ai} となる。反応速度が濃度 C_{A} の n 次反応の場合には，

$$-r_{\mathrm{A}} = kC_{\mathrm{A}}^{n} \tag{7.51}$$

変形すると

$$\ln(-r_{\mathrm{A}}) = n \ln C_{\mathrm{A}} + \ln k \tag{7.52}$$

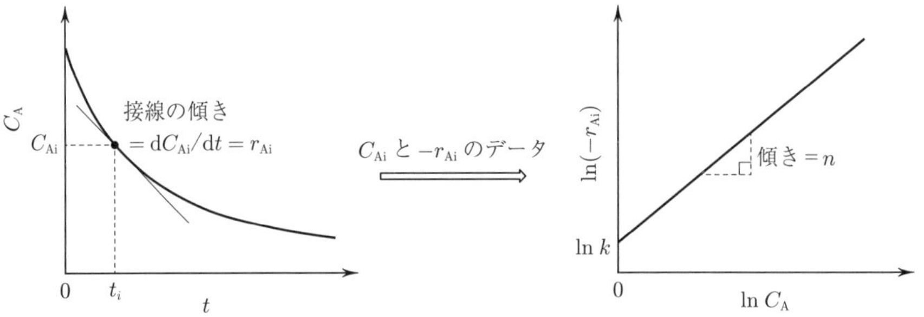

図 7.10　回分反応器における反応速度の解析

したがって，各時間における実測の反応速度 $-r_A$ と濃度 C_A の対数値の関係が直線になれば，その直線の傾きと切片から反応次数 n と速度定数 k が求められる。

$\delta_A \neq 0$ の気相反応を定容回分反応器で行った場合には，全圧の経時変化を測定することで，反応速度の解析が可能である。反応前後の物質量の関係は，(7.16)式に与えられている。

$$n_t = n_{t0}(1+\varepsilon_A x_A) \tag{7.16}$$

等温で定容反応器のとき，全成分の物質量 n は全圧 P に比例するので，

$$P_t = P_{t0}(1+\varepsilon_A x_A) \tag{7.53}$$

これより，

$$x_A = \frac{P_t - P_{t0}}{\varepsilon_A P_{t0}} \tag{7.54}$$

反応時間 t における全圧 P_t を測定すれば，x_A を決定することができる。x_A が決まれば $C_A = C_{A0}(1-x_A)$ より C_A が求まる。

例題 7.12　連続槽型反応器を用いて A → C で表される気相反応を行った。全圧 $P_t = 1.013 \times 10^5$ Pa，温度 $T = 573$ K，供給原料ガスは成分 A が 25 %，不活性ガスが 75 % の組成であり，得られた空間時間 τ と成分 A の反応率 x_A の関係は次のとおりであった。

τ [s]	7.7	32	60	97	178	343
x_A [-]	0.07	0.26	0.43	0.59	0.78	0.92

(1) 反応器入口における成分 A のモル濃度 C_{A0} [mol·m^{-3}] を求めよ。

(2) 各空間時間について，成分 A のモル濃度 C_A [mol·m^{-3}] と成分 A の反応速度 $-r_A$ [mol·m^{-3}·s^{-1}] を求めよ。

(3) 両対数プロットによって，反応次数と反応速度定数を求めよ。

【解】　(1) 理想気体を仮定すると状態方程式($P_{A0}v_0 = F_{A0}RT$)より

$$C_{A0} = \frac{F_{A0}}{v_0} = \frac{P_{A0}}{RT} = \frac{(0.25)(101.3\times 10^3)}{(8.314)(573)} = 5.316 \text{ mol}\cdot\text{m}^{-3}$$

(2) $\delta_A = 0$ であり，定容系なので，$C_{A0} = C_{A0}(1-x_A)$

連続槽型反応器の設計方程式より $F_A - F_{A0} = r_A V$，$-r_A = \dfrac{C_{A0} - C_A}{\tau}$

C_A [mol·m^{-3}]	4.944	3.934	3.030	2.180	1.170	0.4253
$-r_A$ [mol·m^{-3}·s^{-1}]	0.04833	0.04319	0.03810	0.03233	0.02329	0.01426

(3) 両対数プロットによって，反応次数と反応速度定数を求める。

反応速度が，濃度 C_A の n 次反応 $-r_A = kC_A^n$ であると仮定し，変形すると

$$\ln(-r_A) = n \ln C_A + \ln k$$

であるから，濃度に対して反応速度を両対数プロットすれば直線関係が得られる。

次頁の図より，直線は($C_A, -r_A$) = (0.10 mol·m^{-3}, 0.0069 mol·m^{-3}·s^{-1}) と (10.0 mol·m^{-3}, 0.069 mol·m^{-3}·s^{-1}) を通るから，反応次数 n は

$$n=\frac{\ln 0.069-\ln 0.0069}{\ln 10.0-\ln 0.10}=\frac{\ln 10}{\ln 100}=0.50$$

反応速度定数 k は

$$k=\frac{0.069\ \mathrm{mol\cdot m^{-3}\cdot s^{-1}}}{(10.0\ \mathrm{mol\cdot m^{-3}})^{0.50}}$$
$$=0.02182\ \mathrm{mol^{0.50}\cdot m^{-1.50}\cdot s^{-1}}$$
$$=0.022\ \mathrm{mol^{0.50}\cdot m^{-1.50}\cdot s^{-1}}$$

と求まる。

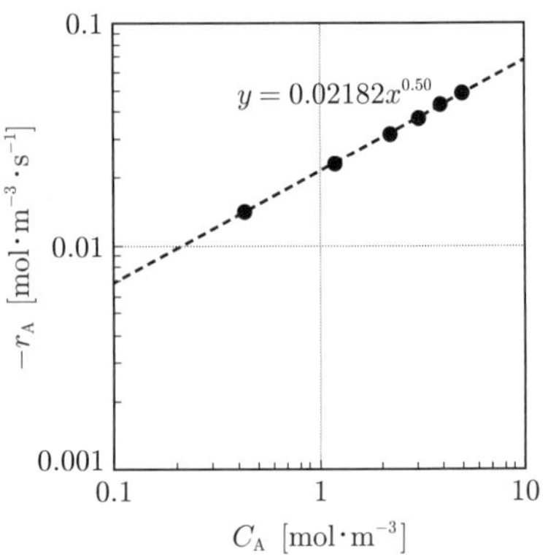

7.7　反応が複合反応の場合の設計

2つ以上の化学量論式と速度式で表される反応系が**複合反応**である。単一反応では，限定反応成分 A の反応率が決まれば，各成分の濃度を決めることができた。しかし，複合反応では 2 種類以上の反応経路による生成物を生ずるので，各々の反応について反応速度式をつくったうえで検討しなくてはならず，反応率に加えて，**収率**(yield) と**選択率**(selectively) が重視される。

7.7.1　並 列 反 応

$$\mathrm{A}\xrightarrow{k_1}\mathrm{C},\qquad r_1=k_1C_\mathrm{A}$$

$$\mathrm{A}\xrightarrow{k_2}\mathrm{D},\qquad r_2=k_2C_\mathrm{A}$$

$$\frac{\mathrm{d}C_\mathrm{A}}{\mathrm{d}t}=-(k_1+k_2)C_\mathrm{A},\qquad \frac{\mathrm{d}C_\mathrm{C}}{\mathrm{d}t}=k_1C_\mathrm{A},\qquad \frac{\mathrm{d}C_\mathrm{D}}{\mathrm{d}t}=k_2C_\mathrm{A}\tag{7.55}$$

$t=0$ において，$C_\mathrm{A}=C_\mathrm{A0}, C_\mathrm{C}=C_\mathrm{C0}, C_\mathrm{D}=C_\mathrm{D0}$ の条件で積分すると

$$C_\mathrm{A}=C_\mathrm{A0}\exp\{-(k_1+k_2)t\}\tag{7.56}$$

$$C_\mathrm{C}-C_\mathrm{C0}=\frac{k_1C_\mathrm{A0}}{k_1+k_2}[1-\exp\{-(k_1+k_2)t\}]\tag{7.57}$$

$$C_\mathrm{D}-C_\mathrm{D0}=\frac{k_2C_\mathrm{A0}}{k_1+k_2}[1-\exp\{-(k_1+k_2)t\}]\tag{7.58}$$

(7.57)式と(7.58)式の比は**選択率** S を表している。

$$S=\frac{C_\mathrm{C}-C_\mathrm{C0}}{C_\mathrm{D}-C_\mathrm{D0}}=\frac{k_1}{k_2}\tag{7.59}$$

図 7.11 に示すように，成分 D の濃度変化は成分 C の濃度変化の値を k_2/k_1 倍した値となる。(7.59)式に基づき，C_C 対 C_D をプロットすると，傾きが k_1/k_2 の直線となる。一方，(7.56)式から，$\ln(C_\mathrm{A0}/C_\mathrm{A})$ 対 t のプロットの直線の傾きが (k_1+k_2) となるので，k_1 と k_2 が求まる。また，C と D の収率はそれぞれ $(C_\mathrm{C}-C_\mathrm{C0})/C_\mathrm{A0}$, $(C_\mathrm{D}-C_\mathrm{D0})/C_\mathrm{A0}$ で与えられ，(7.57)式と(7.58)式から反応速度定数と反応率だけに依存することがわかる。

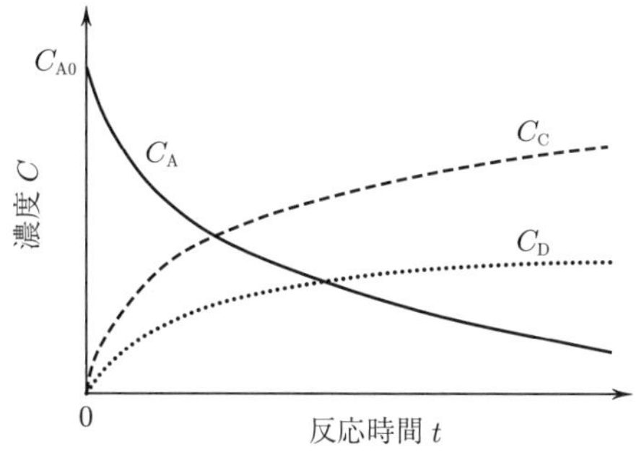

図 7.11　並列反応の濃度分布

7.7.2　逐 次 反 応

$$\mathrm{A} \xrightarrow{k_1} \mathrm{C} \xrightarrow{k_2} \mathrm{D}, \qquad r_1 = k_1 C_\mathrm{A}, \qquad r_2 = k_2 C_\mathrm{C}$$

$$\frac{\mathrm{d}C_\mathrm{A}}{\mathrm{d}t} = -k_1 C_\mathrm{A}, \qquad \frac{\mathrm{d}C_\mathrm{C}}{\mathrm{d}t} = k_1 C_\mathrm{A} - k_2 C_\mathrm{C}, \qquad \frac{\mathrm{d}C_\mathrm{D}}{\mathrm{d}t} = k_2 C_\mathrm{C} \tag{7.60}$$

$t=0$ において，$C_\mathrm{A} = C_\mathrm{A0}$, $C_\mathrm{C} = C_\mathrm{D} = 0$ の初期条件で積分すると，成分 A については

$$C_\mathrm{A} = C_\mathrm{A0} \exp(-k_1 t) \tag{7.61}$$

成分 C については(7.60)式と(7.61)式より

$$\frac{\mathrm{d}C_\mathrm{C}}{\mathrm{d}t} + k_2 C_\mathrm{C} = k_1 C_\mathrm{A0} \exp(-k_1 t) \tag{7.62}$$

となる。これは線形 1 階常微分方程式であり，その解は次式となる。

$$\frac{C_\mathrm{C}}{C_\mathrm{A0}} = \frac{k_1}{k_2 - k_1}\{\exp(-k_1 t) - \exp(-k_2 t)\} \tag{7.63}$$

成分 D については，物質収支 $C_\mathrm{D} = C_\mathrm{A0} - (C_\mathrm{A} + C_\mathrm{C})$ から得られる。

$$\frac{C_\mathrm{D}}{C_\mathrm{A0}} = 1 - \frac{k_2}{k_2 - k_1}\exp(-k_1 t) + \frac{k_1}{k_2 - k_1}\exp(-k_2 t) \tag{7.64}$$

図 7.12 に示すように，逐次反応の濃度分布は，成分 A は指数関数的に減少し，中間生成物 C は極大値を示し，生成物 D は変曲点をへて単調に増加する。C が極大となる時間 t_max と濃度 C_Cmax は，$\mathrm{d}C_\mathrm{C}/\mathrm{d}t = 0$ から得られる。

$$t_\mathrm{max} = \frac{\ln(k_2/k_1)}{k_2 - k_1} \tag{7.65}$$

$$C_\mathrm{Cmax} = C_\mathrm{A0}\left(\frac{k_2}{k_1}\right)^{-k_2/(k_2 - k_1)} \tag{7.66}$$

例題 7.13　次の量論式で表される液相反応を連続槽型反応器で行う。

$$\mathrm{A} \rightarrow 2\mathrm{C} \quad (-r_1 = k_1 C_\mathrm{A},\ k_1 = 0.01\ \mathrm{s}^{-1})$$

$$\mathrm{A} \rightarrow \mathrm{D} \quad (-r_2 = k_2 C_\mathrm{A},\ k_2 = 0.005\ \mathrm{s}^{-1})$$

反応原料は成分 A のみからなり，反応器入口の濃度は $1000\ \mathrm{mol \cdot m^{-3}}$ とする。

成分 A の反応率を 80 % にしたとき，以下の値を求めよ。

(1) 空間時間

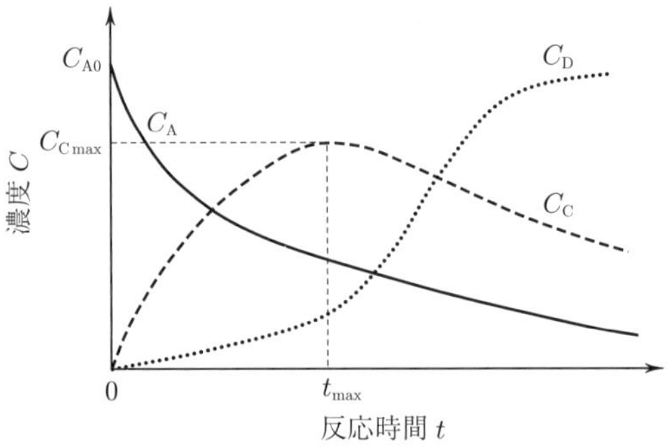

図 7. 12　逐次反応の濃度分布

(2) 反応器出口での各成分濃度

(3) 成分 C の収率と選択率

【解】 (1) CSTR の設計方程式 $\tau = \dfrac{V}{v_0} = \dfrac{C_{A0} - C_A}{-r_A}$ より，CSTR の物質収支を考える。

$$\text{成分 A：}\quad v_0C_{A0} - v_0C_A - (k_1 + k_2)C_AV = 0 \qquad \cdots\cdots①$$

$$\text{成分 C：}\quad 0 - v_0C_C + 2k_1C_AV = 0 \qquad \cdots\cdots②$$

$$\text{成分 D：}\quad 0 - v_0C_D + k_2C_AV = 0 \qquad \cdots\cdots③$$

①より，$C_{A0} - C_A[1 + (k_1 + k_2)\tau] = 0$　ただし，$\tau = V/v_0$

また，$C_A = C_{A0}(1 - x_A) = 1000(1 - 0.8) = 200\ \mathrm{mol \cdot m^{-3}}$

よって，$1000 - 200[1 + (0.01 + 0.005)\tau] = 0$　　$\therefore\ \tau = 266.7\ \mathrm{s}$

(2) 成分 A の出口濃度は $C_A = 200\ \mathrm{mol \cdot m^{-3}}$

②と③より　$C_C = 2k_1C_A\tau = 2 \times 0.01 \times 200 \times 266.7 \fallingdotseq 1067\ \mathrm{mol \cdot m^{-3}}$

$C_D = k_2C_A\tau = 0.005 \times 200 \times 266.7 \fallingdotseq 267\ \mathrm{mol \cdot m^{-3}}$

(3) 複合反応では複数の量論式がでてくるが，限定成分 A と希望成分 C のあいだの総括的な量論関係を考慮すると 1 mol の A から 2 mol の C が生成するので，収率 Y と選択率 S はそれぞれ次式で与えられる。

$$Y = \frac{C_C - C_{C0}}{2C_{A0}} = \frac{1067 - 0}{2 \times 1000} \fallingdotseq 0.53$$

$$S = \frac{C_C - C_{C0}}{2(C_{A0} - C_A)} = \frac{1067 - 0}{2 \times (1000 - 200)} \fallingdotseq 0.67$$

章末問題

7.1　トルエン($C_6H_5CH_3$)の気相での水素化脱アルキル反応の量論式は

$$C_6H_5CH_3 + H_2 \longrightarrow C_6H_6 + CH_4$$

で表されるが，その素反応は次式よりなる。

$$H_2 \underset{k_2}{\overset{k_1}{\rightleftarrows}} 2H\cdot$$

$$H\cdot + C_6H_5CH_3 \xrightarrow{k_3} C_6H_5\cdot + CH_4$$

$$C_6H_5\cdot + H_2 \xrightarrow{k_4} C_6H_6 + H\cdot$$

遊離基である H・と C_6H_5・に定常状態近似を適用して，C_6H_6 の生成速度を表す式を求めよ。

7.2 酵素 E と基質 S が複合体 ES を形成する過程をへて生成物 P を生じる次の酵素反応において，生成物 P の生成速度を導出したい。ただし，k_1, k_2, k_3 はそれぞれの反応速度定数を示す。以下の問いに答えよ。

$$\mathrm{E+S} \underset{k_2}{\overset{k_1}{\rightleftarrows}} \mathrm{ES} \xrightarrow{k_3} \mathrm{E+P}$$

(1) 複合体 ES の生成速度と分解速度は等しく，複合体 ES の濃度は時間に依存しないと仮定した場合，生成物 P の生成速度を全酵素濃度[E_0]，基質濃度[S]を用いて示せ。

(2) 酵素 E と基質 S から複合体 ES を形成する過程が平衡状態であると仮定した場合，生成物 P の生成速度を全酵素濃度[E_0]，基質濃度[S]を用いて示せ。

(3) (1)あるいは(2)の仮定を適用して導出した速度式が同じになるのはどのような場合か答えよ。

7.3 ある 1 次反応の反応速度定数を種々の温度で測定したところ，下表の結果が得られた。アレニウスプロットにより，活性化エネルギーと頻度因子を求めよ。

温度[℃]	120	100	82	65
$k\times10^3$ [s^{-1}]	67.3	19.2	5.49	1.49

7.4 A → 2C ($-r_A=kC_A$) で表される液相反応を回分反応器で行う。反応速度は成分 A に対して 1 次反応であり，反応開始時の A の濃度は $C_{A0}=200\ \mathrm{mol\cdot m^{-3}}$ である。この条件で 60 min 反応させたところ，反応率 x_A は 0.8 であった。

(1) 反応速度定数 k の値を求めよ。

(2) 初濃度を $C_{A0}=500\ \mathrm{mol\cdot m^{-3}}$ に変更し，40 min 反応させたときの反応率 x_A と反応生成物 C の濃度を求めよ。

7.5 定容回分反応器を用いて，A＋B → C ($-r_A=kC_A$) で表される液相 1 次反応を，原料として成分 A のみを初濃度 2.0 $\mathrm{kmol\cdot m^{-3}}$ で仕込み，反応率が 95 % になるまで反応を行う。ただし，反応速度定数 k は 0.04 $\mathrm{min^{-1}}$ とする。

(1) 反応に要する時間を求めよ。

(2) 反応器への原料の仕込みに 30 min，生成物の取り出しと反応器の洗浄に 60 min 必要であるとする。成分 C を 1 日に 200 kmol 生産するのに必要な反応器体積 V [m^3] を求めよ。

7.6 定容系の回分反応器を用いて，次の液相反応を行う。

$$\mathrm{A+B} \rightarrow \mathrm{C+D} \quad (-r_A=kC_AC_B,\ k=1.00\times10^{-4}\ \mathrm{m^3\cdot mol^{-1}\cdot s^{-1}})$$

(1) 成分 A と成分 B の初濃度をそれぞれ $C_{A0}=10\ \mathrm{mol\cdot m^{-3}}$，$C_{B0}=20\ \mathrm{mol\cdot m^{-3}}$ としたとき，反応時間 t と成分 A の反応率 x_A の関係式を求めよ。

(2) 成分 A の反応率が 70 % になる反応時間を求めよ。

7.7 次式で表される気相反応を定容回分反応器を用いて，温度一定のもと，原料中の成分 A のモル分率 0.80，不活性ガスのモル分率 0.20 の条件で実施したところ，反応開始 10 min 後に全圧が 1.8 倍になった。

$$\mathrm{A} \rightarrow \mathrm{2B+C},\quad -r_A=kC_A$$

以下の値を求めよ。

(1) ε_A

(2) 反応率 x_A

(3) 反応速度定数 k

7.8 原料成分 A を初濃度 $C_{A0}=250\ \mathrm{mol\cdot m^{-3}}$ で含む溶液を反応器体積 $V=4.8\ \mathrm{m^3}$ の CSTR に供給し，A → C という反応を行った。CSTR 入口における成分 A のモル流量は 2.00 $\mathrm{mol\cdot s^{-1}}$，CSTR 出口における成分 A のモル流量は 0.90 $\mathrm{mol\cdot s^{-1}}$ であった。この CSTR 内における成分 A のモル濃度とその濃度での反応速度を求めよ。

7.9　次に示す液相反応を体積 0.25 $\mathrm{m^3}$ の連続相型反応器を用いて行う。

$$\mathrm{A + B \rightarrow C} \quad (-r_\mathrm{A} = kC_\mathrm{A},\ k = 2.0 \times 10^{-4}\ \mathrm{m^3 \cdot mol^{-1} \cdot s^{-1}})$$

生成物 C の生成速度は成分 A と成分 B の濃度に比例するものとする。成分 A および成分 B を含む溶液をそれぞれ $1.5 \times 10^{-5}\ \mathrm{m^3 \cdot s^{-1}}$，$4.5 \times 10^{-5}\ \mathrm{m^3 \cdot s^{-1}}$ の体積流量で別々に反応器に流入し，その濃度は 30 $\mathrm{mol \cdot m^{-3}}$，15 $\mathrm{mol \cdot m^{-3}}$ である。このとき，反応器出口における成分 A, B, C の濃度を求めよ。

7.10　$\mathrm{A + B \rightarrow C}$　$(-r_\mathrm{A} = kC_\mathrm{A},\ k = 2.0 \times 10^{-4}\ \mathrm{s^{-1}})$ で表される液相 1 次反応を，体積流量 6.0 $\mathrm{m^3 \cdot h^{-1}}$ のもとで，反応槽の全体積が 6.0 $\mathrm{m^3}$ の連続槽型反応器を用いて行う。以下の場合について反応器出口の最終反応率を求めよ。

(1)　体積 6.0 $\mathrm{m^3}$ の連続槽型反応器 1 個を用いる場合。

(2)　体積 2.0 $\mathrm{m^3}$ の反応器と体積 4.0 $\mathrm{m^3}$ の反応器を直列につなぐ場合。

(3)　反応器の並べ方を(2)の場合とは前後を逆にした場合。

7.11　次式で表される液相反応を定容系で PFR を用いて行う。

$$\mathrm{A \rightarrow 2C} \quad (-r_\mathrm{A} = kC_\mathrm{A},\ k = 2.5 \times 10^{-4}\ \mathrm{s^{-1}})$$

成分 C の生産速度 F_C を 10.0 $\mathrm{kmol \cdot h^{-1}}$ にしたい。入口における成分 A 濃度 $C_\mathrm{A0} = 1.5\ \mathrm{kmol \cdot m^{-3}}$，成分 C 濃度 $C_\mathrm{C0} = 0\ \mathrm{kmol \cdot m^{-3}}$ とし，反応率 $x_\mathrm{A} = 0.9$ で操作するものとする。以下の値をそれぞれ求めよ。

(1)　反応器入口における成分 A の物質量流量 F_A0 と原料溶液の体積流量 v

(2)　必要な空間時間 t と反応器体積 V

7.12　気体の熱分解反応 $\mathrm{A \rightarrow C}$ は次の 2 次反応速度式で示される。

$$-r_\mathrm{A} = kC_\mathrm{A}^2$$

体積 $2.0 \times 10^{-3}\ \mathrm{m^3}$ の管型反応器を用い，573 K，2.0×10^6 Pa の純粋なガス A を 2.0 $\mathrm{m^3 \cdot h^{-1}}$ で供給したとき，反応率は 65 % であった。この反応を工業的に 60 % のガス A と 40 % の不活性ガスからなる原料を 573 K，2.0×10^6 Pa で，100 $\mathrm{m^3 \cdot h^{-1}}$ 供給してガス A の 85 % を反応させたい。このとき必要な管型反応器の大きさを求めよ。

7.13　次の式で表される並列液相反応を連続槽型反応器で行う。

$$\mathrm{A \rightarrow 2C} \quad (r_1 = k_1 C_\mathrm{A},\ k_1 = 2.0 \times 10^{-4}\ \mathrm{s^{-1}})$$

$$\mathrm{2A \rightarrow D} \quad (r_2 = k_2 C_\mathrm{A}^2,\ k_2 = 6.0 \times 10^{-8}\ \mathrm{m^3 \cdot mol^{-1} \cdot s^{-1}})$$

成分 A の反応率は 60 % であった。反応原料中には A のみが含まれ，その濃度は $2.0 \times 10^3\ \mathrm{mol \cdot m^{-3}}$ である。以下の値をそれぞれ求めよ。

(1)　空間時間 τ

(2)　反応器出口での各成分の濃度

(3)　成分 C の収率と選択率

7.14　次の逐次反応を単一の回分反応器を用いて行う。

$$\mathrm{A} \xrightarrow{k_1} \mathrm{C} \xrightarrow{k_2} \mathrm{D}$$

目的成分 C の濃度が最大になる操作時間と，そのときの C の濃度を求めよ。なお，成分 A, C および D の濃度をそれぞれ C_A, C_C および C_D とし，それぞれの初濃度を $C_\mathrm{A0} = 64\ \mathrm{mol \cdot m^{-3}}$，$C_\mathrm{C0} = 0\ \mathrm{mol \cdot m^{-3}}$，$C_\mathrm{D0} = 0\ \mathrm{mol \cdot m^{-3}}$ とする。また，A および D の反応速度式は $r_\mathrm{A} = -k_1 C_\mathrm{A}$ $(k_1 = 0.35\ \mathrm{h^{-1}})$，$r_\mathrm{D} = k_2 C_\mathrm{C}$ $(k_2 = 0.13\ \mathrm{h^{-1}})$ で表されるものとする。

8

粒子・流体系の取り扱い

金属精錬などの重工業から製薬・化粧品製造などのファインケミカルズにいたる各種製造業において，固体と液体の混合物の取り扱い，あるいはこれらの混合物からの粒子の分離操作をうまく行うか否かは，最終製品の品質や価格に大きな影響を与える。また，半導体製造工程においては空気中に含まれる微粒子を高度に除去することが製品の**歩留まり**を向上させるうえで必要とされる。廃水処理や廃ガス処理などの環境保全プロセスにおいても，粒子・流体系混合物の取り扱いが必ず関係するため，これらのプロセスの背景にある原理を十分に理解する必要がある。本章では，固体粒子ならびに粒子・流体系の取り扱いにかかわる基礎的事項を取り上げる。

8.1　粒子の性質

8.1.1　粒子の大きさとその分布

一般に数 10 μm 以下の粒子の集まりを**粉体**，それ以上の粒子の集まりを**粒体**とよび，両者をあわせて**粉粒体**(particulate materials)とよぶ。前者では粒子に作用する重力の大きさに対し粒子間の付着力のほうが大きいことが特徴である。粉粒体を扱う場合，粒子の大きさは，まず把握すべき重要な因子のひとつである。粒子の形状が球あるいは立方体のような単純な形状の場合，粒子の大きさはそれぞれ直径あるいは辺の長さで一意的に指定できる。しかしながら，多くの粒子は不規則な形状をしており，大きさの決め方には任意性がある。球の直径や楕円体の短軸径のように長さの単位をもつ数値を用いて粒子の大きさを表すとき，これを**代表径**(代表粒子径)という。表 8.1 によく用いられる代表径の例を示す。

粒子径のそろった粉粒体は**単分散**であるといい，一方，粒子径に分布があるものは**多分散**であるという。多分散の粉粒体を記述する方法には，粒子径分布を表・グラフまたは数式で表現する方法と，適当な代表値を平均粒子径として用いる方法がある。粒子径 x に分布があり，その最大値を $x_{\max}$，最小値を $x_{\min}$，粒子径 x の粒子の量を $y(x)$ とすると，粒子径が x より小さい粒子の総量が粉粒体全体に対して占める割合である**積算率** $Q(x)$ は，次式で表される。

$$Q(x) = \int_{x_{\min}}^{x} y(x)\,\mathrm{d}x \Big/ \int_{x_{\min}}^{x_{\max}} y(x)\,\mathrm{d}x \tag{8.1}$$

ただし，$y(x)$ には粒子の個数または質量を用いる。以前は粒子径分布の測定がふるい

表 8.1　粒子の代表径

分　類	名　称	定　義
	短軸径	b
	長軸径	l
	厚さ(高さ)	t
平均径	二軸平均径	$(b+l)/2$
	三軸平均径	$(b+l+t)/3$
	二軸幾何平均径	$(b\cdot l)^{1/2}$
	三軸幾何平均径	$(b\cdot l\cdot t)^{1/3}$
	二軸調和平均径	$2/(b^{-1}+l^{-1})$
	三軸調和平均径	$3/(b^{-1}+l^{-1}+t^{-1})$
統計的径	定方向接線径	粒子を挟む 2 本の平行線間の距離(フェレ(Feret)径)
	定方向面積等分径	投影面積を 2 等分する線分の長さ(マーチン(Martin)径)
相当径	面積円相当径	$(4A/\pi)^{1/2}$ (ヘイウッド(Heywood)径)　A：投影面積
	体積球相当径	$(6v/\pi)^{1/3}$　v：体積
	表面積球相当径	$(S/\pi)^{1/2}$　S：表面積
有効径	ストークス(Stokes)径	粒子がストークスの法則(8.4 節参照)に従って沈降するとき，これと同じ速度で沈降する密度が同じ球形粒子の直径

＊表 8.1 の平均径は 1 個の粒子を対象とした名称であり，表 8.2 の平均粒子径は粒子群全体の代表値である。

分けで行われることが多かったので，上記の積算率 $Q(x)$ は，「ふるい下積算率」と通称されている。また，次式で定義される量を**頻度**という。

$$q(x)=\frac{\mathrm{d}Q(x)}{\mathrm{d}x} \tag{8.2}$$

積算率 $Q(x)$ の単位は無次元[-]であるが，[%]で表示される場合も多い。頻度の単位は [μm^{-1}], [%·μm^{-1}] などで表される。粒子径が x より大きい粒子の総量が粉粒体全量に対して占める割合 $R(x)$ を「ふるい上積算率」という。

$$R(x)=1-Q(x)=\int_{x}^{x_{\max}} y(x)\,\mathrm{d}x \Big/ \int_{x_{\min}}^{x_{\max}} y(x)\,\mathrm{d}x \tag{8.3}$$

頻度 $q(x)$，ふるい下積算率 $Q(x)$，ふるい上積算率 $R(x)$ のあいだには次の関係がある。

$$\int_{x_{\min}}^{x_{\max}} q(x)\,\mathrm{d}x=1 \tag{8.4}$$

$$Q(x)=\int_{x_{\min}}^{x} q(x)\,\mathrm{d}x \tag{8.5}$$

$$Q(x)+R(x)=1 \tag{8.6}$$

$y(x)$ として粒子の個数を用いた場合の粒子径分布を，**個数**(基準)**分布**といい，粒子の質量を用いた場合には，**質量**(基準)**分布**または**体積**(基準)**分布**という。粒子径分布をグラフ表示するときには，図 8.1, 8.2 に示すように，横軸に粒子径を x で，縦軸に分布を $q_r, \overline{q_r}, Q_r$（添え字 $r=0$：個数分布，$r=3$：質量分布）で表示することが，日本産業規格(JIS)で規定されている。ここで，$\overline{q_r}$ は，ヒストグラムによる表示である。ただし，横軸が対数($\ln x$)の場合は頻度を $q_r^*, \overline{q_r^*}$ で表示する。

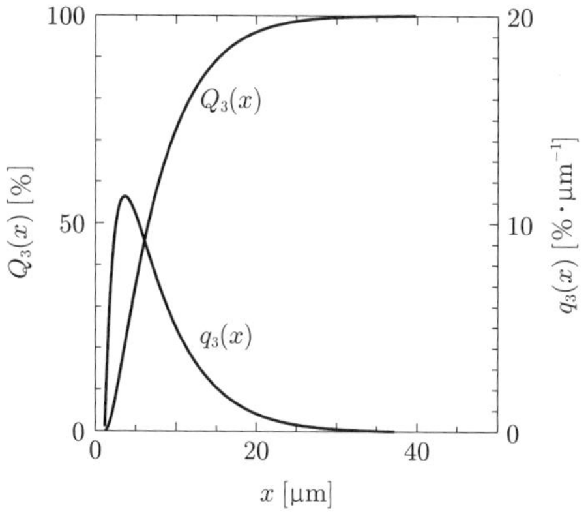

図 8.1　粒子径分布（積算分布 $Q(x)$ と頻度分布 $q(x)$）

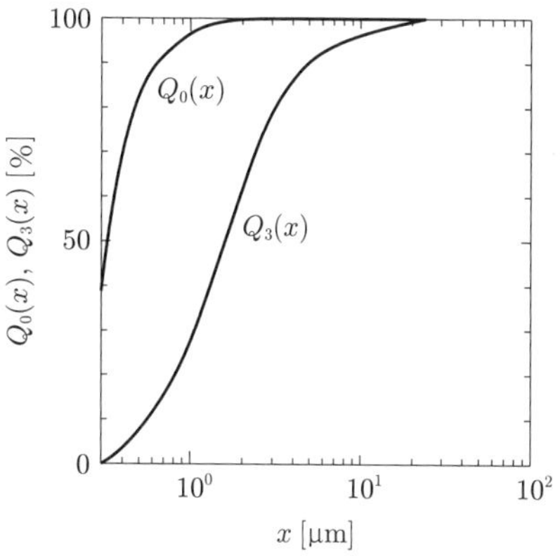

図 8.2　同一試料の個数基準積算分布と質量基準積算分布

粒子径分布が関数で近似できると，関数に含まれるパラメータで粉粒体の特徴を表現できる。また，これらの分布関数を粒子がかかわる分離プロセスや反応プロセスの理論計算などに利用することができ，都合がよい。粒子径分布以外の多くの統計的事象は，次式の正規分布に従うことが知られている。

$$Q(z)=\frac{1}{\sigma_z\sqrt{2\pi}}\int_0^z \exp\left\{-\frac{(z-\mu_z)^2}{2\sigma_z^2}\right\}\mathrm{d}z \tag{8.7}$$

ここで，μ_z は観測値 z の平均値（正規分布に従う物理量の場合，積算率 $Q(z)$ が 0.5 になる z の値であり，中位値（メディアン）ともいう）であり，σ_z は標準偏差である。正規分布では，頻度 $q(z)$ は，平均値 μ_z を中心とした左右対称となる。粉粒体の場合，細かい粒子径の方に偏ったものが多く，そのような分布は，粒子径 x の対数を（8.7）式の観測値 z にあてはめた，次の**対数正規分布**で表されることが多い。（8.7）式で $z=\ln x$ とおくと，

$$\begin{aligned}Q(x)&=\frac{1}{\sigma_x\sqrt{2\pi}}\int_{-\infty}^{\ln x}\exp\left\{-\frac{(\ln x-\mu_x)^2}{2\sigma_x^2}\right\}\mathrm{d}\ln x\\&=\frac{1}{\sqrt{2\pi}\,\ln\sigma_{\mathrm{g}}}\int_{-\infty}^{\ln x}\exp\left\{-\frac{(\ln x-\ln x_{\mathrm{g}})^2}{2(\ln\sigma_{\mathrm{g}})^2}\right\}\mathrm{d}\ln x\end{aligned}\tag{8.8}$$

ここで，σ_x は $\ln x$ の標準偏差，μ_x は $\ln x$ の平均値である。$\sigma_{\mathrm{g}}=\exp\sigma_x$ は粒子径 x の幾何標準偏差，$x_{\mathrm{g}}=\exp\mu_x$ は粒子径 x の幾何平均径という。μ_x は $Q(x)=0.5$ となる $\ln x$ の値である。したがって対数正規分布に従う粒子群では，x_{g} は積算分布の 50 % を示す粒子径なので **50 % 径（メディアン径）**でもある。（一般に積算分布の 50 % を与える粒子径を x_{50} または $x_{0.5}$ のように表記する。） 粒子径 x が対数正規分布に従うとき，$Q(x)$ を x に対して対数（正規）確率紙にプロットすると，図 8.3 に示すような直線になる。後述の合成法により調製された粉粒体は，対数正規分布を示すものが多い。

粉砕操作などで得られるような分布の幅が広い粉粒体は，次の（8.9）式で表される**ロジン・ラムラー**（Rosin-Rammler）**分布**（ワイブル（Weibull）分布ともいう）で近似できることが多い。

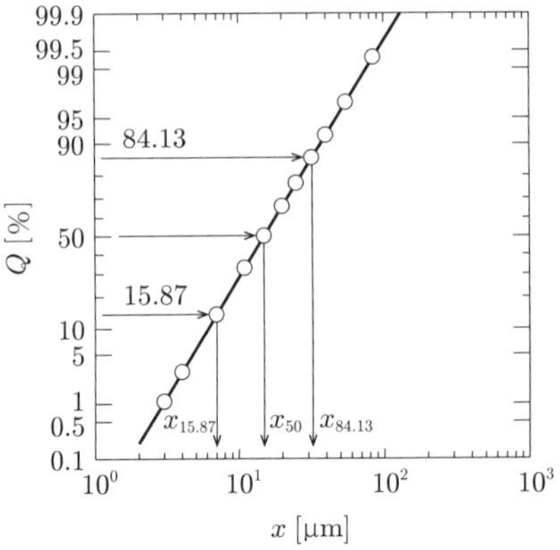

図 8. 3　対数正規確率紙。横軸は対数目盛，縦軸は(8. 8)式の x_g における傾きを有する直線上に $Q(x)$ を割り振ったものである。対数正規分布の性質より $\sigma_g = x_{50}/x_{15.87} = x_{84.13}/x_{50} = (x_{84.13}/x_{15.87})^{0.5}$ なる関係があるため，グラフから σ_g の値を求めることができる。

$$R(x) = 1 - Q(x) = \exp(-bx^n) \tag{8.9}$$

ここで，$b = x_e^{-n}$ とおけば，

$$R(x) = 1 - Q(x) = \exp\left\{-\left(\frac{x}{x_e}\right)^n\right\} \tag{8.10}$$

となり，均等数 n と粒度特性数 x_e がこの分布の形状を決めるパラメータとなる。$x = x_e$ とおくと，$R(x_e) = \exp(-1) = 0.368$ となるので，粒度特性数 x_e は分布の位置(ふるい上積算率 $R(x_e) = 36.8$ %，ふるい下積算率 $Q(x_e) = 63.2$ %)を表す一種の代表粒子径である。一方，均等数 n は分布の広がり具合を示す定数で，n が大きいほど分布が狭く，粒子径がそろっていることになる。この分布式に従う粉粒体は，図 8. 4 に示すロジン・ラムラー線図で直線になる。

粒子径 x に分布があるとき，その代表値として積算率 $Q(x)$ が 0.5 となる 50 % 径(メディアン径)や，頻度 $q(x)$ が最大となる**最頻度径**(**モード径**)がよく用いられる。

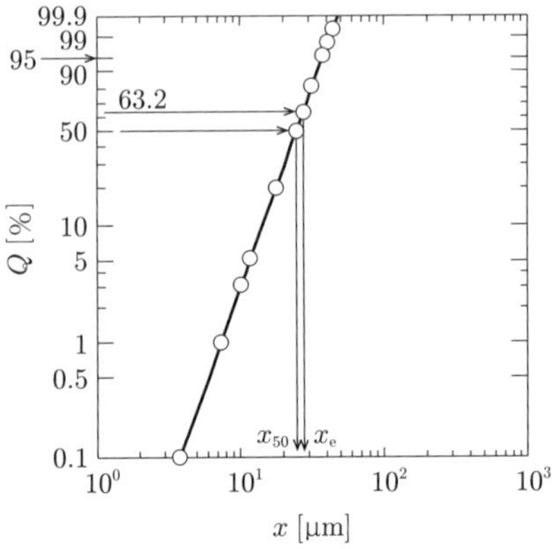

図 8. 4　ロジン・ラムラー線図。横軸は対数目盛，縦軸は二重対数目盛。

表 8.2　平均粒子径(個数基準)の計算式

名　称	個数基準	備　考
個数平均径	$\sum_{i=1}^{k} \frac{n_i}{N} x_i$	x の個数平均値(N：総粒子個数)
長さ平均径	$\sum_{i=1}^{k} n_i x_i^2 \Big/ \sum_{i=1}^{k} n_i x_i$	x の長さ平均値
面積平均径 (体面積平均径)	$\sum_{i=1}^{k} n_i x_i^3 \Big/ \sum_{i=1}^{k} n_i x_i^2$	x の面積平均値
体積平均径	$\sum_{i=1}^{k} n_i x_i^4 \Big/ \sum_{i=1}^{k} n_i x_i^3$	x の体積(質量)平均値
平均表面積径	$\left(\sum_{i=1}^{k} \frac{n_i}{N} x_i^2\right)^{1/2}$	表面積の個数平均値を粒子径に換算
平均体積径	$\left(\sum_{i=1}^{k} \frac{n_i}{N} x_i^3\right)^{1/3}$	体積の個数平均値を粒子径に換算
長さ平均 表面積径	$\left(\sum_{i=1}^{k} n_i x_i^3 \Big/ \sum_{i=1}^{k} n_i x_i\right)^{1/2}$	表面積の長さ平均値を粒子径に換算
幾何平均径	$\exp\left(\sum_{i=1}^{k} \frac{n_i}{N} \ln x_i\right)$	$\ln x$ の個数平均値を粒子径に換算
調和平均径	$1 \Big/ \sum_{i=1}^{k} \frac{n_i}{N} \frac{1}{x_i}$	$1/x$ の個数平均値を粒子径に換算

$$Q(x_{50}) = 0.5 \qquad x_{50}：50\,\%\,\text{径(メディアン径)} \tag{8.11}$$

$$q(x_{\mathrm{mode}}) = q_{\max} \qquad x_{\mathrm{mode}}：\text{最頻度径(モード径)} \tag{8.12}$$

ただし，$x_{50}, x_{\mathrm{mode}}$ などの値は測定する粒子量 y の種類(個数基準あるいは質量基準)によって変わる。したがって，個数基準 50 % 径，質量基準モード径などと区別する必要がある。多分散の粉粒体の粒子径の代表値として最もよく用いられるのは平均粒子径である。粒子径 $x_1, x_2, x_3, \cdots, x_k$ の粒子が $n_1, n_2, n_3, \cdots, n_k$ 個ずつあり，その総数が N 個であるとき，個数基準の各種平均粒子径を表 8.2 に示す。質量基準の平均粒子径を求めるには，粒子径 x_i の粒子の質量を m_i，全質量を M とすると，表 8.2 の n_i/N を m_i/M で置き換えればよい。

例題 8.1　以下の表は粘土粒子の粒子径分布の測定結果である。

(i)　粒子径軸を普通目盛とし，測定結果をヒストグラムで表せ。

(ii)　粒子径軸を対数目盛とし，測定結果をヒストグラムで表せ。

(iii)　質量基準で得られた測定結果を個数基準に変換し，質量基準と個数基準の分布を積算分布で表せ。ただし，粒子径軸は対数目盛，積算値の軸は普通目盛とする。

x [μm]	0.3	0.4	0.8	1.2	1.8	2.6	4.0	7.0	24.2
Q_3 [%]	0.0	2.5	16.5	35.5	56.1	75.2	87.4	95.9	100

【解】　(i), (ii)　粒子径を普通目盛あるいは対数目盛で表示する場合，ヒストグラムの高さ $\overline{q}(x_i), \overline{q^*}(x_i)$ は次式で求めることができる。(図省略)

$$\overline{q}(x_i) = \frac{Q(x_{i+1}) - Q(x_i)}{x_{i+1} - x_i} \quad \text{(a)}, \qquad \overline{q^*}(x_i) = \frac{Q(x_{i+1}) - Q(x_i)}{\log(x_{i+1}) - \log(x_i)} \quad \text{(b)}$$

(iii) 個数基準の積算分布の増分 ΔQ_{0i} は，次式で求めることができる。

$$\Delta Q_{0i} = n_i \Big/ \sum_{i=1}^{k} n_i = (\Delta Q_{3i}/x_i^3) \Big/ \sum_{i=1}^{k} (\Delta Q_{3i}/x_i^3) \qquad \text{(c)}$$

ただし，(c)式の x_i にはクラス((a)式右辺の分母の粒子径の範囲)の中央値を用いる。これらの式を用いて，$\overline{q_{3i}}$, $\overline{q_{3i}^*}$, Q_{0i} を求めると次の表となる。Q_{0i} と Q_{3i} の比較を図 8.2 に示した。

x_i [μm]	x_{i+1} [μm]	ΔQ_{3i} [%]	Δx_i [μm]	$\Delta \log x_i$ [−]	$\overline{q_{3i}}$ [%·μm^{-1}]	$\overline{q_{3i}^*}$ [%]	ΔQ_{0i} [%]	Q_{0i} [%]
0.3	0.4	2.5	0.1	0.125	25.0	20.0	38.77	38.8
0.4	0.8	14.0	0.4	0.301	35.0	46.5	43.09	81.9
0.8	1.2	19.0	0.4	0.176	47.5	107.9	12.63	94.5
1.2	1.8	20.6	0.6	0.176	34.3	117.0	4.06	98.6
1.8	2.6	19.1	0.8	0.160	23.9	119.6	1.19	99.7
2.6	4.0	12.2	1.4	0.187	8.7	65.2	0.23	100.0
4.0	7.0	8.5	3.0	0.243	2.8	35.0	0.03	100.0
7.0	24.2	4.1	17.2	0.539	0.2	7.6	0.00	100.0

8.1.2 比表面積ならびに比表面積径

粉粒体の単位量に含まれる全粒子の表面積の総和を**比表面積**という。単位質量の粉粒体の有する全表面積である質量基準の比表面積 S_w [m^2·kg^{-1}]，あるいは単位体積の粉粒体の有する全表面積である体積基準の比表面積 S_v [m^2·m^{-3}] が用いられる。直径 x_s [m]，密度 ρ_s [kg·m^{-3}] の球形粒子では次式の関係が成立する。

$$x_s = \frac{6}{S_v} = \frac{6}{\rho_s S_w} \tag{8.13}$$

したがって，単位に SI を用いると，S_v は S_w に比べ，その数値が 3 桁程度大きくなる。粒度分布がある粒子群の比表面積が S_v または S_w であるとき，(8.13)式で求めた x_s は粒子群の大きさを表す代表値として利用することができ，**比表面積径**とよばれている。

8.2 粉粒体層の性質

8.2.1 嵩密度，空隙率，空隙比

粉粒体層の平均的な充填状態を表す量として，嵩《かさ》密度 ρ_B [kg·m^{-3}]，空隙《くうげき》率 ε [-]，空隙比 e [-] が用いられる。ρ_B は層単位体積当たりの固体質量，ε は層単位体積当たりの空隙体積，e は単位固体体積当たりの空隙体積である。密度 ρ_s の粒子からなる質量 M，体積 V の粒子層では，以下の関係が成り立つ。

$$\rho_B = \frac{M}{V} = (1 - \varepsilon)\rho_s \tag{8.14}$$

$$e = \frac{\varepsilon}{1 - \varepsilon} \tag{8.15}$$

大きさのそろった球の最疎充填構造と最密充填構造における空隙率 ε の値は，それぞれ，0.4764 および 0.2595 である。

8.2.2　粉粒体の流動性

粉粒体の流動性を示す工学的指標のひとつに**安息角**(angle of repose) ϕ_r がある。図 8.5 に示す方法で形成された堆積層の斜面では，重力と粒子間の摩擦力がつり合っており，安息角が小さいほど粉粒体の流動性が良いといえる。安息角の大きな粉粒体を貯蔵する場合，液体の場合と異なり貯槽の形状に応じて広がることができないため，貯槽内で粉粒体が占められない最小の体積である，いわゆるロス体積を考慮した貯槽容積が必要となる。安息角の値は測定法や空隙率によって変わることに注意しなければならない。一般に，排出法による値のほうが，注入法による値より大きな値となる。

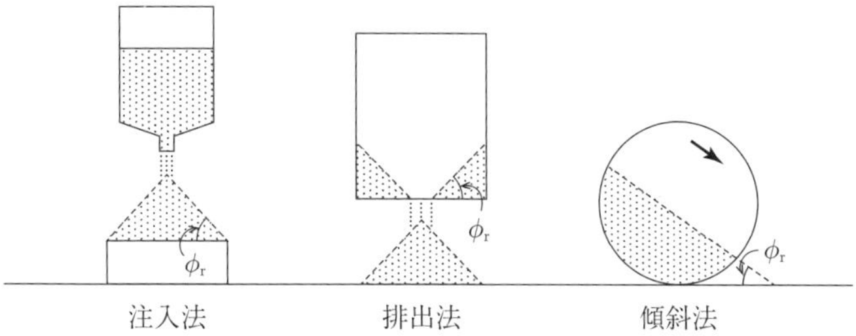

図 8.5　安息角の測定法

8.3　粒子の生成

粒子を生成する方法には，固体に機械的なエネルギーを加えて粉砕・細分化する**粉砕法**(ブレイクダウン法)と，原子・分子の集合体を合体・成長させていく**合成法**(ビルドアップ法)がある。粉砕法は，鉱工業において大規模に実用されているのに対し，合成法は機能性材料の製造などに利用されている。

粉砕による粒子生成は，①プロセスが単純，②多量の処理が可能，③製造コストが低い，という長所があるが，①粉砕機に由来する不純物の混入を避けられない，②サブミクロン(< 1 μm)以下の粒子を作ることが難しい，という短所もある。代表的な粉砕機を図 8.6 および表 8.3 に示した。粉砕に要する仕事を求める式として以下の 3 つの式がよく知られている。

(1) キック(Kick)は，砕料(粉砕の原料)に幾何学的に相似な変形を生じさせるために必要な仕事量 E_K [J·kg^{-1}] は，砕料中の粒子の大きさに関係なく砕料中の粒子の全体積に比例するとした。これは固体内に蓄えられる弾性ひずみエネルギーに基礎をおく考えである。比較的粗い砕料を粉砕する場合には，キックの法則が合うといわれている。

$$\text{キックの法則}\qquad E_K = C_K \ln \frac{x_f}{x_p} \tag{8.16}$$

(2) リッティンガー(Rittinger)は，粉砕に消費された砕料単位質量当たりの仕事量

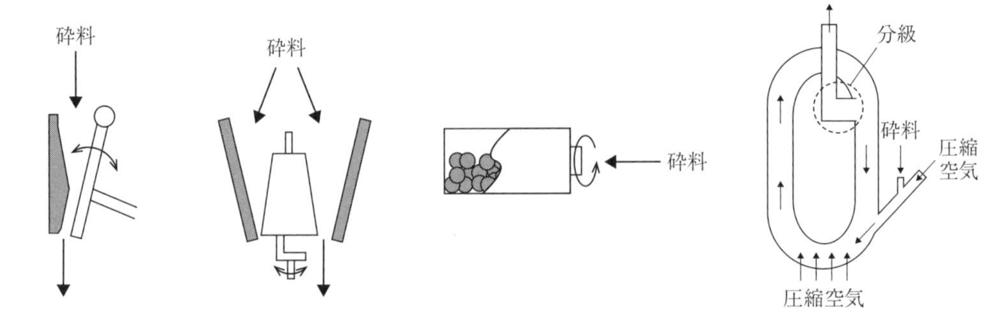

(a) ジョークラッシャー　(b) ジャイレトリークラッシャー　(c) ボールミル　(d) ジェットミル

図 8.6　代表的な粉砕機

表 8.3　粉砕機の分類

分　類	粒径(砕料→粉砕後)	図 8.6 の例
粗砕機	1500～100 mm → 500～25 mm	(a)
中砕機	500～6 mm → 50～0.8 mm	(b)
微粉砕機	13～0.5 mm → 0.6～0.08 mm	(c)
超微粉砕機	4～0.15 mm → 0.01～0.002 mm	(d)

E_R $[\mathrm{J\cdot kg^{-1}}]$ は，新しく生成した表面積に比例すると考えた。微粉砕ではリッティンガーの法則が合うといわれている。

$$\text{リッティンガーの法則}\qquad E_R = C_R'(S_p - S_f) = C_R\left(\frac{1}{x_p} - \frac{1}{x_f}\right) \tag{8.17}$$

(3) ボンド(Bond)は，粉砕の開始段階では，粒子に加えられたひずみエネルギーは粒子の体積に比例するが，粒子内に亀裂が発生した後には生成した破断面積に比例するとし，砕料単位質量当たりの粉砕仕事量 E_B $[\mathrm{J\cdot kg^{-1}}]$ として次式を提案した。

$$\text{ボンドの法則}\qquad E_B = C_B\left(\frac{1}{\sqrt{x_p}} - \frac{1}{\sqrt{x_f}}\right) \tag{8.18}$$

ここで(8.16),(8.17),(8.18)式において，x_f および x_p [m] は粉砕の前と後の比表面積径，S_f および S_p $[\mathrm{m^2\cdot kg^{-1}}]$ は粉砕の前と後の質量基準の比表面積，C_K $[\mathrm{J\cdot kg^{-1}}]$，$C_R'$ $[\mathrm{J\cdot m^{-2}}]$，C_R $[\mathrm{J\cdot m\cdot kg^{-1}}]$，$C_B$ $[\mathrm{J\cdot m^{0.5}\cdot kg^{-1}}]$ は，粉砕前の原料によって定まる定数である。ボンドは，(8.18)式をもとに，粉砕に要する仕事量 W $[\mathrm{kWh\cdot t^{-1}}]$ を求める次式を提案している。

$$W = W_i\left(\sqrt{\frac{100}{x_{p80}}} - \sqrt{\frac{100}{x_{f80}}}\right) \tag{8.19}$$

ここで，x_{f80} [μm], x_{p80} [μm] はそれぞれ粉砕の前と後の粒子群の 80 % 通過粒子径(積算率 $Q(x)$ が 0.8 となる x の値)である。W_i $[\mathrm{kWh\cdot t^{-1}}]$ は**仕事指数**(work index)とよばれ，1 t の砕料を $x_{p80} = 100$ μm まで粉砕するために必要な仕事量であり，種々の材料について求められている。

例題 8.2 粒子径分布が $Q(x)=1-\exp\{-(x/400)^{1.2}\}$ (x：粒子径[μm])である砕料を粉砕した結果，$Q(x)=1-\exp\{-(x/20)^{1.2}\}$ の分布をもつ粉体が得られた。ボンドの法則が成立するときの粉砕仕事量 W を求めよ。ただし，仕事指数 W_i は 10.5 [kWh·t⁻¹] とする。

【解】 題意より，$x_{f80}=594.7$ μm，$x_{p80}=29.7$ μm である。(8.19)式より，

$$W=(10.5)\left(\sqrt{\frac{100}{29.7}}-\sqrt{\frac{100}{594.7}}\right)=15.0\ \mathrm{kWh \cdot t^{-1}}$$

8.4 粒子・流体系の性質

静止流体中での重力あるいは遠心力による粒子の移動や，堆積した粒子層を通る流体の流れは，各種の製造プロセスや環境保全プロセスでしばしば出会う現象である。

8.4.1 単一粒子の沈降速度

質量 m [kg]，密度 ρ_s [kg·m⁻³] の単一粒子が重力の作用により速度 u [m·s⁻¹] で密度 ρ [kg·m⁻³] の静止流体中を沈降する場合，下向きに重力が作用し，上向きに浮力と流体抗力が作用するため，粒子の運動方程式は次式で表される。

$$m\frac{\mathrm{d}u}{\mathrm{d}\theta}=mg-\frac{m}{\rho_s}\rho g-R_f \tag{8.20}$$

ここで，θ [s] は沈降時間である。R_f [N] は流体抗力であり，**抵抗係数** C_D [-]，粒子の投影面積 A_p [m²] を用いて以下の式で表される。

$$R_f=C_D\frac{\rho u^2}{2}A_p \tag{8.21}$$

静止状態から沈降をはじめた粒子の場合，時間とともに粒子の沈降速度 u が次第に大きくなり，ついには(重力-浮力)と抵抗力が等しくなって，粒子は一定速度で運動するようになる。このときの速度を**終末速度**(terminal velocity)という。(8.20)式において $\mathrm{d}u/\mathrm{d}\theta=0$ とし，終末速度 u_t を求めれば，粒子が球形の場合

$$u_t=\sqrt{\frac{4g(\rho_s-\rho)}{3C_D\rho}x} \tag{8.22}$$

となる。球形粒子の抵抗係数 C_D は，粒子レイノルズ数($Re=x\rho u/\mu$，x：粒子径，μ：流体粘度)に対し，実験的に図 8.7 のように示すことができる。図の曲線を 3 つの領域に分割すると以下の式で表すことができる。

$$Re\leq 2^{*)} \qquad C_D=24/Re \tag{8.23}$$

$$2<Re\leq 500 \qquad C_D=10/\sqrt{Re} \tag{8.24}$$

$$500<Re\leq 10^5 \qquad C_D\approx 0.44 \tag{8.25}$$

(8.23)式は理論式，(8.24)および(8.25)式は近似式である。これらを(8.22)式に代入すると，以下の終末速度 u_t が得られる。

---

*) (8.23)式の適用範囲は，最も厳密な成書(例えば，R. B. Bird, W. E. Stewart, E. N. Lightfoot, Transport Phenomena, Revised 2nd Ed, p.61 & p.186, John Wiley & Sons (2007))では 0.1 までとされている。$Re=1$ のとき，(8.23)式による R_f は実測値に対し 10 % ほど過小になる。

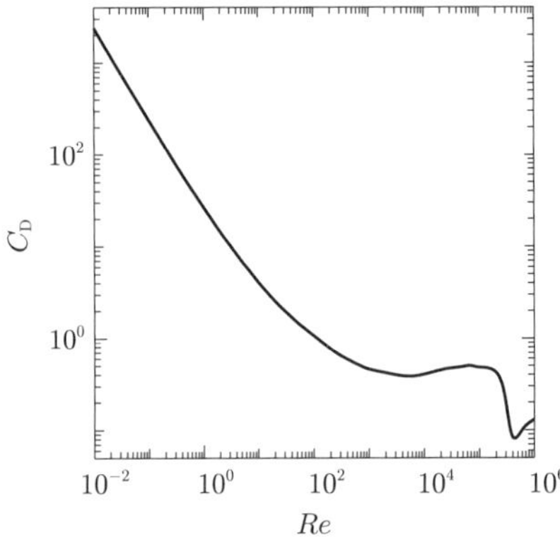

図 8.7　球形粒子の抵抗係数 C_D とレイノルズ数 Re の関係

$$Re \leq 2 \qquad u_t = \frac{g(\rho_s - \rho)x^2}{18\mu} \qquad \text{（ストークス(Stokes)の式）} \tag{8.26}$$

$$2 < Re \leq 500 \qquad u_t = \left\{\frac{4g^2(\rho_s - \rho)^2}{225\mu\rho}\right\}^{1/3} x \qquad \text{（アレン(Allen)の式）} \tag{8.27}$$

$$500 < Re \leq 10^5 \qquad u_t \approx \sqrt{\frac{3.03g(\rho_s - \rho)x}{\rho}} \qquad \text{（ニュートン(Newton)の式）} \tag{8.28}$$

ミクロンオーダー以下の粒子が水中を重力沈降する場合，そのほとんどが**ストークスの式**に従うと考えてよい。

流体中を多数の粒子が相互に影響を及ぼしあいながら沈降する場合，流体の見かけ密度や見かけ粘度が増大するため，単一粒子の沈降速度より小さくなる。非凝集性の球形均一粒子群の干渉沈降速度 u_a [m·s^{-1}] と単一粒子の終末速度 u_t の関係は，

$$u_a = u_t \varepsilon^{n_h} \tag{8.29}$$

と表すことができる。ここに，ε [-] は粒子・流体系混合物の空隙率であり，n_h は粒子レイノルズ数 Re により異なる実験定数である。

8.4.2　粒子層を通る流れ

粒子層の底部から流体を流して粒子層の圧力損失 Δp（粒子層の下端と上端の圧力差）を測定し，それを流体の**空塔速度**(superficial linear velocity)（＝流体流量/断面積，見かけ流速ともいう）u に対してプロットすると，図 8.8 に示すような挙動を示す。低流速では個々の粒子がもとの位置にとどまる**固定層**(fixed bed)の状態が保たれ，Δp は u に比例して増大する。u がある値になると，粒子は浮遊して粒子層は膨張する。これが流動化のはじまりであり，そのときの流速が**最小流動化速度** u_{mf} である。個々の粒子が互いの相対位置を変え層全体が流動状態となる**流動層**(fluidized bed)では，層内の温度が均一になるので，温度に対して制限の大きい操作に適しており，多くの触媒反応や乾燥操作に用いられている。流動層内の流動状態は流速と粒子径に依存するが，典型的な気相系流動層の流動状態の遷移を図 8.9 に示す。

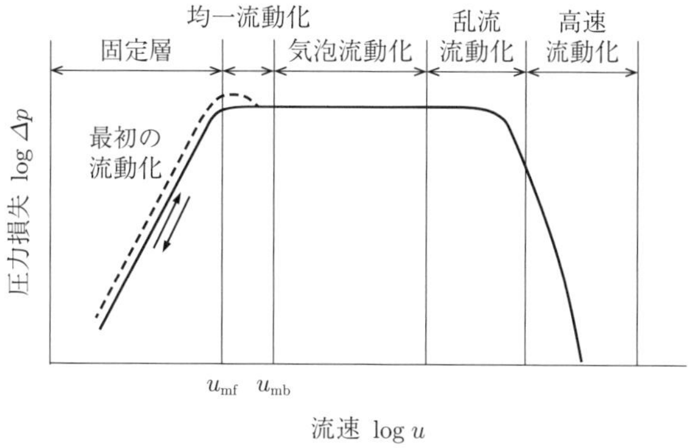

図 8.8　粒子層の圧力損失

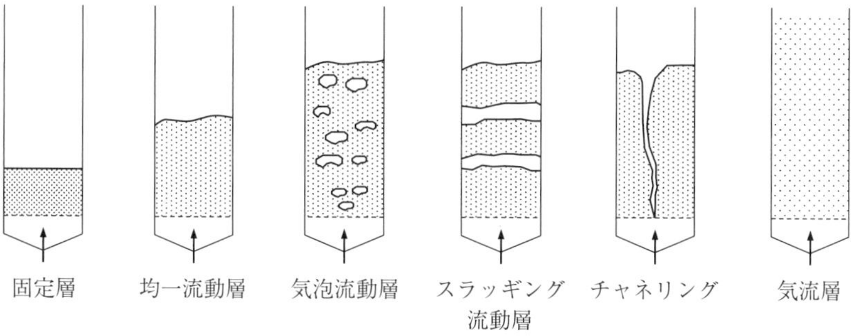

図 8.9　流動状態の模式図

(1)　固 定 層

体積基準の比表面積が S_V である粒子からなる層高 L，空隙率 ε の粒子層を粘度 μ の流体が透過する場合の圧力損失 Δp は，流れが層流の場合，以下の**コゼニー・カルマン(Kozeny-Carman)の式**により求められる。

$$\frac{\Delta p}{L}=\frac{kS_V^2(1-\varepsilon)^2}{\varepsilon^3}\mu u \tag{8.30}$$

ここで k は**コゼニー定数**とよばれる実験定数であり，形状が極端にいびつでない粒子の層では $k=5.0$ が用いられることが多い。

一方，粒子層の修正レイノルズ数 $Re'=u\rho/(S_V\mu(1-\varepsilon))$ が 2 以上では，流れが徐々に乱流に移行するため，(8.30)式は成立しない。エルガン(Ergun)は，層流から乱流領域にわたり成立する以下の式を提案した。

$$\frac{\Delta p}{L}=150\frac{(1-\varepsilon)^2}{\varepsilon^3}\frac{\mu}{x_s^2}u+1.75\frac{1-\varepsilon}{\varepsilon^3}\frac{\rho}{x_s}u^2 \tag{8.31}$$

ここで，x_s は粒子の比表面積径である。

(2)　流 動 層

流動化状態では，粒子に作用する重力は，上向きに流れる流体の抵抗力すなわち圧力損失 Δp と粒子に作用する浮力の和とつり合う。流動化開始時の層高を L_{mf}，層の空隙率を ε_{mf} とすると，力のつり合いより圧力損失 Δp は以下の式で与えられる。

$$\frac{\Delta p}{L_{\mathrm{mf}}} = (1-\varepsilon_{\mathrm{mf}})(\rho_{\mathrm{s}}-\rho)g \tag{8.32}$$

ここで ρ は流体密度である。流動化がはじまると，粗粒・気体系流動層では層内にただちに気泡が発生するが，微粉・気体系流動層では u_{mf} の10倍程度までは気泡が発生しない。u_{mf} と気泡発生開始速度 u_{mb} のあいだでは層は均一に膨張した状態を保つ。u_{mb} 以上の流速では供給気体の大部分は気泡となって上昇し，残りの気体は粒子間隙に分散する。流速をさらに上げると乱流流動層の状態になり，層から飛び出る粒子が増加する。さらに流速が大きくなると，粒子が気流中に浮かんだ気流層になる。この他，気泡が塔断面全体に広がる**スラッギング**や気体が層の一部を吹き抜ける**チャネリング**が生ずることもある。

例題 8.3　比表面積径が 95.0 μm，密度 ρ_{s} が 2600 kg·m^{-3} の砂を 20 ℃の空気(粘性係数 1.809×10^{-5} Pa·s，密度 1.205 kg·m^{-3})により流動化させたい。最小流動化速度を求めよ。ただし，層の空隙率 $\varepsilon_{\mathrm{mf}}$ は 0.570 とする。

【解】　(8.31)式と(8.32)式の圧力損失 Δp を等置すると，

$$\frac{150(1-\varepsilon_{\mathrm{mf}})}{\varepsilon_{\mathrm{mf}}^{3}}(Re_{\mathrm{mf}}) + \frac{1.75}{\varepsilon_{\mathrm{mf}}^{3}}(Re_{\mathrm{mf}})^2 = Ar$$

となる。ここで，$Re_{\mathrm{mf}} = x_{\mathrm{s}}\rho u_{\mathrm{mf}}/\mu$ は粒子レイノルズ数，$Ar = x_{\mathrm{s}}^3\rho(\rho_{\mathrm{s}}-\rho)g/\mu^2$ はアルキメデス数である。上式に，$x_{\mathrm{s}} = 95.0\times10^{-6}$ m，$\rho_{\mathrm{s}} = 2600$ kg·m^{-3}，$\rho = 1.205$ kg·m^{-3}，$\mu = 1.809\times10^{-5}$ Pa·s，$\varepsilon_{\mathrm{mf}} = 0.570$ を代入すると，$u_{\mathrm{mf}} = 0.036$ m·s^{-1} となる。流動化開始速度の推算には，上式のほかに多くの実験式が提案されている。

8.5　粒子・流体系の分離

8.5.1　固 液 分 離

固液分離とは，固体と液体の混合物から，重力，遠心力，加圧力などを用いて，清澄液や濃縮された固液混合物，固体の堆積物を得る操作である。もとの固液混合物の固体濃度に応じて，沈降分離，ろ過，圧搾脱液などの操作がある。

(1)　沈 降 分 離

沈降分離は，重力場あるいは遠心場を利用して懸濁粒子を系から除去する方法であり，種々の固液分離操作のなかで，固体単位質量当たりの処理液量が最大となる操作である。液体中に懸濁している固体粒子を沈降させてより清澄な上澄み液を得ようとする操作が**清澄操作**であり，沈降により濃厚な懸濁液を得ようとするのが**沈殿濃縮操作**である。大量の懸濁液から固体を分離するには沈降分離に続いてろ過・脱液し，必要に応じて乾燥をする工程が最も経済的である。また，処理量・固体濃度などによっては，清澄操作が清澄な液体を得る最も経済的な方法である場合もある。

(2)　ろ　過

ろ過は，ろ材を用いて流動性のある固液混合物(スラリー)を捕捉粒子と液体に分離する操作である。ろ材には，ろ布，ろ紙，金網，プラスチック・セラミックスなどの多孔

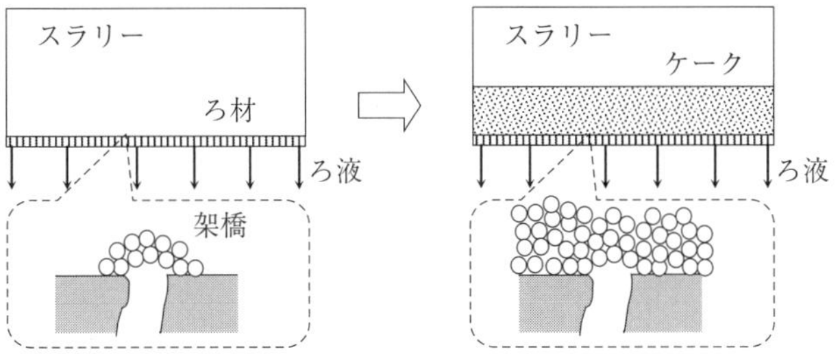

図 8.10　ケークろ過のメカニズム

体，粒子充填層，膜などを用いる。ろ過は主に液の清澄化と懸濁物質の回収および脱液に用いられ，電子・半導体工業，食品・醸造工業，医薬品工業，化学工業，原子力工業をはじめ，環境保全技術，内燃機・ボイラー関連技術において必須の単位操作である。化学実験においてもろ紙によるろ過が数多く用いられる。

ろ過の対象となる混合物中の固体濃度が 1 vol% 程度以上あると，ろ材細孔上での架橋現象によって粒子が捕捉され，ろ過開始後まもなくろ材面上に**ろ過ケーク**(filter cake)が形成される(図 8.10)。このケーク層が新たにろ材として作用しつつその後のろ過が進行する。この種のろ過機構を**ケークろ過**といい，ポンプで圧送できる程度の流動性をもつスラリーを分離対象とする。

ケークろ過において，ろ過ケークおよびろ材を過ぎる流れは粘性流(層流)とみなすことができ，単位ろ材面積当たりのろ液流量，すなわち，ろ過速度 q [m·s^{-1}] はろ過圧力 p [Pa] に比例し，ろ過全抵抗(R_c+R_m) [m^{-1}] とろ液粘度 μ [Pa·s] に反比例する。ここで，R_c および R_m はそれぞれケークとろ材の抵抗である。ろ液流速 q は

$$q=\frac{1}{A}\frac{\mathrm{d}V}{\mathrm{d}\theta}=\frac{\mathrm{d}v}{\mathrm{d}\theta}=\frac{p}{\mu(R_c+R_m)}=\frac{p-p_m}{\mu R_c}=\frac{p_m}{\mu R_m} \tag{8.33}$$

と表される。ここで A [m^2] はろ材面積，V [m^3] は積算ろ液体積，v [m^3·m^{-2}] は単位ろ材面積当たりの積算ろ液体積，θ [s] はろ過時間である。上式は，液流動の全抵抗がケーク抵抗 R_c とろ材抵抗 R_m の直列結合で表されることを意味しており，電磁気学におけるオームの法則と同じ形である。

ルース(Ruth, B. F) は，ろ材面上に堆積したケークの抵抗 R_c がろ材単位面積当たりのケークの固形分質量 w [kg·m^{-2}] に比例すると考え，比例係数 α_{av} [m·kg^{-1}] をケークの**平均比抵抗**と定義した。また，ろ材抵抗と同じ流動抵抗を有する仮想ケークを考え，このケーク中の固体質量を w_m [kg·m^{-2}] とした。これらの量を用いると，R_c および R_m は以下のように表すことができる。

$$R_c=\alpha_{av}w, \qquad R_m=\alpha_{av}w_m \tag{8.34}$$

ろ過の進行とともに，積算ろ液体積 v とケーク固体質量 w が増加する。(8.33)式から，積算ろ液体積 v とろ過時間 θ の関係を求めるためには，まず v と w の関係を知る必要がある。積算ろ液体積 v とケーク固体質量 w とのあいだには，物質収支(スラリー質量 w/s [kg·m^{-2}] = ケーク質量 mw [kg·m^{-2}] + ろ液質量 ρv [kg·m^{-2}])から次式が成り立つ。

$$w = \frac{\rho s}{1 - ms} v, \qquad w_\mathrm{m} = \frac{\rho s}{1 - ms} v_\mathrm{m} \tag{8.35}$$

ここで，ρ [kg·m^{-3}] はろ液の密度，s [kg-固体/kg-スラリー] はスラリー中の固体の割合である。また，v_m [m^3·m^{-2}] はろ材抵抗と同じ抵抗を有する固体質量 w_m の仮想ケークを得るために必要な仮想ろ液体積である。m [kg-湿りケーク/kg-乾燥ケーク] はケークの**湿乾質量比**といい，湿潤ケークの質量を乾燥ケークの質量で割ったものである。(8.34)式および(8.35)式を(8.33)式に代入して整理すると次式を得る。

$$\frac{\mathrm{d}v}{\mathrm{d}\theta} = \frac{p(1 - ms)}{\mu \alpha_\mathrm{av} \rho s (v + v_\mathrm{m})} = \frac{K}{2(v + v_\mathrm{m})} \tag{8.36}$$

ここで，K [m^2·s^{-1}] は**定圧ろ過**(constant-pressure filtration)**係数**(ルースの定圧ろ過係数)とよばれるもので，次式によって定義される。

$$K \equiv \frac{2p(1 - ms)}{\mu \alpha_\mathrm{av} \rho s} \tag{8.37}$$

μ, ρ, s は一定であり，m および α_av は p, s の関数である。K が大きいほどろ液の流出速度，すなわち，ろ過速度は大きな値となる。

ろ過圧力 p が一定の定圧ろ過では，m および α_av は一定とみなすことができる。

(8.36)式の積分を行うと，次式で表される**ルースの定圧ろ過式**が得られる。

$$(v + v_\mathrm{m})^2 = \frac{2p(1 - ms)}{\mu \alpha_\mathrm{av} \rho s} (\theta + \theta_\mathrm{m}) = K(\theta + \theta_\mathrm{m}) \tag{8.38}$$

ここで θ_m は v_m のろ液体積を得るために要する仮想ろ過時間である($v_\mathrm{m}^2 = K\theta_\mathrm{m}$)。前述のように，ろ材抵抗 R_m と等しい流動抵抗を有するろ過ケークを考え，これによりろ材抵抗を表現した点がルースのろ過理論の特徴である。ろ材抵抗を v_m および θ_m で表したため，(8.38)式は大変わかりやすい形となっている。(8.38)式を変形すると以下のようになる。

$$\frac{1}{K} v + \frac{2}{K} v_\mathrm{m} = \frac{\theta}{v} \tag{8.39}$$

すなわち，定圧ろ過においては θ/v 対 v をプロットすると勾配 $1/K$ の直線が得られ，その勾配から K の値が求められる。また，(8.36)式より

$$\frac{\mathrm{d}\theta}{\mathrm{d}v} = \frac{2}{K}(v + v_\mathrm{m}) \tag{8.40}$$

なる関係も得られ，$\mathrm{d}\theta/\mathrm{d}v$ 対 v のプロット(**ループロット**，図 8.11)をすると勾配 $2/K$ の直線が得られ，このプロットからも K の値が求められる。このようにして求めた K の値を用いると，m が既知ならば(8.37)式より α_av を求めることができる。

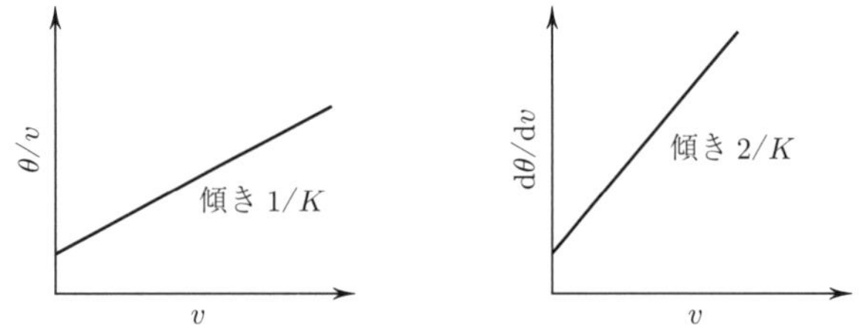

図 8.11　ルースの定圧ろ過係数 K の決定法

8.5.2　固 気 分 離

（1）分　　級

粉粒体を粒子径・形状・密度などの違いに応じて2つ以上の部分に分けることを**分級**とよぶが，一般には粒子径に応じて分けることを分級とよぶ。

分級においては，はじめに分離したい粒子径 x を定め，それ以上の粒子径である粗粉とそれ以下の粒子径である細粉に分離することを目的とする。実際には粒子径 x を境に完全に分離はできず，粗粉中に細粉が混入または細粉中に粗粉が混入する。そのため粒子径ごとの分級の評価指標として**部分分離効率**が用いられる。

原料，細粉，粗粉の質量をそれぞれ F [kg], P [kg], R [kg] とし，その中に含まれる粒子径 x の粒子の割合をそれぞれ，$f(x)$ [-]，$p(x)$ [-]，$r(x)$ [-] とすると以下の収支式が成立する。

$$F = P + R \tag{8.41}$$

$$f(x)F = p(x)P + r(x)R \tag{8.42}$$

また，部分分離効率 $\eta(x)$ [-] は，次式で表される。

$$\eta(x) = \frac{r(x)R}{f(x)F} \tag{8.43}$$

各粒子径 x に対し $\eta(x)$ をプロットすると，図8.12に示す部分分離効率曲線を得る。$\eta(x)$ が0.5となる粒子径 x_{50} を**50 % 分離粒子径**といい，x_{50} を中心として勾配が急なほど分級機の分級性能が良いといえる*)。この分級性能を評価する指標として，次式で定義される**テラ(Terra)指数**が用いられる。

$$E_p = \frac{x_{75} - x_{25}}{2} \tag{8.44}$$

x_{75} および x_{25} は，部分分離効率 $\eta(x)$ が0.75および0.25となる粒子径である。

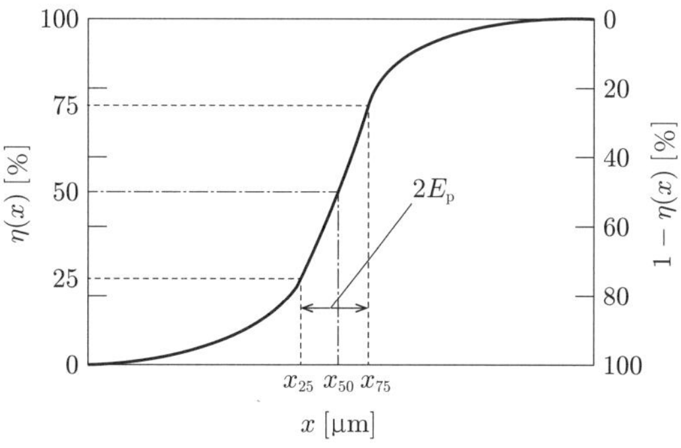

図8.12　部分分離効率曲線

任意の粒子径 x における総合的な分離効率を表す方法として**ニュートン(Newton)効率**がよく用いられる。いま仮に粒子径 x より小さな粒子の回収を目的とすると，原料中，細粉中，粗粉中に含まれる粒子径 x より小さな粒子の質量分率(有用成分の質量分率)をそれぞれ f_F [-]，f_P [-]，f_R [-] とした場合，細粉側の有用成分回収率 η_1，細粉中

*）添え字で表される積算率における粒子径の表記法と同じであるため，注意を要する。

の不用成分残留率 η_2 は次式で与えられる。

$$\eta_1 = \frac{f_P P}{f_F F} \tag{8.45}$$

$$\eta_2 = \frac{(1-f_P)P}{(1-f_F)F} \tag{8.46}$$

以上の2式より，ニュートン効率 η_N は次式で定義される。

$$\eta_N = \eta_1 - \eta_2 = \frac{(f_F - f_R)(f_P - f_F)}{f_F(f_P - f_R)(1-f_F)} \tag{8.47}$$

分級が理想的に行われた場合　$f_P = 1$，$f_R = 0$　よって　$\eta_N = 1$，

原料がすべて粗粉側へ移動する場合　$f_R = f_F$，$f_P = 0$　よって　$\eta_N = 0$，

原料がすべて細粉側へ移動する場合　$f_P = f_F$，$f_R = 0$　よって　$\eta_N = 0$

粉粒体の分級を気固系で行う乾式分級は，ふるい分けと風力分級に大別される。風力分級に用いられるサイクロンを図8.13に示した。入口部より流入した空気はサイクロン内で強制的に旋回流となり，中心部に位置する内筒部分から排気される。旋回流がつくり出す遠心力により，大きな粒子はサイクロン壁に衝突し，分離される。小さい粒子は気流に乗ったまま，内筒より上部に運び去られる。一般にサイクロンの各寸法は円筒部の直径 D_c を基準に定められる。

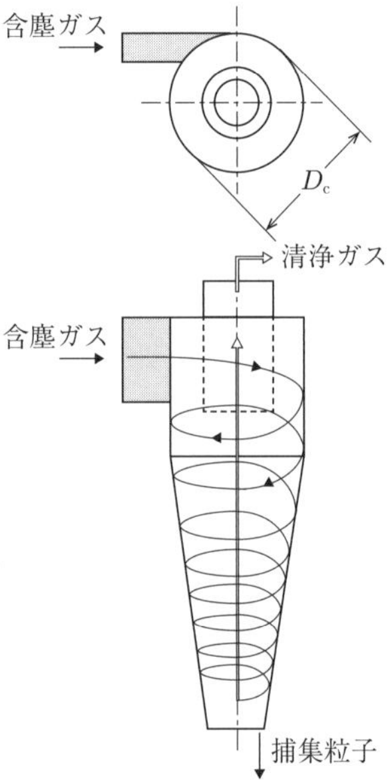

図8.13　接線流入型サイクロン

（2）集　塵

集塵装置は，大気汚染防止や有価物回収を目的とし，粒子を気体中から分離する装置である。前項のサイクロンは集塵装置としても用いられるが，大規模な集塵装置としては，乾式ろ過技術を利用した (a)バグフィルタおよび静電気力を利用した (b)電気集塵機が主流である。

大気汚染防止の観点では，集塵機の出口より大気に放出される出口ダスト(粒子)濃度は大気汚染防止法で定められた濃度以下にしなければならず，きわめて重要な評価指標となっている。集塵機の入口，出口で同時測定したダスト流量をそれぞれ w_i, w_o [kg·s^{-1}]，また，標準状態のダスト濃度をそれぞれ c_i, c_o [kg·m^{-3}] とするとき，集塵効率(捕集効率) η [-] は次式で定義される。

$$\eta = \frac{w_i - w_o}{w_i} \quad [-] \tag{8.48}$$

$$= \frac{c_i - c_o}{c_i} \quad [-] \quad \text{（集塵機の入口と出口で風量の増減がない場合）} \tag{8.49}$$

例題8.4　ある集塵機の入口ガス，出口ガスを同時にサンプリングした。入口ガスは温度553 K，圧力105.0 kPa，ダスト濃度 8.50×10^{-3} kg·m^{-3}，出口ガスは温度504 K，圧力101.3 kPa，ダスト濃度 7.00×10^{-5} kg·m^{-3} であった。集塵効率 η を求めよ。

【解】　ガスの温度と圧力を標準状態(273.15 K, 100 kPa)に換算して，ダスト濃度を求め，(8.49)式を用いる。

入口濃度　$c_i = (8.50\times10^{-3})\left(\dfrac{553}{273.15}\right)\left(\dfrac{100}{105.0}\right) = 16.39\times10^{-3}\ \mathrm{kg\cdot m^{-3}}$

出口濃度　$c_o = (7.00\times10^{-5})\left(\dfrac{504}{273.15}\right)\left(\dfrac{100}{101.3}\right) = 0.13\times10^{-3}\ \mathrm{kg\cdot m^{-3}}$

集塵効率　$\eta = \dfrac{16.39-0.13}{16.39} = 0.992 = 99.2\ \%$

(a)　バグフィルタ　　最も広く利用されているパルスジェット型バグフィルタを図8.14に示す。装置はろ布を細長い円筒状にしたものを複数個備えている。含塵ガスは円筒ろ布外面から内面へと流通し，その際に，ろ布によってろ過される。ろ過の進行によりろ布外表面にはダストが堆積し，ケーク層が成長する。このケークは圧縮空気を円筒内部から噴射することにより払い落とされる。圧縮空気の圧力波が円筒ろ布内面を上から下へと伝播するあいだに，圧力波の衝撃によるろ布の変形とろ布内面から外面へ向かう逆気流(逆洗気流)によってケークが払い落とされるので，パルスジェット方式とよばれる。1つのろ布についてはろ過とケーク層の払い落としを交互に行うのであるが，装置内に多数設置されたろ布を1列ずつ瞬時に払い落とすので，装置全体はほとんど連続的に運転できるのが特徴である。

ろ布の圧力損失は，払い落とし操作を行っても，ろ布に残留するダストケーク層とろ布自体の通気抵抗で合成された圧力損失 ΔP_0 (払い落とし直後の圧力損失)とその上に順次積層されるダストケーク層による圧力損失 ΔP_d の和で表され，一般にバグフィルタの圧力損失 ΔP [Pa] は次式で示される。

$$\Delta P = \Delta P_0 + \Delta P_d = (\zeta + m\alpha)\mu u \tag{8.50}$$

ここで，ζ [$\mathrm{m^{-1}}$] は汚れろ布抵抗，m [$\mathrm{kg\cdot m^{-2}}$] は堆積ダスト負荷，α [$\mathrm{m\cdot kg^{-1}}$] は堆積ダストのろ過比抵抗，μ [Pa·s] は気体の粘性係数，u [$\mathrm{m\cdot s^{-1}}$] はろ過速度である。一方，ガス流量を Q [$\mathrm{m^3\cdot s^{-1}}$]，ろ過面積を A [$\mathrm{m^2}$]，入口ダスト濃度を c_i [$\mathrm{kg\cdot m^{-3}}$]，堆積ダスト層の払い落としまでの集塵時間を t [s] とすれば，m は次式で表される。

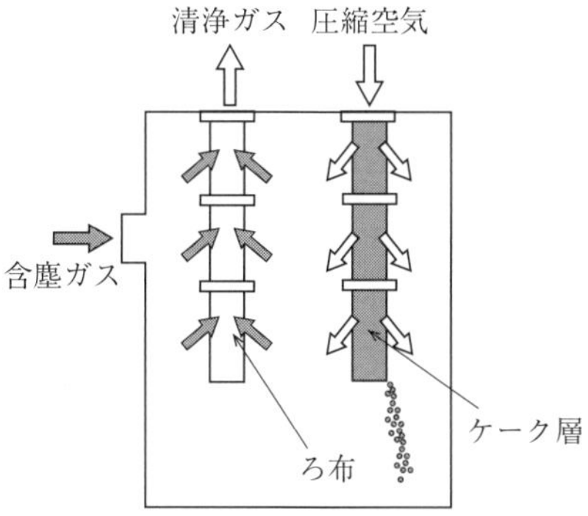

図 8.14　パルスジェット型バグフィルタ

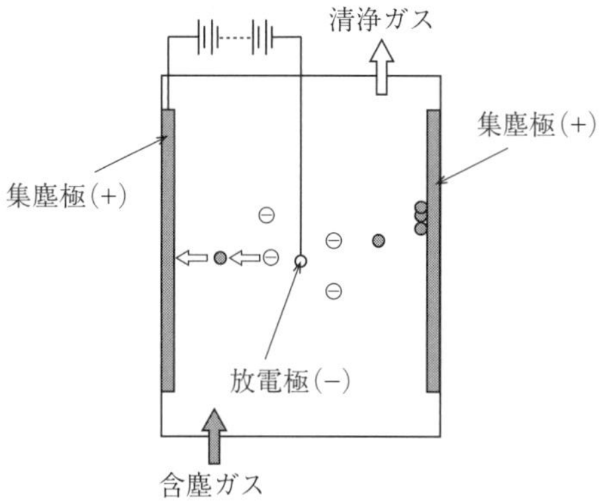

図 8.15　水平流式乾式電気集塵機

$$m = \eta c_{\mathrm{i}} u t = \frac{\eta c_{\mathrm{i}} Q t}{A} \tag{8.51}$$

(b) 電気集塵機　　電気集塵機は圧力損失がバグフィルタより低く，サブミクロン粒子まで高い集塵効率が得られ，火力発電所の大規模集塵機だけでなく，一般家庭用の空気清浄器としても広く利用されている。一般的な電気集塵の概念図を図 8.15 に示す。平行平板あるいは円筒を陽極とし，針金状の放電極を陰極とする非対称の電極間に 5～10 万V の直流高電圧を印加すると，コロナ放電により陰極の周囲のガスがイオン化される。発生した正イオンは放電極(陰極)においてただちに中和され電荷を失うが，負イオンは集電極板(正極)に向かって泳動する。泳動の過程においてイオンがダスト粒子に衝突することにより，ダスト粒子は負に帯電し，両極間の電界 E による電気力の作用で集電極へ移動し捕集される。

章 末 問 題

8.1　例題 8.1 のメディアン径を個数基準および質量基準(体積基準)で求めよ。

8.2　次の表に示すふるい分析の結果を正方眼紙上にヒストグラム表示せよ。

ふるい目開き [mm]	0.053	0.106	0.212	0.300	0.500	1.00	2.00	3.35	5.60
Q_3 [%]	0	5	13	24	49	74	88	96	100

8.3　密度が 1500 kg･m^{-3} で，比表面積が 10^4 m^2･kg^{-1} の粉体の比表面積径を求めよ。

8.4　平均粒子径 30 mm の原料粒子を平均粒子径が 8 mm となるまで粉砕するのに 10 kJ･kg^{-1} のエネルギーを要した。この粒子を 25 mm から 4 mm に粉砕するのに必要なエネルギーを，①リッティンガーの法則，②キックの法則，③ボンドの法則に従ってそれぞれ計算せよ。

8.5　80 % 通過粒子径が 3.5 cm のセメント原料を 150 t･d^{-1} の処理量で，乾式ボールミルを用いて粉砕し，80 % 通過粒子径 70 µm の粒子にしたい。ボールミルの所要動力を求めよ。ただし，この系の仕事指数 W_{i} は 11.6 kWh･t^{-1} とする。

8.6　表 8.1 のストークス径は，任意の形状の粒子が流体中で沈降する速度を測定し，この粒子と同じ速度で沈降する同じ密度の球形粒子の直径をこの粒子の代表径とするものである。密度 2500 kg･m^{-3} の非球形粒子を 20 ℃の水中(粘度 1.005 × 10^{-3} Pa･s，密度 998.2 kg･m^{-3})で 5 cm 自由沈降させるのに 7 分を要した。この粒子のストークス径を求めよ。

8.7　密度 1400 kg･cm^{-3} の小麦粉を容積 1000 ml の円筒容器一杯に充填したところ，640 g となった。粉体層の嵩密度，空隙率，空隙比を求めよ。

8.8　円形断面を有する上向流式沈降槽では供給された希薄懸濁液を槽の上部から流出させることにより，層内に上昇流をつくり，液の上昇速度より沈降速度の大きな粒子を沈降分離する。半径 2.1 m，清澄液流出量 0.2 m^3･min^{-1} の上向流式沈降槽に，粒子密度 2500 kg･m^{-3} の多分散粒子からなる希薄懸濁液を供給した。沈降分離可能な懸濁粒子の最小径を求めよ。ただし，液密度は 1000 kg･m^{-3}，粘度は 10^{-3} Pa･s である。

8.9　遠心沈降機は，高速で回転する容器に原液を導き，液中の粒子を沈降させる装置である。円筒形の沈降槽が 5000 rpm で回転している遠心分離機において，回転軸から 15 cm の位置における密度 2500 kg･m^{-3}，直径 3 µm の粒子の沈降速度を求めよ。ただし，粒子は密度 1000 kg･m^{-3}，粘度 10^{-3} Pa･s の液中に懸濁しているものとする。

8.10 加圧ケークろ過 1 サイクル中で，実際にろ過に用いられる時間を θ_f，ケークの洗浄，脱水，ケークの取り出し，ろ過機の整備などに要する時間を θ_d とする。定圧ろ過操作の場合，1 サイクル当たりの平均ろ過速度が最大となるのは $\theta_f = \theta_d$ の条件を満たすときであることを証明せよ。ただし，ろ材抵抗は無視できるものとする。

8.11 あるスラリーを 200 kPa の定圧条件で 1800 秒間ろ過し，ろ液 20 m^3 を得た。次に，同じ圧力で 1200 秒間洗浄を行うとする。所要洗浄液量を求めよ。ただし，ろ材抵抗は無視できるものとする。

8.12 25.2 % の粘土質スラリーをろ過面積 51.2 cm^2 のろ過機で 98.1 kPa にて定圧ろ過し，次のデータを得た。定圧ろ過係数 K，平均ろ過比抵抗 α_{av} およびろ材抵抗 R_m を求めよ。ただし，ろ液粘度 0.858×10^{-3} Pa·s，ろ液密度 1000 kg·m^{-3}，ケーク湿乾質量比 $m = 1.76$ であった。

ろ過時間 θ [s]	68	206	414	687	1029	1433	1903	2435	3033	3695
ろ液量 V [cm^3]	10	20	30	40	50	60	70	80	90	100

9

プロセス制御

化学プラントは，化学反応器・蒸留塔などさまざまな単位プロセスから成り立っているが，それぞれのプロセスが設計・建設された後，実際にプラントを運転する際には，どのような技術が必要とされるであろうか。化学プラントの運転では，何よりもまず安全が優先される。特に，化学プラントでは可燃性・爆発性・毒性のある危険な物質・反応を扱うことが多く，例えば化学反応器では，熱暴走反応が起こらないように安全な温度範囲に維持するなど，常に安全な状態を保ちながら生産を行うことが求められる。また，製品の売れ行きにあわせて生産量を調整したり，時々刻々変化する運転条件下で生産量を確保しながら消費エネルギーを最小化したりするなど，臨機応変で柔軟な運転も求められる。このように，化学プラントの安全で効率的な運転を実現するのに必要とされる技術が，**プロセス制御**(process control)である。

9.1 プロセス制御で何をするか？

図 9.1 は，第 7 章でも述べた簡単な CSTR(連続撹拌槽型反応器)の例である。このプロセスを実際に運転する場合，反応器へのフィード量・反応器内の物質の滞留量・反応器の温度などを，プロセス設計の段階で決定された適切な値にすることが要求される。例えばフィード量を設計値とするには，フィードラインに設置したバルブの開度を操作することにより行うことができる。また，反応器内の物質の滞留量を設計値に保つには，反応器からの流出流量をバルブの操作で調整すればよい。また，反応器内で起こる反応が発熱反応である場合，その温度はジャケットの冷却水の温度を操作して調整することが考えられる。ただしこれらの操作は，時々刻々変化する周囲環境に対応すべく行う必要がある。

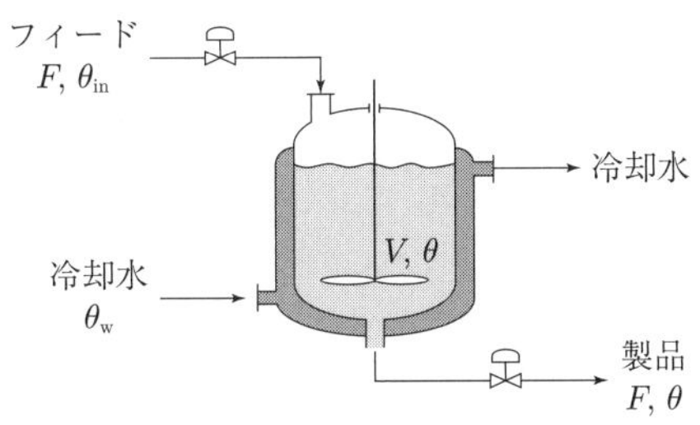

図 9.1 連続撹拌槽型反応器(CSTR)

では，これらバルブの開度や冷却システムの温度は，具体的にどのような情報に基づき，どのようなロジックで決めればよいであろうか。プロセス制御は，このような問題を体系的に取り扱う分野である。

9.1.1 フィードフォワード制御

図9.1のCSTRにおいて，フィード流量を目標流量に調整する方法について考える。ひとつの方法として，流体力学計算などを用いてバルブ開度を計算し，その値にバルブ開度を設定することが考えられる。目標流量を F_{R} [m^3·s^{-1}]，バルブ上流側(1次側)の圧力を P_1 [Pa]，反応器側(2次側)の圧力をP_2 [Pa]，流体の密度を ρ [kg·m^{-3}] とすれば，

$$F_{\mathrm{R}} = C_{\mathrm{v}}(u)\sqrt{\frac{P_1 - P_2}{\rho}} \tag{9.1}$$

の関係を用いてバルブ開度 u [%] が決定できる。ただし，$C_{\mathrm{v}}(u)$ はバルブ容量係数であり，バルブ開度 u に関して流量特性を与える既知の関数である(章末問題9.1を参照)。

このように，操作する変数の値を目的に応じてあらかじめ決定しておいて利用する制御方法を**フィードフォワード制御**(feed foward control)という。この方法の弱点は，1次側あるいは2次側の圧力が変化したり，周囲温度が変化して流体の粘度が変わったりするなど前提としていた運転条件・環境が変化した場合，誤差が生じてしまうことである。

9.1.2 フィードバック制御

流量制御をより確実に行う方法として，流量計を設置し，その測定値を見ながら流量が目標とする値になるようにバルブを動かすことが考えられる。このような制御方法を**フィードバック制御**(feedback control)という。何らかの操作を行い，その結果に基づいてさらに操作の修正を繰り返す方法である。この一連の操作を人手で行うのが**手動制御**であり，人の労力を削減するため機械で実現するのが**自動制御**である。

図9.2は，基本的なフィードバック制御系の構成を示したものである。制御したい変数(**制御変数**(controlled variable))をセンサーで観測し，**制御器**で制御変数と**目標値**を比べて，この2つの変数の差(**制御偏差**)を0とするように**操作変数**(manipulated varia-

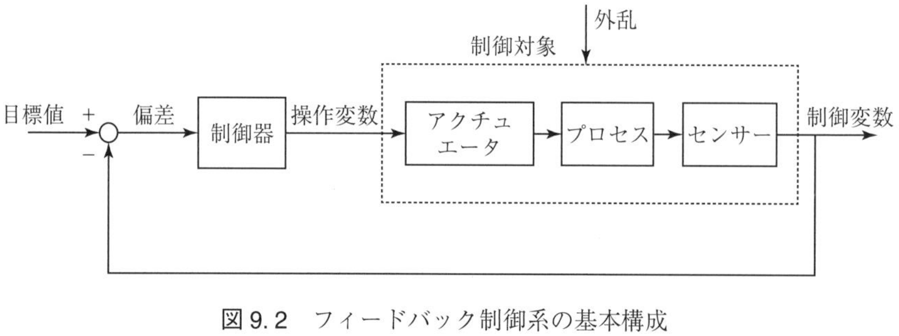

図9.2　フィードバック制御系の基本構成

ble)の値を決定して出力し，アクチュエータを駆動する。アクチュエータとは，操作変数を実際の動作としてプラントに反映させる装置のことで，化学プラントではバルブであることが多い。操作変数以外にプロセスに影響を及ぼし，制御変数の値を変化させる変数を**外乱**(disturbance)とよぶ。

化学プラントを適切に運転するのに必要とされる基本的な制御変数は，流量(Flow)・温度(Temperature)・液面(Level)・圧力(Pressure)の4種類である。このような制御系の構成図のことを**ブロック線図**とよぶ。

以下，フィードバック制御系における制御器の設計について考えていく。

9.2 プロセスの動特性

フィードバック制御系の設計においてまず考えなければならないことは，制御する対象の特性，特に**動特性**を考慮することである。動特性とは，動きが速いであるとか，応答が振動的であるなど，制御対象が時間的に変化する際の特徴のことである。制御対象の動きが遅いにもかかわらず過剰な操作をすれば，操作の効果が現れるまえに次の修正操作を行うこととなり，優れた制御性能は期待できない。制御対象の動きが速いにもかかわらず，ゆっくりとした操作しかできなければ，満足のいく性能は達成できない。

本節では，フィードバック制御系の設計について具体的にみていくまえに，制御対象の動特性について考える。

9.2.1 1次遅れ系

図9.1に示したCSTRにおいて，簡単のため反応は考慮せず，ジャケットとの熱交換のみが行われるものとする。すなわち，タンクには流体が流量 F [m^3·s^{-1}]，温度 θ_{in} [K] で流入し，タンク内に滞留するあいだに温度 θ_{w} [K] のジャケット内の冷却水と熱交換した後，温度 θ [K] で流出する。流量バランスが成り立っており，流出流量は F に等しく，またタンク内の流体の体積 V [m^3] は一定であるとする。流体の密度 ρ [kg·m^{-3}]，比熱 C_{p} [J·kg^{-1}·K^{-1}] は温度に依存せず一定とする。また，ジャケット内で冷却水温度は一様であるとし，タンク内流体とジャケットのあいだの熱交換に関して，総括伝熱係数を UA [J·K^{-1}·s^{-1}] とする。タンク内の流体のエネルギーバランスより，次の微分方程式が導ける：

$$\rho C_{\mathrm{p}} V \frac{\mathrm{d}\theta}{\mathrm{d}t} = \rho C_{\mathrm{p}} F (\theta_{\mathrm{in}} - \theta) + UA (\theta_{\mathrm{w}} - \theta) \tag{9.2}$$

左辺はタンク内の流体のエンタルピーの時間変化，右辺第1項は流体の出入りによるエンタルピーの増減，第2項はジャケットとの熱交換である。(9.2)式を変形すると次が得られる：

$$\frac{\mathrm{d}\theta}{\mathrm{d}t} = -\frac{1}{T}\theta + \frac{\alpha}{T}\theta_{\mathrm{w}} + \frac{1-\alpha}{T}\theta_{\mathrm{in}} \tag{9.3}$$

ただし，次の変数を定義した：

$$T_F = \frac{V}{F}, \quad T_\theta = \frac{\rho C_{\mathrm{p}} V}{UA}, \quad T = \frac{T_F T_\theta}{T_F + T_\theta}, \quad \alpha = \frac{T_F}{T_F + T_\theta} \tag{9.4}$$

例題 9.1　(9.3)式において，流入温度 $\theta_{\mathrm{in}}=\theta_{\mathrm{in}}^*$，ジャケット温度 $\theta_{\mathrm{w}}=\theta_{\mathrm{w}}^*$ であるとき，十分に時間が経ってプロセスが平衡状態に達したときのタンク内の流体温度 θ^* を求めよ。

【解】　十分に時間が経ってプロセスが平衡状態に達し，変数の時間変化がなくなった状態のことを**定常状態**という。定常状態は，プロセスの動特性を表現する微分方程式において，時間微分項を0とおくことによって得られる。(9.3)式で $\mathrm{d}\theta/\mathrm{d}t=0$ とおくと，

$$\theta^*=\alpha\theta_{\mathrm{w}}^*+(1-\alpha)\theta_{\mathrm{in}}^* \tag{9.5}$$

が得られる。

(9.5)式は，ジャケット温度および流入温度とタンク内温度との定常的な関係，すなわち**定常特性**を示す式である。この式から，ジャケット温度および流入温度が単位量だけ増加したとき，タンク内温度がどれだけ上がるかという定量的な関係が得られる。この値は**定常ゲイン**とよばれる。この例では，タンク内温度のジャケット温度に対する定常ゲインは α，流入温度に対する定常ゲインは $1-\alpha$ である。

ここで，プロセス変数 $\theta, \theta_{\mathrm{w}}, \theta_{\mathrm{in}}$ の定常状態からの偏差変数をそれぞれ次のように定義する：

$$\Delta\theta=\theta-\theta^*, \qquad \Delta\theta_{\mathrm{w}}=\theta_{\mathrm{w}}-\theta_{\mathrm{w}}^*, \qquad \Delta\theta_{\mathrm{in}}=\theta_{\mathrm{in}}-\theta_{\mathrm{in}}^* \tag{9.6}$$

偏差変数 $\Delta\theta, \Delta\theta_{\mathrm{w}}, \Delta\theta_{\mathrm{in}}$ も(9.3)式と同様の微分方程式を満たすことに注意されたい：

$$\frac{\mathrm{d}\Delta\theta}{\mathrm{d}t}=-\frac{1}{T}\Delta\theta+\frac{\alpha}{T}\Delta\theta_{\mathrm{w}}+\frac{1-\alpha}{T}\Delta\theta_{\mathrm{in}} \tag{9.7}$$

例題 9.2　(9.3)式が平衡にある状態から，ジャケット温度を Δ_{w} だけ素早く(ステップ状に)変化させたときのタンク内温度の時間変化 $\Delta\theta(t)$ を求め，プロットせよ。同様に，流入温度が Δ_{in} だけ急激に変化したときのタンク内温度の時間変化を求め，プロットせよ。

【解】　操作変数あるいは外乱変数がステップ状に変化した場合のプロセスの応答を**ステップ応答**といい，プロセスの動特性を簡便に評価するのに用いられる。ジャケット温度に対するステップ応答は次の手順で計算できる。

$\Delta\theta_{\mathrm{in}}=0$ として(9.7)式の定常状態を求めると，$\Delta\theta(\infty)=\alpha\Delta_{\mathrm{w}}$ となる。$x=\Delta\theta-\Delta\theta(\infty)$ とおいて(9.7)式に代入すると，次式を得る：

$$\frac{\mathrm{d}x}{\mathrm{d}t}=-\frac{1}{T}x, \qquad x(0)=-\alpha\Delta_{\mathrm{w}} \tag{9.8}$$

上式は1階の常微分方程式の標準的な形であるから変数分離法で容易に解けて，変数をもとにもどすと次式を得る：

$$\Delta\theta(t)=\alpha\Delta_{\mathrm{w}}\left\{1-\exp\left(-\frac{t}{T}\right)\right\} \tag{9.9}$$

ジャケット温度 Δ_{in} に対するステップ応答も同様に求めることができる：

$$\Delta\theta(t)=(1-\alpha)\Delta_{\mathrm{in}}\left\{1-\exp\left(-\frac{t}{T}\right)\right\} \tag{9.10}$$

応答波形を図 9.3 に示す。

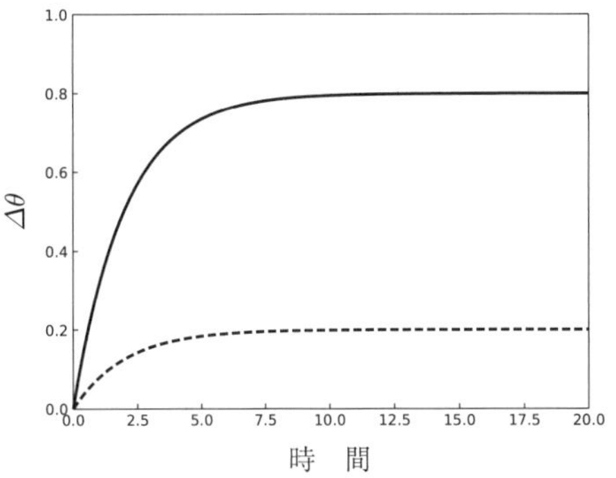

図 9.3　タンク内温度のステップ応答。実線：ジャケット温度変化に対する応答，破線：流入温度変化に対する応答。ただし，$T=2,\ \alpha=0.8,\ \Delta_{\mathrm{w}}=\Delta_{\mathrm{in}}=1.$

プロセスの時間的な応答が(9.3)式または(9.7)式のような1階の線形微分方程式で表現できるような系を**1次遅れ系**とよぶ。この場合，応答の速さの指標として**時定数**が用いられることが多い。時定数とは，時間応答(9.9)式の指数関数部分 $\exp(-t/T)$ の指数において時間 t にかかる係数の逆数の正値，あるいは(9.7)式の変数 $\Delta\theta$ の係数の逆数の正値であり，この場合 T である。ステップ応答波形において，応答が開始してから，最終的な応答の増分の約63％（$\approx 1-\exp(-1)$）の変化が生じるまでの時間に等しい。

9.2.2　高次遅れ系，無駄時間＋1次遅れ系

前の例では，ジャケット温度 θ_{w} が直接設定できるとしていたが，現実的に考えて，温度 θ_{w} の冷却水をつくるのに熱交換器など追加のプロセスが存在するとすれば，ジャケット温度を変更しようと試みてから実際に温度が変化するまで若干の遅れが生じるであろう。すなわち，ジャケット温度の設定値 $\bar{\theta}_{\mathrm{w}}$ と実際のジャケット温度 θ_{w} のあいだに1次遅れの関係があると仮定する：

$$\frac{\mathrm{d}\theta_{\mathrm{w}}}{\mathrm{d}t} = -\frac{1}{T_{\mathrm{w}}}(\theta_{\mathrm{w}} - \bar{\theta}_{\mathrm{w}}) \qquad (9.11)$$

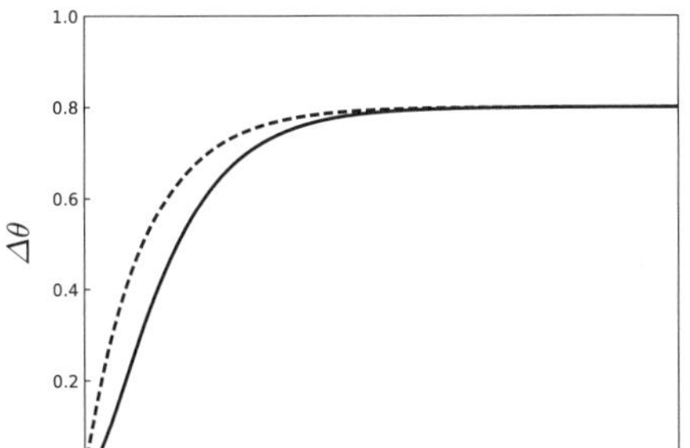

図 9.4　高次遅れ系(実線)と1次遅れ系(破線)の比較

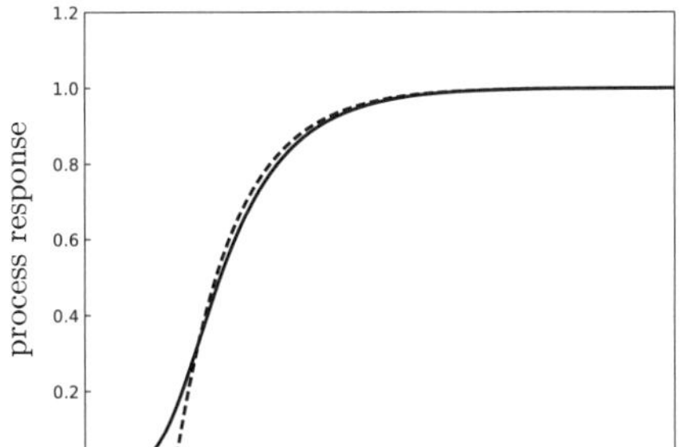

図 9.5　無駄時間＋1次遅れ系(実線：高次遅れ系，破線：1次遅れ系)

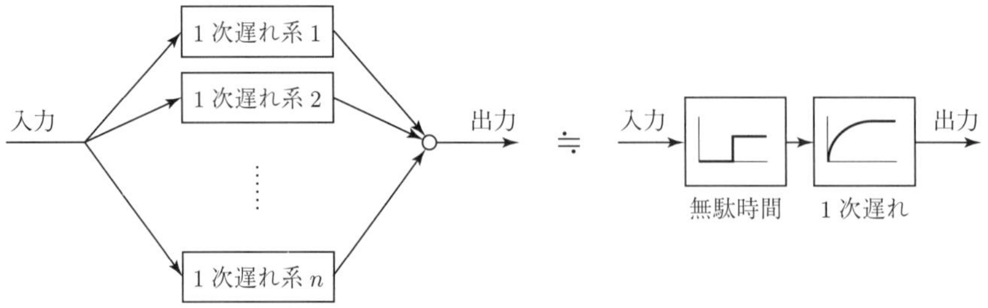

図 9.6　高次遅れ系の「無駄時間＋1 次遅れ」による近似

ジャケット温度設定値 $\bar{\theta}_{\mathrm{w}}$ をステップ状に変化させた場合のタンク内温度の応答を図 9.4 に示す($T_{\mathrm{w}}=1$)。(9.3)式と(9.11)式を連立させ，2 階の線形微分方程式を解いたものである。例題 9.2 で求めた図 9.3 と比べて，立ち上がりに追加で遅れが現れていることがわかる。この例のように 1 次遅れが複数組み合わさるなどして，動特性が高階の微分方程式で表現されるプロセスのことを**高次遅れ系**という。

これまでの例では，タンク内の温度は十分な撹拌により空間的にいたるところで一定であると仮定したが，現実的な撹拌で温度がタンク内で一様となるのに時間を要する場合など，プロセスは時定数の短い 1 次遅れ系が多数組み合わさった高次遅れ系として近似できる。このようなプロセスのステップ応答は図 9.5 の実線で示した応答と類似したものになる。すなわち，入力があってからしばらく応答がみられない**無駄時間**(dead time)があり，その後，1 次遅れ系の応答を示すような応答(図 9.5 の破線)で近似できる。このような応答を**無駄時間＋1 次遅れ系**という。化学プロセスでは，その応答が無駄時間＋1 次遅れで近似できるものが多い(図 9.6)。後述のように，無駄時間はフィードバック制御に対して悪影響を及ぼす。

1 次遅れ系以外の応答例として，無定位系・振動系・逆応答のある系のステップ応答をそれぞれ図 9.7 に示す。**無定位系**とは，タンクに液体を定流量で導入したときの液位の応答のように，ステップ応答が一定値に落ち着くことがなく一定速度で増え続けるような系のことである。振動系は，電気・機械分野ではよくみられる系であるが，化学プラントでは，化学反応器・フィードバック制御が施されたプロセスなどでみることがで

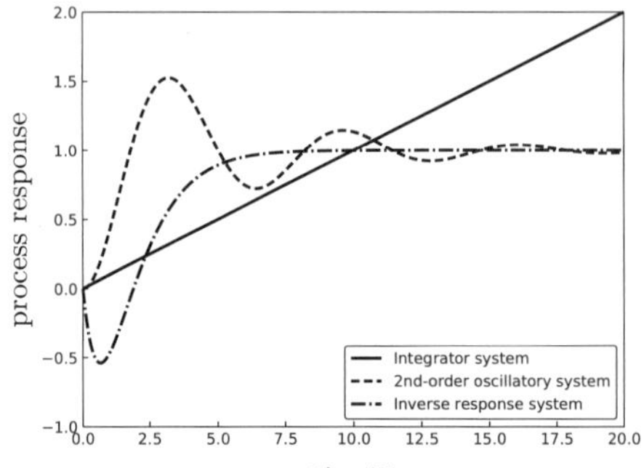

図 9.7　さまざまなプロセスの応答：無定位系，振動系，逆応答のある系

きる。**逆応答**を有する系とは，初期の応答の方向が最終的な応答の方向とは逆である系であり，フィードバック制御を行う際，特に注意を有するプロセスである。例えば，ボイラーの水位を給水流量で制御しようとする系が代表例としてあげられる。

9.3　フィードバック制御系の設計

(9.7)式で表されるタンクシステムにおいて，タンク内の温度 θ を制御変数とし，ジャケット温度 θ_{W} を操作変数として用いて，タンク内温度をある目標温度 θ_{R} に一致させることを考える。また，流入温度 θ_{in} は外乱変数とし，外乱変数が変化した場合でもタンク内温度を目標温度に一致させることを考える。

9.3.1　比 例 制 御

最も簡単な制御方法として，ジャケット温度を制御偏差 $\theta_{\mathrm{R}}-\theta$ に比例して決定することを考える。すなわち，

$$\Delta\theta_{\mathrm{W}}=K_{\mathrm{p}}(\theta_{\mathrm{R}}-\theta) \tag{9.12}$$

ここに K_{p} は，**比例ゲイン**とよばれる制御パラメータである。このような制御方法は**比例制御**とよばれる。比例(Proportional)の英語の頭文字を用いて **P 制御**とよばれることも多い。(9.12)式を(9.7)式に代入すると

$$\frac{\mathrm{d}\Delta\theta}{\mathrm{d}t}=-\frac{1+\alpha K_{\mathrm{p}}}{T}\Delta\theta+\frac{\alpha K_{\mathrm{p}}}{T}\Delta\theta_{\mathrm{R}}+\frac{1-\alpha}{T}\Delta\theta_{\mathrm{in}} \tag{9.13}$$

が得られる。ただし，

$$\Delta\theta_{\mathrm{R}}=\theta_{\mathrm{R}}-\theta^{*} \tag{9.14}$$

である。

例題 9.3　目標温度 $\Delta\theta_{\mathrm{R}}$ をステップ状に変化させた場合のタンク内温度の応答をさまざまな比例ゲインに対して比較せよ。同様に，外乱 $\Delta\theta_{\mathrm{in}}$ がステップ状に変化した場合のタンク内温度の応答をさまざまな比例ゲインについて比較せよ。さらに，時間が十分経った後の制御偏差，すなわち**定常偏差**はどのような値になるか。

【解】　(9.13)式の1階の微分方程式をさまざま比例ゲイン K_{p} の値に対して解いた結

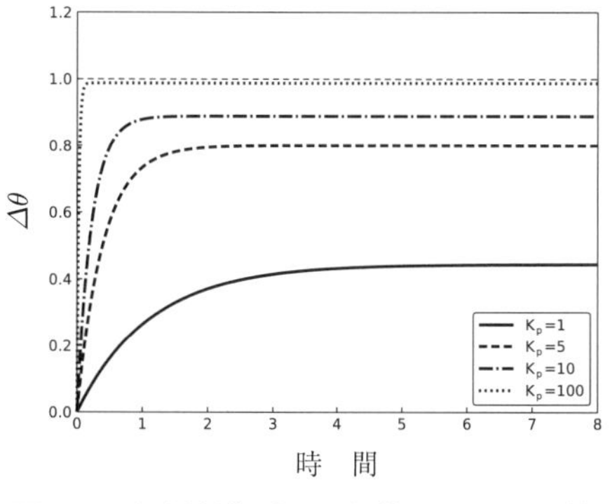

図 9.8　比例制御系の目標値ステップ応答

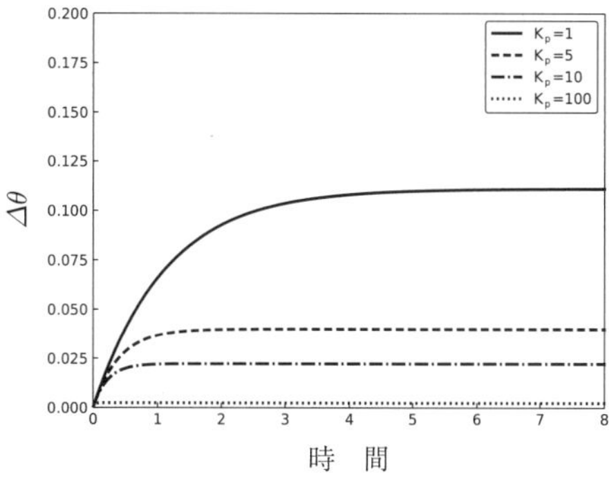

図 9.9　比例制御系の外乱ステップ応答

果を図9.8および図9.9に示す。

定常偏差は，時間微分項を0とおいて次式で表される：

$$\Delta\theta_{\mathrm{R}}-\Delta\theta(\infty)=-\frac{1}{1+\alpha K_{\mathrm{p}}}\Delta\theta_{\mathrm{R}}-\frac{1-\alpha}{1+\alpha K_{\mathrm{p}}}\Delta\theta_{\mathrm{in}} \tag{9.15}$$

図9.8と図9.9，および(9.15)式から，比例制御系では定常偏差が生じること($\Delta\theta_{\mathrm{R}}-\Delta\theta(\infty)\neq 0$)がわかる。また，比例ゲイン$K_{\mathrm{p}}$を大きくしていくと，定常偏差が小さくなり，同時に応答も速くなることがわかる。(9.13)式から，比例制御された系の時定数は$T/(1+\alpha K_{\mathrm{p}})$となり，時定数が短くなっていることがわかる($\alpha, K_{\mathrm{p}}>0$)。

それでは，比例ゲインを大きくしていけば応答も速くなるし，定常偏差も小さくなるので，比例ゲインを無限大まで大きくすればよいように思われるかもしれない。しかし，現実のプロセスは(9.3)，(9.11)式で表されるような高次遅れ系となるが，高次遅れ系で比例ゲインを大きくしていくと，遅れによる安定性が問題となってくる。図9.10は(9.3)，(9.11)式で表されるプロセスに対して，比例制御を施した場合の目標値ステップ応答を示したものである。定常偏差を小さくしようとして比例ゲインを増大させると，応答が振動的になっていくことがわかる。さらに大きな遅れをもつ系では，最悪の場合，振動が発散し運転が不能になってしまうこともある。

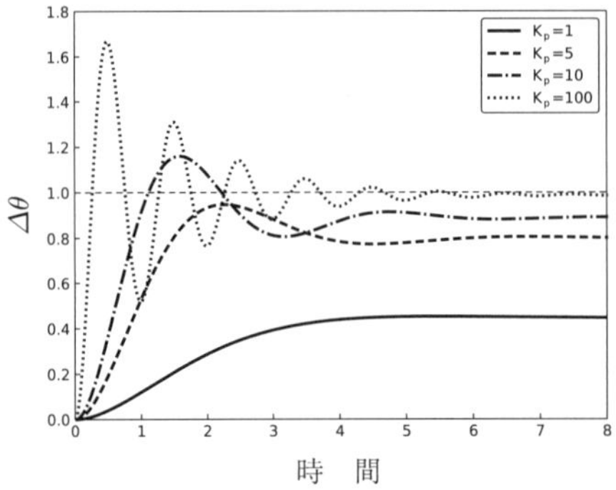

図9.10　比例制御された高次遅れ系の応答

9.3.2　比例・積分制御

比例制御では，定常偏差が残り，定常偏差と安定性のあいだにトレードオフが存在することがわかった。そこで，偏差を積分して利用する制御方法を考える。操作量$\bar{\theta}_{\mathrm{w}}$を次式で決定する：

$$\begin{aligned}
e&=\theta_{\mathrm{R}}-\theta\\
\Delta\bar{\theta}_{\mathrm{w}}&=K_{\mathrm{p}}(e+\zeta)\\
\frac{\mathrm{d}\zeta}{\mathrm{d}t}&=\frac{1}{T_{\mathrm{I}}}(\theta_{\mathrm{R}}-\theta)
\end{aligned} \tag{9.16}$$

ここに，T_{I}は**積分時間**とよばれる制御パラメータ，ζは積分変数である。このような制御系を**比例・積分制御**という。比例(Proportional)と積分(Integral)の英語の頭文字をとって**PI制御**とよばれることが多い。

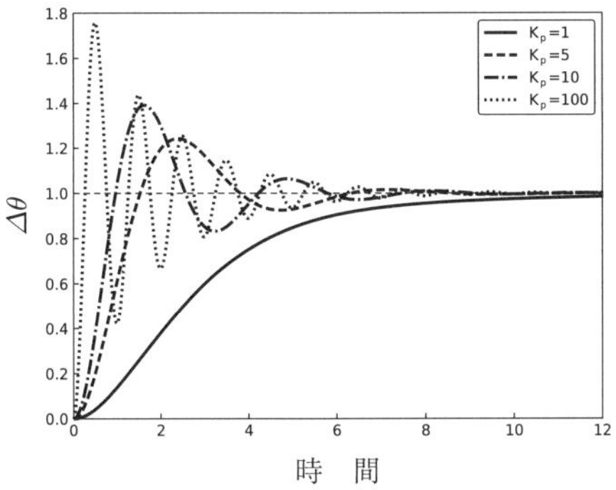

図 9.11　PI 制御系の目標値ステップ応答 ($T_I=2.5$)

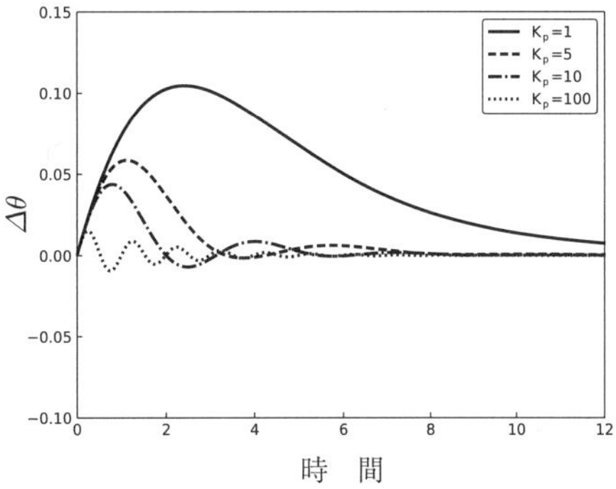

図 9.12　PI 制御系の外乱ステップ応答 ($T_I=2.5$)

(9.3), (9.11), (9.16)式からなる PI 制御系の目標値および外乱に対するステップ応答をそれぞれ図 9.11, 9.12 に示す。ただし，$T_I=2.5$ とし，比例ゲイン K_p をさまざまに変化させた。図 9.10 の場合と同様，比例ゲインを大きくしていくと応答は振動的になるが，比例ゲインの大きさにかかわらず定常偏差が 0 にできるので，比例ゲインを過剰に大きな値にする必要がない。したがって，定常偏差のことは気にせずに応答の速さ・安定性を制御パラメータにより調整できる。

定常偏差が 0 となる理由は，(9.16)式の定常状態を考えた場合，時間微分項が 0 となるのは $\theta_R-\theta=0$ のときであるからである。別の見方をすれば，定常偏差が 0 となるまで制御器は操作量を変化させて「頑張る」からにほかならない。したがって，PI 制御で目標値を与える場合，目標値が達成可能でなければならないことに注意しなければならない。例えば，常圧で水をヒーターで加熱するときに，100 ℃より高い温度目標値を与えても実現できない。何の対策もとらなければ，PI 制御系はヒーターの出力を際限なく上げ続けてしまうことになる。

9.3.3　比例・積分・微分制御

制御偏差を微分して用いることもできる。比例・積分と同時に用いて，

$$e=\theta_R-\theta$$
$$\Delta\bar{\theta}_W=K_P\left(e+\int\frac{e}{T_I}\,dt+T_D\frac{de}{dt}\right) \tag{9.17}$$

により操作量を決定する。ただし，T_D は**微分時間**とよばれる制御パラメータである。微分の役割は，速応性・安定性の改善である。

比例(Proportional)・積分(Integral)・微分(Derivative)を用いる制御方法は，制御要素それぞれの英語の頭文字をとって **PID 制御**とよばれ，産業界で古くから最もよく用いられている制御手法である。DCS (Distributed Control System：分散型制御システム)や PLC (Programmable Logic Controller)などの制御用コンピュータには，PID 制御が標準機能として組み込まれているのが一般的である。

制御性能をさらに向上させるために，PID 制御以外にもさまざまな制御手法が提案

されている。それらを利用しようとする際には，制御性の向上で得られる利益・実装に必要な労力・メンテナンス性など，PID 制御と慎重に比較することが必要となる。

9.3.4　PID 制御のチューニング

PID 制御に適切な性能を発揮させるには，比例ゲイン K_{p}，積分時間 T_{I}，微分時間 T_{D} を対象プロセスの特性にあわせて適切に設定する必要がある。PI 制御の場合，調整が必要なパラメータは高々 2 個であるため，そのチューニングは現場で応答を見ながら試行錯誤で行われることも多いが，けっして簡単な作業ではない。多くの化学プラントで，数多くの制御ループが必ずしも適切にチューニングされていないのが現実である。制御ループが少々振動的であっても運転は可能であるため放置されていることもあるが，後述の最適化制御などを用いてより経済的な運転を実現させようとする場合，PID 制御が適切にチューニングされて，プラント運転が安定していることがその基盤として不可欠となる。

PID 制御のパラメータチューニング法は，非常に数多くのものが提案されているが，ここでは歴史的に有名なジグラー・ニコルス(Ziegler-Nichols)法，および適用が容易で化学プラントの現場で現在広く用いられている IMC 法を紹介する。これらの方法では，制御対象の動特性(少なくともステップ応答波形)を知ったうえで，チューニングを行うことに留意されたい。なお，化学プラントでは，微分を用いない PI 制御を用いることが多いため，ここでは PI 制御のチューニングに限定して紹介する。また，制御対象も化学プラントで最も一般的な無駄時間＋1 次遅れ系に限定する。

○ジグラー・ニコルスのステップ応答法　まず，操作変数をステップ状に動かして対象プロセスのステップ応答を記録し，時定数 T，無駄時間 L，定常ゲイン K を求める。この求め方として図 9.13 の方法に従えばよい。実験的に求めた T, L, K に基づき，次式で PI 制御パラメータを決定する：

$$T_{\mathrm{I}} = 3.3L$$

$$K_{\mathrm{p}} = \frac{0.9T}{KL} \tag{9.18}$$

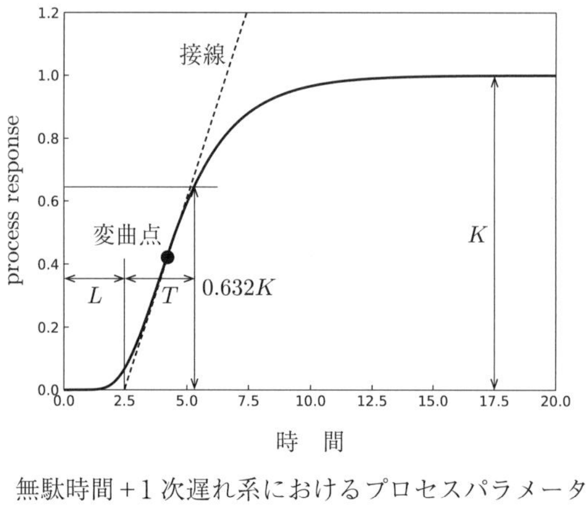

図 9.13　無駄時間＋1 次遅れ系におけるプロセスパラメータの決定

この方法では，対象プロセスのモデルパラメータ T, L, K により，制御パラメータが一意に決定される。無駄時間 L が小さい場合，著しく強いチューニングとなるので注意が必要である。

○ IMC チューニング法　IMC は，Internal Model Control（内部モデル制御）とよばれる汎用的な制御手法の略で，IMC チューニング法は IMC の考え方に基づいた PI 制御パラメータの決定方法である。応答の安定性に優れ，化学プラントの現場で最も広く用いられている手法の一つである。制御対象が無駄時間 L，時定数 T，定常ゲイン K の無駄時間＋1 次遅れ系に対して，PI 制御パラメータを次で決定する：

$$T_{\mathrm{I}} = T + \frac{L}{2}$$

$$K_{\mathrm{p}} = \frac{1}{\lambda K} \tag{9.19}$$

ここに，パラメータ λ は応答の速さを調整するパラメータであり，制御されたプロセスの時定数が近似的に λT となる。制御をしない場合より応答を速くしたい場合には，$\lambda < 1$ に設定する。

IMC 法では，積分時間を対象プロセスの無駄時間と時定数から一意に決定し，応答の速さを比例ゲインで調整する。調整するパラメータが 1 つだけとなるのでチューニングがより簡単になる。$\lambda = 1$ 程度からはじめて，λ を小さくしていき，応答が振動的になってきたら，その少し手前でチューニングを終えるといった手順をとることができる。

9.3.5　PID 制御の実装

現在，PID 制御はコンピュータを用いてデジタル化された形で実装されることがほとんどである。サンプル時刻 i における制御変数の値を $y(i)$，目標値を $r(i)$，操作変数値を $u(i)$，制御周期を Δt（数 ms～，対象の応答の速さによって決定される）とすると，PID 制御は次式で実装される：

$$e(i) = r(i) - y(i)$$

$$z(i) = z(i-1) + e(i)\frac{\Delta t}{T_{\mathrm{I}}} \tag{9.20}$$

$$u(i) = K_{\mathrm{p}}\left\{e(i) + z(i) + T_{\mathrm{D}}\frac{y(i) - y(i-1)}{\Delta t}\right\}$$

プロセス制御の現場では，プラントの運転をスムーズに行うためにさまざまな工夫がなされている。例えば，制御器の投入時や目標値の変更があった場合に，操作量に急激な変化が生じないように操作量の現在値からの増分を計算する方法などがある：

$$\begin{aligned}\Delta u(i) &= u(i) - u(i-1)\\ &= K_{\mathrm{p}}\Big\{(y(i) - y(i-1)) + (z(i) - z(i-1))\\ &\qquad + T_{\mathrm{D}}\frac{y(i) - 2y(i-1) + y(i-2)}{\Delta t}\Big\}\end{aligned} \tag{9.21}$$

9.4　アドバンスト制御・オンライン最適化

前節で紹介したPID制御に加えて，制御性能をさらに向上させるために，さまざまな工夫がなされている。これらはまとめて**アドバンスト制御**とよばれているが，ここではそのなかのいくつかを紹介する。また，コンピュータの計算能力の発展にともない，プラントの運転が常に経済的に最適になるように，制御周期ごとに最適化問題を解いて操作変数を決定するオンライン最適化が広く用いられるようになっている。

9.4.1　フィードフォワード＋フィードバック制御

PID制御の性能を向上させるために，フィードフォワードを併用する方法がある。図9.14は，外乱がプロセスへ与える影響を打ち消すために外乱を計測し，その計測値に基づいて操作変数値をPID制御による操作に加える制御方法のブロック線図である。これまで議論してきたタンクの温度制御系の例では，流入する流体の温度θ_{in}を計測し，この外乱によるタンク温度への影響を打ち消すような操作量を(9.5)式の定常特性に基づいて，

$$\varDelta\theta_{\mathrm{w}} = \frac{\alpha - 1}{\alpha}\varDelta\theta_{\mathrm{in}} \tag{9.22}$$

として求め，PID制御で計算された操作量に足し込むことが考えられる。

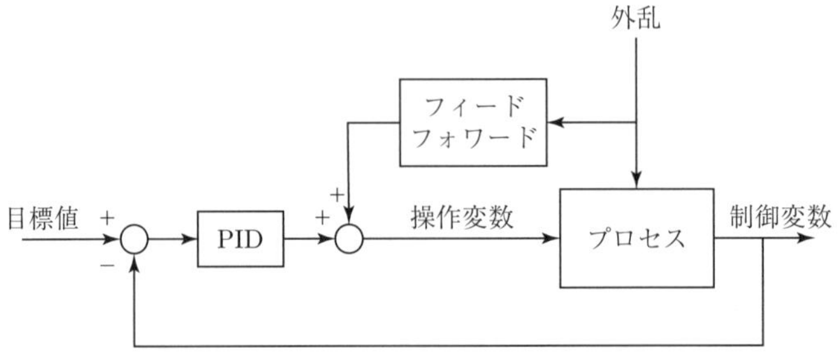

図9.14　PID制御とフィードフォワード制御の併用

フィードバック制御に積分要素があれば，ステップ状の外乱があっても定常偏差は解消することができるが，(9.22)式のようなフィードフォワードを併用すれば，より速やかに外乱の影響を除去することが可能となる。

フィードフォワード制御は外乱の除去だけでなく，目標値応答性能の向上にも用いることができる。連続生産式のプロセスでは，PID制御への目標値は一定であることが多いが，バッチ生産式のプロセスでは，温度などの製造条件をあらかじめ規定したプロファイルに沿って時間的に変化させることがよく行われる。目標値の変化速度に基づいて操作変数値を変化させるなど，フィードフォワード制御は，時間的に変化する目標値に制御変数を追従させる目的などに有効である。

9.4.2　多変数系の制御

図 9.15 は，蒸留塔のプロセスフローである。このプロセスにはバルブが 6 個示されているが，これら各々をアクチュエータとする PID 制御系が構成される。図中，FC は流量制御（Flow Control），TC は温度制御（Temperature Control），LC は液面制御（Level Control），PC は圧力制御（Pressure Control）を示している。

個々のバルブと制御変数の組合せは必ずしも一意に決まるわけではない。例えば，缶出を流量制御として，塔底の液面はリボイラーの熱媒で制御することも考えられる。このような操作変数と制御変数のペアリングは，プロセスごとに化学工学の知識をもとに適切に決める必要がある。

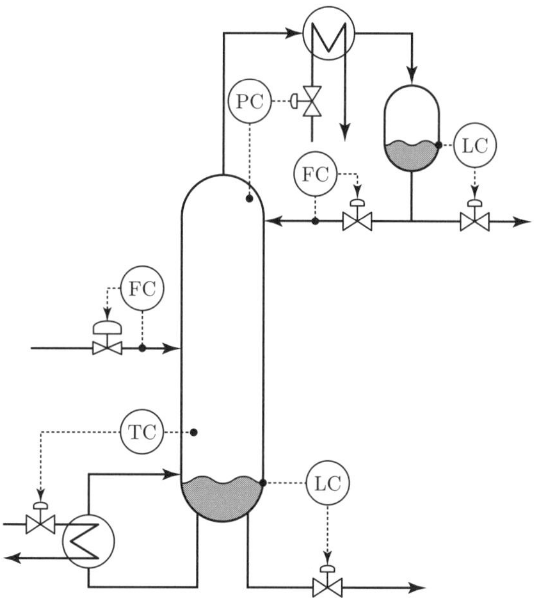

図 9. 15　蒸留塔の制御系

この例において，塔底リボイラーの熱媒流量を操作すると塔底温度と塔頂温度の両方に影響を与える。一方で，還流量を動かした場合にも，塔頂温度と塔底温度の両方に影響が及ぶ。このように，化学プロセスは，操作量-制御量の関係は 1 対 1 でなく，1 つの操作量は数多くの制御量に影響を与える（**干渉**のある）特性を呈するのが普通である。干渉が小さければ，これを無視して制御系を構成しても多くの場合 問題はないが（このような制御系の構成は**多重ループ**（multi-loop）とよばれる。図 9.16 を参照），干渉が著しく大きい場合，あるいは制御性能をもっと向上させたい場合は，これらの干渉を陽に考慮して制御系を構築することが考えられる（**多変数**（multi-variable）**制御**とよばれる）。

9.4.3　最適化制御

大規模な石油精製・石油化学プラントでは，**モデル予測制御**とよばれる多変数制御技術の適用が 1970 年代後半からはじまり，現在では全世界で標準的に用いられている。

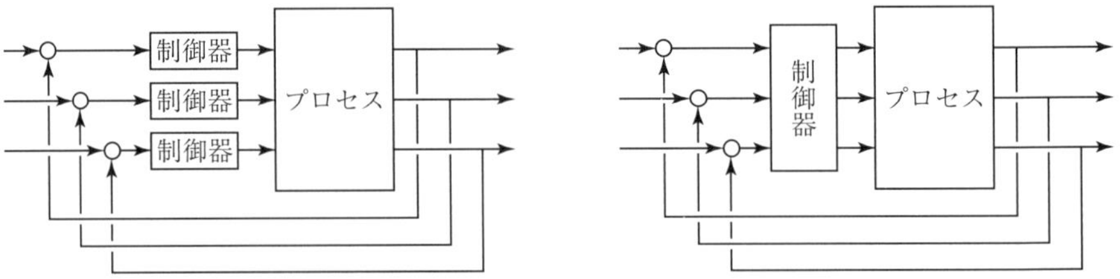

(a)　(b)

図 9.16　多重ループ制御系(a)と多変数制御系(b)

上述の変数間の干渉だけではなく，操作変数の上下限値なども考慮し，プロセスの動特性を表現した詳細なモデルを基礎として制御が行われる。多変数モデル予測制御は，蒸留塔など1つまたは複数のユニットをまとめて制御対象として，～数分に1回フィードバック制御を行う。通常，モデル予測制御の下位階層には多数の PID 制御が配置され，モデル予測制御が PID 制御の設定値を操作する形がとられる。さらに大きな単位，例えば工場全体を対象として，1時間に1回，1日に1回などの頻度で，工場全体での消費エネルギーの削減・運転コストの削減・生産量最大化・利益最大化などを実現する操業条件を求めて，各プラントに指令を出す**オンライン最適化**も実現されている。

図 9.17 は，化学プラントでよく用いられる制御システムの階層構造である。

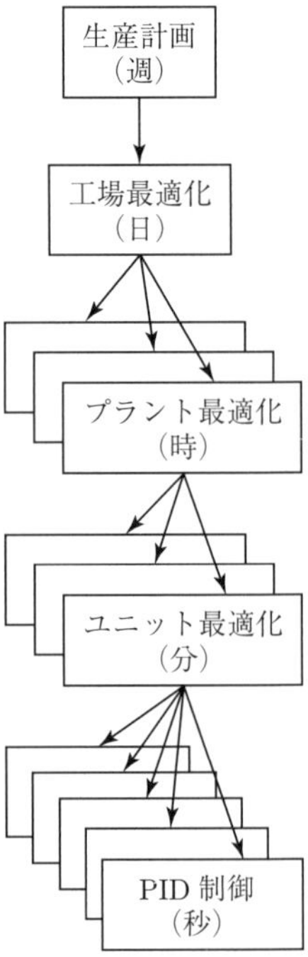

図 9.17　化学プラントで用いられる階層型制御システム

お わ り に

本章では，プロセス制御のごく基礎的な部分を取り扱ったにすぎない。直感的な理解を助けるために，線形の微分方程式の取り扱いにラプラス変換を用いなかった。そのため，「安定性」に関する議論など自動制御の分野できわめて重要な概念が十分に取り扱われていない。本章を学習の入口として，「古典制御理論」や「現代制御理論」の教科書を用いて，知識を深めてほしい。

章 末 問 題

9.1 化学プラントでアクチュエータとしてよく用いられるバルブについて，(9.1)式のバルブ容量係数の観点から，どのような種類があるかを調べよ。

9.2 (9.12)式は，1次遅れ系に対して比例制御を施した場合の動特性を示す微分方程式である。当然，$T, \alpha, K_{\mathrm{p}} > 0$ であるが，もし $K_{\mathrm{p}} < 0$ というパラメータを用いた場合の制御系の性質について考察せよ。

9.3 時定数が2分，無駄時間が1分，定常ゲインが1である無駄時間＋1次遅れ系に対してPI制御を施す。ジグラー・ニコルスのステップ応答法およびIMC法を用いて制御パラメータを求めよ。ただし，IMC法においてパラメータ $\lambda=1$ とせよ。

9.4 図9.18のタンクシステムにおいて，タンク内の液体の滞留量を一定に保つ制御系を設計したい。タンクへの流入流量は操作できず，時々刻々変化する(外乱)。流出流量はバルブと流量計を用いて流量制御を行う。タンクの流量バランスを成り立たせることを目的として，流入ラインに設置した流量計の測定値を流出流量制御の設定値として用いることにした。この制御システムの問題点を指摘せよ。また，流体の滞留量を一定に保つことができる制御系を設計せよ。

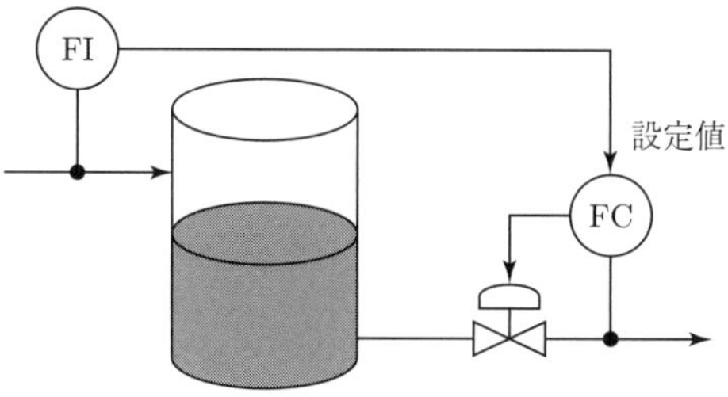

図9.18 タンクシステム

10

生物化学工学

生物化学工学(biochemical engineering)は，生化学反応を工業的に利用して有用物質を生産することを目的とする。生化学反応を産業規模で行わせるための，生産プラントの設計と最適な操作条件を決めることが必要となる。

10.1　生物化学工学とは？ プロセスの特徴

生物化学工学で扱う“もの”は**酵素**(enzyme)，**微生物**(microbe)，**動植物細胞**(animal and plant cell)レベルまで多岐にわたる。これらのうち，酵素は厳密にいえば生物ではないが，生体内に存在するタンパク質であり，生物と同様に温度やpH，基質の濃度などの影響を強く受けるため，本章で扱うことにする。

10.1.1　酵 素 反 応

酵素反応には最適な温度やpHがある。温度に関しては，熱変性を受けない範囲で温度が高いほど反応速度は大きくなる。酵素のイオン化状態はpHによって異なるため，最適なpHが存在する。通常の酵素は中性付近が最適であるが，なかには胃の中ではたらくペプシンのように最適pHが2付近の酵素もある。

酵素の反応速度式は，基本的には**ミカエリス・メンテンの式**(Michaelis-Menten equation)であり，酵素Eと基質Sが結合して酵素基質複合体ESを生成し，生成したESの大部分はまた分離してEとSにもどるが，生成したESの一部は分解して生成物Pを生じ，同時に酵素Eが再生する。代表的な反応は(10.1)式として表される。

$$\mathrm{E}+\mathrm{S} \underset{k_{-1}}{\overset{k_{+1}}{\rightleftarrows}} \mathrm{ES} \xrightarrow{k_2} \mathrm{E}+\mathrm{P} \tag{10.1}$$

ここで，k_{+1}, k_{-1}, k_2 はそれぞれ**反応速度定数**(reaction rate constant)である。このとき，Pの生成速度を求める酵素反応速度 v を求めるため，1次反応を仮定すると以下の式になる。

$$v=k_2 C_{\mathrm{ES}} \tag{10.2}$$

C_{ES} は活性中間体の濃度を示すパラメータであり，一般的には測定不能であるため，物質収支式により，実測可能なパラメータを用いて酵素反応速度式を記述できるように式を誘導する。まず，酵素の物質収支式を立てる。反応当初に投入した酵素濃度を C_{E0} とすると，酵素の物質収支式(10.3)が成立する。

$$C_{\mathrm{E0}} = C_{\mathrm{ES}} + C_{\mathrm{E}} \tag{10.3}$$

(10.3)式中の C_{E} は酵素の濃度であるが，これも一般的には測定が困難である。

さて，十分な時間を経て，定常状態近似ができる場合，活性中間体 ES の濃度変化は 0 とみなせるため，ES の物質収支式から以下の(10.4)式が成立する。ただし，C_{S} は基質の濃度である。

$$\frac{\mathrm{d}C_{\mathrm{ES}}}{\mathrm{d}t} = k_{+1}C_{\mathrm{E}}C_{\mathrm{S}} - k_{-1}C_{\mathrm{ES}} - k_2C_{\mathrm{ES}} = 0 \tag{10.4}$$

(10.3)式を $C_{\mathrm{E}} = C_{\mathrm{E0}} - C_{\mathrm{ES}}$ の形にして，(10.4)式に代入すると

$$C_{\mathrm{ES}} = \frac{C_{\mathrm{S}}C_{\mathrm{E0}}}{\dfrac{k_{-1}+k_2}{k_{+1}} + C_{\mathrm{S}}} \tag{10.5}$$

これを(10.2)式に代入すると，**ミカエリス・メンテンの式**である(10.6)式を得る。

$$v = \frac{k_2C_{\mathrm{S}}C_{\mathrm{E0}}}{\dfrac{k_{-1}+k_2}{k_{+1}} + C_{\mathrm{S}}} = \frac{V_{\mathrm{m}}C_{\mathrm{S}}}{K_{\mathrm{m}} + C_{\mathrm{S}}} \tag{10.6}$$

ただし，$V_{\mathrm{m}} = k_2C_{\mathrm{E0}}$ であり，これは理論的に最大となる酵素反応速度を意味する。つまり，V_{m} は仕込み酵素量に比例する。また，$K_{\mathrm{m}} = \dfrac{k_{-1}+k_2}{k_{+1}}$ となり，K_{m} は**ミカエリス定数**である。数学的には酵素反応速度が最大反応速度の 1/2，すなわち $r = V_{\mathrm{m}}/2$ のときの基質の濃度 C_{S} が K_{m} である。

例題 10.1 ミカエリス・メンテンの式に従う酵素反応において，基質濃度がミカエリス定数の 5 倍のときの酵素反応速度を求めよ。

【解】 (10.6)式の C_{S} に $5K_{\mathrm{m}}$ を代入すると，

$$v = \frac{V_{\mathrm{m}}(5K_{\mathrm{m}})}{K_{\mathrm{m}} + 5K_{\mathrm{m}}} = \frac{5}{6}V_{\mathrm{m}}$$

ミカエリス・メンテンの式に従う酵素の反応速度 v と基質濃度 C_{S} との関係を表す曲線を図 10.1 に示す。基質濃度 C_{S} が大きくなると，酵素反応速度 v は V_{m} に漸近していく。C_{S} が十分に小さい場合，(10.6)式の分母について，$K_{\mathrm{m}} \gg C_{\mathrm{S}}$ であることから，K_{m}

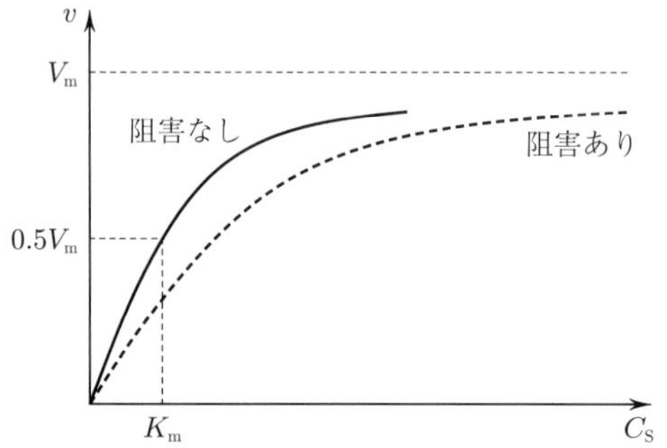

図 10.1 ミカエリス・メンテンの式に従う酵素の反応速度の基質濃度依存性

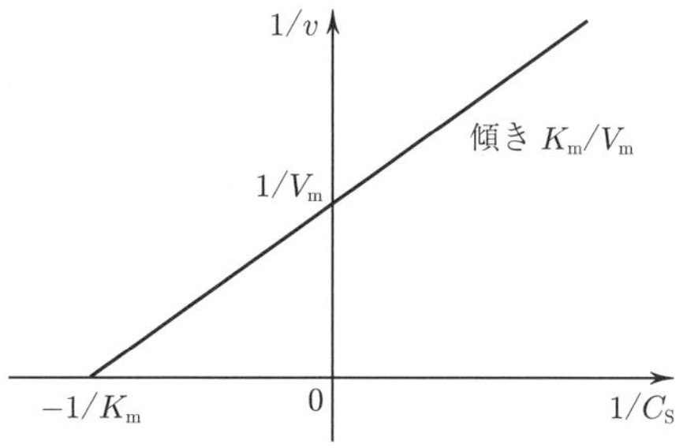

図 10.2　ラインウィーバー・バークプロット

$+C_S \fallingdotseq K_m$ となり，$v=(V_m/K_m)C_S$ となる。つまり，全体としては，基質濃度の増加に応じて 1 次反応から 0 次反応へと変遷していくことになる。

実験データの回帰計算により，K_m と V_m を求めるには，(10.6) 式の逆数をとった (10.7) 式を用いて線形回帰にすることが一般的であり，縦軸を $1/v$，横軸を $1/C_S$ としたプロットを**ラインウィーバー・バーク**(Lineweaver-Burk)**プロット**という。

$$\frac{1}{v}=\left(\frac{K_m}{V_m}\right)\left(\frac{1}{C_S}\right)+\frac{1}{V_m} \tag{10.7}$$

図 10.2 にラインウィーバー・バークプロットを示す。y 軸切片が $1/V_m$，x 軸切片が $-1/K_m$ となる 1 次関数で，傾きが K_m/V_m となる。この式は反応速度パラメータを求める際によく用いられる。

10.1.2　酵素の阻害と反応速度の変化

さて，酵素 E には**基質特異性**(substrate specificity) といって，特定の基質のみが選択的に反応できるような立体構造を有するが，基質 S と類似した構造をもつ阻害剤 I も酵素と結合することで，本来の基質 S との結合を阻害し，酵素反応速度を低下させる。反応式 (10.1) と競争的に以下の阻害剤 I と酵素 E との結合反応である (10.8) 式が起きる場合の酵素反応速度について考える。

$$\mathrm{E}+\mathrm{I} \underset{k_{-3}}{\overset{k_{+3}}{\rightleftarrows}} \mathrm{EI} \tag{10.8}$$

この場合も，酵素 E についての物質収支式と定常状態近似により，前述のやり方と同様に酵素反応速度式を導くことができる。詳細は省略するが，阻害剤の濃度を C_I とすると，反応速度 v は (10.9) 式のように表される。

$$v=\frac{V_m C_S}{K_m\left(1+\dfrac{C_I}{K_I}\right)+C_S} \tag{10.9}$$

ここで，K_I は阻害剤と酵素の結合の平衡定数であり，$K_I=k_{-3}/k_{+3}$ である。この場合の反応速度は，K_m が C_I/K_I 分だけ大きくなるため小さくなるが，最大反応速度 V_m は変化しない。なお，阻害にはここで述べた競争阻害の他に，阻害剤と酵素の結合体に基質が結合し遠回りであるが酵素反応が進行する非競争阻害や，酵素基質複合体に阻害剤が結合する不競争阻害があり，これらの阻害の場合，最大反応速度 V_m は変化するが，詳細は割愛する。

10.1.3　微生物反応

微生物とは，細菌，糸状菌や酵母などの菌類，ウイルス，藻類，原生動物を含む言葉であり，工業的にさまざまな微生物が使用されている(表 10.1)。なかでも醸造用の酵母を用いた**アルコール発酵**(alcohol fermentation)操作は研究例も多く，産業化されている代表的な微生物反応である。その一方で，微生物は非常に多くの成分から構成されており，生産活動以外にも生命の維持や増殖を行っていることから，化学反応と比較すると非常に複雑である。したがって，微生物反応を正確に把握するためには，微生物細胞内の成分およびそれらの反応すべてを網羅したうえでモデル化を行う必要があるが，未知の成分や反応が多いため現実的ではない。そこで，微生物をひとつのミクロな反応器と仮定する。この反応器に栄養源が入ると代謝反応が起こり，結果として微生物の増殖や維持，生産活動が起こると概念的に考えると定量的な把握が可能になる。

一般に，微生物を扱う際には**培養**(culture)とよばれる操作が必要であり，微生物に必要な栄養源を含み pH 調整などを実施した液体もしくは固体培地に微生物を供給し，生命活動が促される。微生物は増殖時に酸素を必要とする好気性，必要としない嫌気性に大別されるため，培養もその性質に応じて手法が必要となる。代表的な細菌の増殖特性を図 10.3 に示す。

表 10.1　微生物の種類(抜粋)

微 生 物		特　徴	例
ウイルス		RNA または DNA だけをもつ。他の生物の細胞に寄生して増殖する。	インフルエンザウイルス，水ぼうそうの病原体
細　菌		好気，嫌気，光環境などさまざまな条件下で成長，増殖ができる。	大腸菌，納豆菌など
菌類	酵母	発芽により増殖，胞子もつくる。好気，嫌気下で生育する。	パンや醸造用の酵母など
菌類	カビ	胞子，菌糸によって増殖する。	コウジカビ，アオカビなど
菌類	キノコ	菌糸を用いて，外部の有機物を取り入れて生長し，胞子をつくり繁殖を行う。	シイタケ，シメジなど
微細藻類		水圏に棲むものが多い。光合成を行い増殖する。	クロレラ，ユーグレナなど
原生動物		出芽，分裂などで増殖する。鞭毛，繊毛，アメーバ運動により移動する。	ゾウリムシ，アメーバなど

10.1.4　生物化学量論式

微生物が代謝し増殖するには，栄養源(化学物質，基質ともいう)を外部から摂取する必要がある。これらの物質を構成する元素はすべての生物間で共通とされており，多い順に，炭素(C)，水素(H)，酸素(O)，窒素(N)，リン(P)，硫黄(S)，その他元素(ミネラル，金属など)とされている。微生物の増殖は非常に複雑で関与するパラメータも多いため，ここでは構成成分で最も多い CHON に着目して生物反応を考えると，以下の

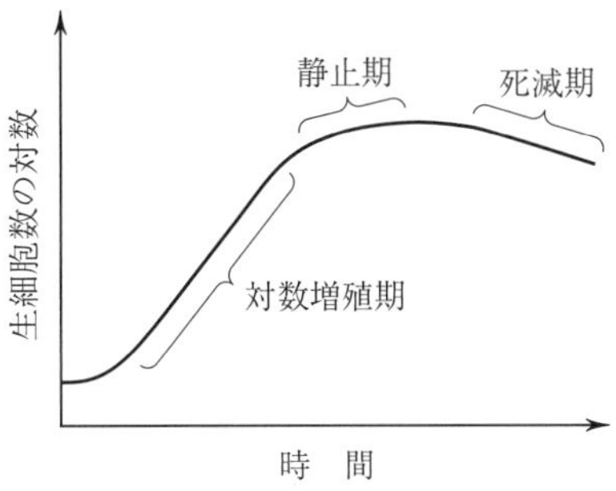

図 10.3　細菌培養の一般的な増殖曲線

式になる（**生物化学量論式**）。ただし嫌気反応の場合は，酸素は考慮しない。以下の式の未知数は m, n, x, y, z, p, q, r であり，a, b, c, d, e, f, g はそれぞれの物質の量論係数を示す。

炭素源　窒素源　酸素　生体　生産物　二酸化炭素　水

$$a\mathrm{CH}_m\mathrm{O}_n + b\mathrm{NH}_3 + c\mathrm{O}_2 \rightarrow d\mathrm{CH}_x\mathrm{O}_y\mathrm{N}_z + e\mathrm{CH}_p\mathrm{O}_q\mathrm{N}_r + f\mathrm{CO}_2 + g\mathrm{H}_2\mathrm{O}$$

例題 10.2　ある細菌を用いて乳酸発酵を行った結果，以下の式が得られた。この細菌の組成式を求めよ。

$$100\mathrm{C}_6\mathrm{H}_{12}\mathrm{O}_6 + 10\mathrm{NH}_3$$

$$\rightarrow 30\mathrm{C}_m\mathrm{H}_n\mathrm{O}_x\mathrm{N}_y + 30(\mathrm{CH}_3\mathrm{CH(OH)COOH}) + 30\mathrm{C}_2\mathrm{H}_5\mathrm{OH} + 5\mathrm{H}_2\mathrm{O} + 100\mathrm{CO}_2$$

【解】　発酵であるため，左辺に酸素は入らない。CHON それぞれの元素について収支をとり，変数を計算する。

C：　$600 = 30m + 90 + 60 + 100$,

H：　$1200 + 30 = 30n + 180 + 150 + 10$,

O：　$600 = 30x + 90 + 30 + 5 + 200$,

N：　$10 = 30y$

以上より，$m = 11.7$，$n = 29.7$，$x = 9.17$，$y = 0.33$ となるが，m を 1 として表記することが一般的であるため，答えは $\mathrm{CH}_{2.54}\mathrm{O}_{0.78}\mathrm{N}_{0.03}$ となる。

また，元素分析からも微生物の組成式を求めることができる。

微生物の組成は，CHON の元素分析の実施により把握でき，得られたデータから化学式を示すことも可能である。例えば，元素分析の結果，炭素 48 %，水素 8 %，酸素 16 %，窒素 14 %，灰分 10 % であった場合，

$$\mathrm{C : H : O : N} = (48/12) : (8/1) : (16/16) : (14/14)$$

となり，この微生物の組成式は $\mathrm{CH}_2\mathrm{O}_{0.25}\mathrm{N}_{0.25}$ となる。

10.1.5　微生物の増殖速度論

前節までの酵素 E と異なり，微生物 X は栄養源である基質 S の消費に応じて自身が増殖しつつ代謝産物 P を生成する。微生物の増殖速度 r_{X} は微生物濃度 C_{X} に比例するので，(10.10)式で表すことができる。

$$r_X = \frac{dC_X}{dt} = \mu C_X \tag{10.10}$$

ここで，比例定数μは**比増殖速度**(specific growth rate)といって，単位菌体濃度当たりの増殖速度を意味する。μの次元は時間の逆数である。

例題 10.3 (10.10)式を用いて，微生物の初濃度C_{X0}が2倍に増殖するのに必要な時間t_dを比増殖速度μで示せ。

【解】 (10.10)式の微分方程式を初期条件$t=0$のとき$C_X=C_{X0}$，境界条件$t=t_d$のとき$C_X=2C_{X0}$として，積分して解く。

$$\int_{C_{X0}}^{2C_{X0}} \frac{1}{C_X}\, dC_X = \mu \int_0^{t_d} dt$$

より

$$\ln\left(\frac{2C_{X0}}{C_{X0}}\right) = \mu t_d, \quad したがって \quad t_d = \frac{\ln 2}{\mu}$$

ここで計算したt_dは，1個の細胞が生成してから次の細胞が増殖するまでの平均の時間であり，**世代時間**(generation time)という。多くの細菌の世代時間は約20分～数時間以上と幅広いことが知られている。

例題 10.4 ある微生物が対数増殖期に世代時間0.5hを示した。このときの最大比増殖速度μ_mを求めよ。

【解】 例題10.3で導出された式を用いる。対数増殖期においてμは最大である。したがって，$\mu_m = 1.39\ h^{-1}$である。

さて，微生物の比増殖速度μと基質濃度C_Sの関係を表す目的でよく使われている実験式として，(10.11)式に示す**モノーの式**(Monod equation)がある。

$$\mu = \frac{\mu_m C_S}{K_S + C_S} \tag{10.11}$$

ここで，μ_mは最大比増殖速度で，K_Sは飽和定数である。数学的には前節のミカエリス・メンテンの式と同じ形をしているが，モノーの式は実験式であり適合しない場合もある。

また，培養開始時の微生物濃度をC_{X0}とすると，(10.10)式および(10.11)式は以下の式のように示すことができる。この式は，最大比増殖速度が一定であれば，微生物が指数関数的に増殖することを示す式である。

$$C_X = C_{X0} \exp(\mu_m t) \tag{10.12}$$

比増殖速度は，生体の遺伝情報が複雑なほど低い値をとり，基質の減少のほかに，生産物や老廃物濃度による影響およびpHや温度により変化する。

10.2　バイオリアクター

微生物や酵素を用いて反応を行う装置を**バイオリアクター**(bioreactor)という(図10.4)。バイオリアクターで使用される微生物や酵素はさまざまな特性をもつため，それぞれの特性に合わせたバイオリアクターの設計や操作が必要である。

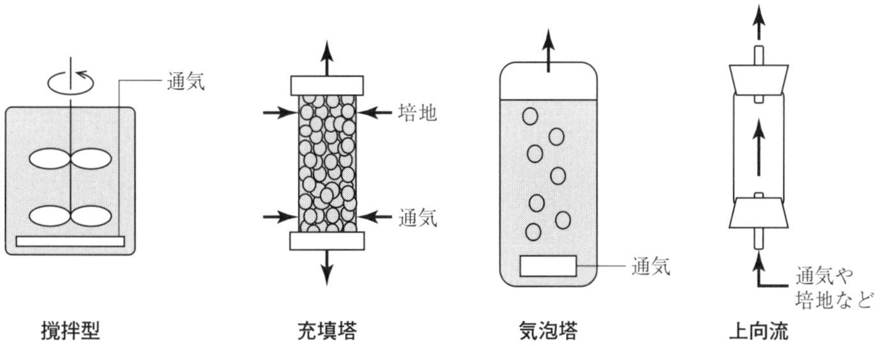

図 10.4　バイオリアクターの種類の一部

バイオリアクターの種類と培養方法を分類したものを表10.2に示す。

回分培養(batch culture)のほか，基質を供給し続けることで基質濃度を制御する**半回分培養**(semi-batch culture)，連続的に基質を供給し連続的に培養液を取り出す**連続培養**(continuous culture)の3種類あり，それに応じてバイオリアクターの種類が決められる。図10.5に回分培養(a)，半回分培養(b)，連続培養(c)の概念図と，微生物濃度 C_X，基質濃度 C_S，生産物濃度 C_P の推移の概略図を示す。

回分培養は，培養の初めに種になる微生物と培養期間に必要となる基質を一度に仕込み，培養終了時に取り出す培養方法であり，原則としていずれの濃度も定常状態にはならない。培養期間中に物質の出入りはないため**コンタミネーション**(contamination)のリスクは低い。ここでコンタミネーションとは，意図しない生物の混入のことであり，基質を無駄に消費するばかりでなく，本来培養するべき微生物の増殖が阻害される。

表 10.2　培養方法の分類

培養方法	用いられるバイオリアクター	制御の方法
回　分	槽　型	
半回分	槽　型	ケモスタット
		ニュートリスタット
連　続	管　型	ケモスタット
	槽　型	ケモスタット
		タービドスタット
		ニュートリスタット

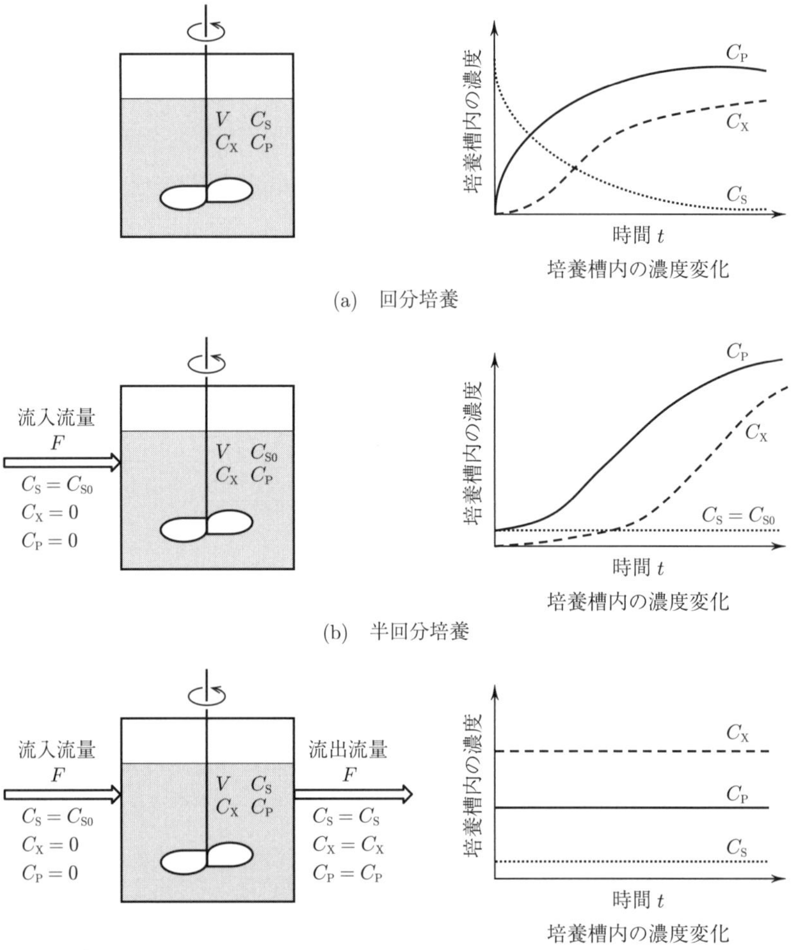

(a)　回分培養

(b)　半回分培養

(c)　連続培養

図 10.5　培養方式による培養槽内の各濃度変化

半回分培養とは，培養期間中に基質を投入し続ける方式であり，培養槽中の基質濃度 C_S は一定になるように制御する。そのため，培養液の体積は増加していく。基質濃度は安定するため，培養槽の体積が許す限り培養を継続できるが，微生物濃度が増加していくと密度効果によって増殖速度は低下していく。

連続培養とは，基質を投入し続ける一方，連続して培養液を取り出す方式で，流入流量と流出流量を一致させることで，培養液の体積は一定となる。詳しくは後述するが，微生物濃度 C_X，基質濃度 C_S，生産物濃度 C_P のいずれも定常状態を維持することができ，状況が許せば半永久的に培養が継続できる。一方，培養槽への物質の出入りがあるため，コンタミネーションのリスクが最も高くなる。

回分培養と半回分培養については，原則として槽型反応器，連続培養には管型反応器と槽型反応器が用いられる。また，連続培養には**ケモスタット**(chemostat)，**タービドスタット**(turbidostat)，**ニュートリスタット**(nutristat)などがある。このうちケモスタットは，培地の供給速度を一定に保ち，基質が制限されることで微生物の増殖を制限する方法である。タービドスタットは，培養槽内の菌体濃度を一定に保つように培地の供給を制御する方法である。ニュートリスタットは，培養槽内の基質濃度を一定になるように制御する方法である。

10.3　バイオリアクターにおける量論関係

生物化学工学で取り扱う物質の要素は，主として3種類あり，微生物Xとその基質S，それから生物が生産する生産物Pである。

10.3.1　物質収支

図10.6に示すような完全混合型連続培養槽についての物質収支を考える。一般的な物質収支式は，X, S, Pすべての場合において，

(培養槽への流入量) − (培養槽からの流出量) + (反応による増加量)
= (反応装置内の変化量)

で示され，完全混合型連続培養槽では，ケモスタットであれば反応装置内の変化量はゼロとなり，(10.13)～(10.15)の式で示される。

基質Sの物質収支式

$$FC_{S0} - FC_S + r_S V = 0 \quad (10.13)$$

微生物Xの物質収支式

$$-FC_X + r_X V = 0 \quad (10.14)$$

生産物Pの物質収支式

$$-FC_P + r_P V = 0 \quad (10.15)$$

ここで，$-r_S$, r_X, r_P はそれぞれ基質消費速度，微生物の増殖速度，生産物の生産速度である。(10.12)～(10.14)式を培養液の体積 V で割ると，以下の(10.16)～(10.18)式が得られる。

$$D(C_{S0} - C_S) + r_S = 0 \quad (10.16)$$

$$-DC_X + r_X = 0 \quad (10.17)$$

$$-DC_P + r_P = 0 \quad (10.18)$$

ここで，D は**希釈率**(dilution rate)といい，単位時間に培養槽中の培養液が平均で何回流入した培地と入れ替わるかを意味する。また，$D = F/V = 1/\tau$ であり，**平均滞留時**

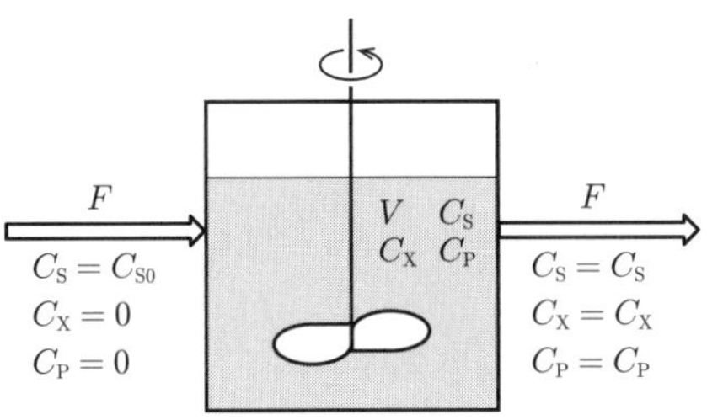

図10.6　完全混合型連続培養槽

間[*] τ の逆数となる。

例題 10.5　平均滞留時間 $\tau=1$ 時間の微生物培養槽の希釈率 D を求めよ。また，このときの培養液の流量が $10\ \mathrm{m^3 \cdot h^{-1}}$ であった場合の培養槽液の体積 V を求めよ。

【解】 $D=1/\tau$ より，$D=1\ \mathrm{h^{-1}}$ $D=F/V$ より，$V=100\ \mathrm{m^3}$

体積流量 F で流入する培養液が培養槽で 10 倍希釈されると解釈することもできる。単位まで書くこと。

10.3.2　収率と速度論

(10.10)式で示した微生物の増殖速度式と(10.16)～(10.18)式で示された物質収支式を組み合わせると，次の(10.19)～(10.21)式が成立する。

$$D=\mu \tag{10.19}$$

$$C_{\mathrm{P}}=Y_{\mathrm{P/X}}C_{\mathrm{X}} \tag{10.20}$$

$$C_{\mathrm{X}}=Y_{\mathrm{X/S}}(C_{\mathrm{S0}}-C_{\mathrm{S}}) \tag{10.21}$$

ここで，$Y_{\mathrm{P/X}}$ は単位微生物量当たりの生産量であり，**生産物収率**という。単位は無次元である。また，$Y_{\mathrm{X/S}}$ は基質消費量に対する微生物の増殖量を意味する増殖収率である。菌体の微生物速度がモノーの式に従うとすると，(10.11)式を組み合わせて，

$$\mu=D=\frac{\mu_{\mathrm{m}}C_{\mathrm{S}}}{K_{\mathrm{S}}+C_{\mathrm{S}}} \tag{10.22}$$

$$C_{\mathrm{S}}=\frac{DK_{\mathrm{S}}}{\mu_{\mathrm{m}}-D} \tag{10.23}$$

$$C_{\mathrm{X}}=Y_{\mathrm{X/S}}\left[C_{\mathrm{S0}}-\frac{DK_{\mathrm{S}}}{\mu_{\mathrm{m}}-D}\right] \tag{10.24}$$

となる。(10.24)式の $C_{\mathrm{X}}>0$ が成立するためには，

$$C_{\mathrm{S0}}-\frac{DK_{\mathrm{S}}}{\mu_{\mathrm{m}}-D}>0 \tag{10.25}$$

を満たす必要があるため，D は以下のようになる。

$$D<D_{\mathrm{cr}}=\frac{\mu_{\mathrm{m}}C_{\mathrm{S0}}}{K_{\mathrm{S}}+C_{\mathrm{S0}}} \tag{10.26}$$

この(10.26)式の D_{cr} のことを**限界希釈率**といい，これ以上希釈率が大きくなると，すなわち，流量が大きくなると微生物の増殖が追いつかなくなり，微生物は槽外へ排出される。この現象を**ウォッシュアウト**(wash out)という。

例題 10.6　バイオリアクターの生産性を最大にする希釈率 D を求めたい。(10.24)式の C_{X} が最大になる D を求めよ。

【解】 $\dfrac{\mathrm{d}C_{\mathrm{X}}}{\mathrm{d}D}=\dfrac{K_{\mathrm{S}}(\mu_{\mathrm{m}}-D)+(C_{\mathrm{S0}}-DK_{\mathrm{S}})}{(\mu_{\mathrm{m}}-D)^2}=0$ になる D が題意にそうものになる。したがって，これを解くと $D=\dfrac{C_{\mathrm{S0}}}{2K_{\mathrm{S}}}+\dfrac{\mu_{\mathrm{m}}}{2}$ が得られる。

＊） 槽中の培養液が流入した培地によりすべて入れ替わるのに要する時間。

10.4　バイオリアクターの設計

バイオリアクターの設計には，前節までに解説した速度論と物質収支式を適用して，必要な培養槽体積や流量，反応所要時間などを決定していくことになる。

例題 10.7　初濃度 2.5 mol·m^{-3} のマルトースからグルコースへの加水分解反応をミカエリス・メンテンの式に従う酵素により行う。$V_m=4.57\times10^{-4}$ mol·m^{-3}·s^{-1}，$K_m=1.12$ mol·m^{-3} で，マルトースの 80 % が加水分解される時間を求めよ。

【解】　(10.6)式のミカエリス・メンテンの式を積分すると，以下の(10.27)式を得る。

$$t=\frac{1}{V_m}[C_{S0}x_S-K_m\ln(1-x_S)] \tag{10.27}$$

ただし，x_S は基質の反応率である。この(10.27)式に種々のパラメータを代入すると $t=8321$ s を得る。

例題 10.8　ミカエリス・メンテンの式に従う酵素を用いて流通式の完全混合槽において酵素反応を行うとする。$V_m=5.14\times10^{-1}$ mol·m^{-3}·min^{-1}，$K_m=0.12$ mol·m^{-3}，$C_{S0}=8.0$ mol·m^{-3}，流量 $F=2.0$ m^3·h^{-1} として，必要な滞留時間 τ，反応器容積 V を求めよ。ただし，基質の反応率は 90 % とする。

【解】　反応率 90 % なので，$C_S=0.8$ mol·m^{-3} であり，ミカエリス・メンテンの式である(10.6)式に代入すると，反応速度 $v=5.14\times10^{-1}\times\dfrac{0.8}{0.12+0.8}=0.447$ mol·m^{-3}·min^{-1}。したがって，滞留時間 $\tau=\dfrac{V}{F}=\dfrac{C_{S0}-C_S}{v}=\dfrac{8.0-0.8}{0.447}=16.1$ min，必要な反応器容積 $V=\tau\times F=16.1\times2.0/60=0.54$ m^3 となる。

実際の充填槽型反応器では，空隙率やシーレ数，有効拡散係数，有効係数などを考慮することが必要である。

10.5　生物反応における滅菌操作

微生物反応を行うには，目的とする微生物以外の菌を**滅菌**(sterilization)する必要がある。そのため反応器や培地の滅菌が必要になる。さまざまな滅菌法が知られているが，滅菌装置内に対象物を入れ，加圧および加熱することにより滅菌を行う手法が広く用いられている(高圧蒸気滅菌装置)。滅菌後の培養装置等にガスを供給(通気)する際には除菌フィルターが使用される。

10.5.1　回 分 滅 菌

培養操作時において一般的な滅菌法である**回分滅菌**では，液体培地をバイオリアクター内に入れた後に，水蒸気やリアクターに仕込んだヒーターなどを用いて加熱滅菌さ

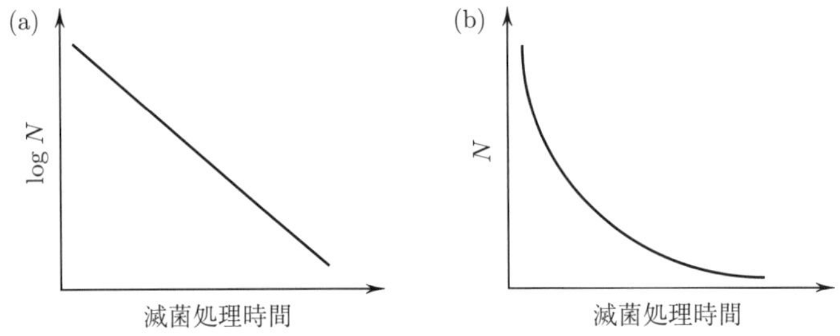

図 10.7　滅菌による細菌の指数関数的死滅。(a)片対数，(b)算術的にプロットしている。

れる例が多くみられる。容量の大きいバイオリアクターを加熱滅菌する際，すぐに滅菌が開始されるわけではなく，加熱時間，保持時間，冷却時間についてそれぞれ考慮する必要がある。ここで生菌数 N 個とすると，1 つの細菌が熱により死滅する確率が一定であれば，図 10.7 の関係図および以下の 1 次反応速度式(10.28)が用いられる。なお，滅菌操作において示される**殺菌率** % とは，例えば 90.0 % の殺菌率の場合，1 つの細菌が滅菌後に残存する確率が 10.0 % であることを示す言葉である。

$$r=\frac{\mathrm{d}N}{\mathrm{d}t}=-k_{\mathrm{d}}N \tag{10.28}$$

この式の t は滅菌時間，k_{d} は温度依存性をもつ死滅(殺菌)速度定数である。また k_{d} は，アレニウスの式でも示すことができる。

$$k_{\mathrm{d}}=Ae^{-\Delta E/RT} \tag{10.29}$$

ここで A は頻度因子，ΔE は活性化エネルギー，R は気体定数，T は絶対温度を表す。

続いて，滅菌の**保持時間** D を求める式として，以下が簡便である。D は菌特有の耐熱特性を示すパラメータである。

$$D=\frac{1}{k_{\mathrm{d}}}\ln\left(\frac{N_1}{N_2}\right) \tag{10.30}$$

この式を用いるには，滅菌時の菌数 N_1 と N_2 を決定しておく必要がある。例えば，滅菌前の菌数の 90 % が滅菌される場合，N_1/N_2 は 10 である。さらに加熱時間と冷却時間の死滅速度を考慮することで，滅菌時間が求まる。D がアレニウスの式で示されるとき，熱による死滅速度は次式になる。

$$\frac{\mathrm{d}N}{\mathrm{d}t}=-Ae^{-\Delta E/RT}N_1 \tag{10.31}$$

また，

$$\ln\left(\frac{N_1}{N_2}\right)=\int_{t_1}^{t_2}Ae^{-\Delta E/RT}\,\mathrm{d}t \tag{10.32}$$

同様に加熱時間中では，開始菌数は N_0 となるため，以下の式になる。

$$\ln\left(\frac{N_0}{N_1}\right)=\int_{0}^{t_1}Ae^{-\Delta E/RT}\,\mathrm{d}t \tag{10.33}$$

続いて冷却期間では，最終菌数を N_{f} とすると以下の式になる。

$$\ln\left(\frac{N_2}{N_{\mathrm{f}}}\right)=\int_{t_2}^{t_{\mathrm{f}}}Ae^{-\Delta E/RT}\,\mathrm{d}t \tag{10.34}$$

以上の式をあわせると，回分滅菌の全過程を示すことになるが，バイオリアクター内の微生物の状態（分散，群集など）によって変動を示すことが知られている。

例題 10.9 死滅速度定数 $0.02\ s^{-1}$ を示す微生物溶液の滅菌を高圧蒸気滅菌装置（121 ℃）により行う。この微生物の殺菌は 1 次反応速度式に従うとし，加熱および冷却期間では死滅しないと仮定する。微生物溶液の初濃度が 10^5 個$\cdot l^{-1}$，滅菌の保持時間を 20 分とした場合の滅菌後の微生物濃度を求めよ。

【解】 $D=(1/k_d)\cdot\ln(N_1/N_2)$ より，$20\times60=(1/0.02)\ln(10^5/N_2)$。

$$\therefore \quad N_2=3.8\times10^{-6}\ 個\cdot l^{-1}$$

10.5.2 連 続 滅 菌

連続滅菌は，一般に加熱，滞留，冷却から構成されている。熱処理の時間は回分と比較すると短く，121 ℃よりも高温で操作されている。液体培地は管を通って滅菌装置に流入し，滅菌後にバイオリアクターなどに連続供給される。滅菌装置に流入した培地は，瞬間的に設定された滅菌温度まで加熱されると，滞留部で短時間保持された後，フラッシュ冷却されて温度を下げられる。この操作は，加熱から冷却までの時間帯が非常に短いため，滅菌は滞留部でのみ生じると考えられる。その一方で，培地は滅菌時に滞留部に一定時間滞留することから，管の体積を考慮した時間，つまり滞留時間 τ（$=V/F$）を導入する必要がある。以上のことから，回分滅菌の（10.30）式を改変し，初期の生菌数を N_0，滅菌終了後の生菌数を N_f とすると，以下の式が得られる。

$$\frac{N_f}{N_0}=e^{-k_d\tau} \tag{10.35}$$

例題 10.10 ある微生物が 10^5 個$\cdot l^{-1}$ の濃度で含まれる溶液 1 l を連続滅菌操作により，99.9 % の殺菌を行う。滅菌装置における滞留部の体積を $1\ m^3$，死滅速度定数を $0.2\ s^{-1}$ としたときの滅菌処理速度[$m^3\cdot s^{-1}$]を求めよ。

【解】 （10.35）式を用いる。$N_f/N_0=0.001$，$\tau=34.5\ s$ が求まる。続いて，滞留時間 τ（$=V/F$）の式に値を代入すると，$F=0.03\ m^3\cdot s^{-1}$。

章 末 問 題

10.1 ある酵素反応において，$5.0\ mol\cdot m^{-3}$ の濃度で阻害剤を加えた場合と加えない場合の酵素反応速度 v を測定したところ，以下の表 10.3 のデータを得た。このとき K_m, V_m, K_I を求めよ。

表 10.3 酵素反応速度データ

C_S mol·m^{-3}	**1.0**	**1.5**	**2.0**	**2.5**
v（阻害剤有）mol·m^{-3}·h^{-1}	190	240	280	300
v（阻害剤無）mol·m^{-3}·h^{-1}	84	118	145	170

10.2 ある対数増殖期にある微生物は 10 分に 1 回分裂して 2 個体になる。1 個の微生物は 1 時間後にどれくらいになるか求めよ。

10.3 ある微生物の回分培養を行う。培養開始時の微生物濃度が $0.5\ \mathrm{g}\cdot l^{-1}$ であるとき，最終濃度を $50\ \mathrm{g}\cdot l^{-1}$ にするのに必要な時間を求めよ。なお，比増殖速度 $\mu=0.25\ \mathrm{h}^{-1}$ とする。

10.4 モノーの式に従う増殖を示す微生物 $10\ \mathrm{kg}\cdot\mathrm{m}^{-3}$ を完全混合槽で連続培養し，微生物を $10\ \mathrm{kg}\cdot\mathrm{h}^{-1}$ 生産したい。供給するべき基質濃度 C_{S0} と培養槽中の基質濃度 C_{S}，培養液量 V を求めよ。ただし，希釈率を $0.1\ \mathrm{h}^{-1}$，増殖収率を 0.5，$\mu_{\mathrm{m}}=0.12\ \mathrm{kg}\cdot\mathrm{h}^{-1}$，$K_{\mathrm{S}}=0.02\ \mathrm{kg}\cdot\mathrm{m}^{-3}$ とする。

10.5 ある完全混合の槽型バイオリアクターに酵素を充填した。基質 $6.0\ \mathrm{mol}\cdot\mathrm{m}^{-3}$ を $2.0\times10^{-3}\ \mathrm{m}^3\cdot\mathrm{s}^{-1}$ で供給し，90 % の反応率を実現するために必要な培養器の体積を求めよ。ただし，$V_{\mathrm{m}}=5.14\times10^{-1}\ \mathrm{mol}\cdot\mathrm{m}^{-3}\cdot\mathrm{min}^{-1}$，$K_{\mathrm{m}}=0.12\ \mathrm{mol}\cdot\mathrm{m}^{-3}$ とする。

10.6 ウレアーゼによる尿素の加水分解反応速度は，ミカエリス・メンテンの式に従い，ウレアーゼ濃度が $3.0\ \mathrm{kg}\cdot\mathrm{m}^{-3}$ のとき $V_{\mathrm{m}}=7.26\times10^{2}\ \mathrm{mol}\cdot\mathrm{m}^{-3}\cdot\mathrm{s}^{-1}$，$K_{\mathrm{m}}=23.8\ \mathrm{mol}\cdot\mathrm{m}^{-3}$ となる。ある回分式反応槽において，ウレアーゼ濃度を $2.0\times10^{-3}\ \mathrm{kg}\cdot\mathrm{m}^{-3}$ で尿素 $200\ \mathrm{mol}\cdot\mathrm{m}^{-3}$ の加水分解を反応率 95 % で実現するために必要な反応時間を求めよ。

10.7 多孔質ガラス球に固定化したトリプシンを充填した直径 5 cm の固定層反応装置を用いて，アルギニンエチルエステルを加水分解する。この反応速度は単位酵素質量当たり以下の式で表される。

$$-r_{\mathrm{A}}=8.01\times10^{-5}C_{\mathrm{A}}/(0.1058+C_{\mathrm{A}})$$

$0.5\ \mathrm{mol}\cdot\mathrm{m}^{-3}$ のアルギニンエチルエステルを $1.0\times10^{-3}\ \mathrm{m}^3\cdot\mathrm{s}^{-1}$ の流量で供給するとき，反応率 85 % を得るために必要な酵素量を求めよ。

10.8 食品中の細菌などの微生物は加熱によって死滅するが，このときの死滅速度は微生物数に比例する。

$$-r=k_{\mathrm{d}}C_{\mathrm{X}}$$

ここで，k_{d} は死滅速度定数で，温度とはアレニウスの式で関係づけられる。この微生物は 394.2 K，1 分間の加熱で 1/10 に減少する。

(1) 死滅速度定数を求めよ。

(2) $1/10^6$ に減らすための加熱時間を求めよ。ただし，殺菌の活性化エネルギーを $200\ \mathrm{kJ}\cdot\mathrm{mol}^{-1}$ とする。

章末問題解答

第2章

2.1　水の比熱 $= (1.000\ \mathrm{kcal \cdot kg^{-1} \cdot ℃^{-1}}) \times (4.187\ \mathrm{J \cdot cal^{-1}}) \times (1.000\ \mathrm{K \cdot ℃^{-1}})$

$= 4.187\ \mathrm{kJ \cdot kg^{-1} \cdot K^{-1}}$

2.2　NaCl の物質収支を考える。$0.1 \times 10.0\ \mathrm{kg \cdot s^{-1}} = 0.2 \times (40.0 - x)$ より，$x = 35\ \mathrm{kg \cdot s^{-1}}$

2.3　反応式は $C_3H_8 + 5O_2 \rightarrow 3CO_2 + 4H_2O$ で理論空気比で完全燃焼であるため，出口ガスは N_2 と CO_2 と H_2O である。1 mol の C_3H_8 では 5 mol の O_2 が必要になるから，N_2 はその 4 倍供給され，未反応のまま出口ガスとして排出される。したがって N_2 は 20 mol となる。反応式の係数から CO_2 は 3 mol，H_2O は 4 mol となる。実際問題としては，理論空気比で完全燃焼できる燃焼炉はない。

2.4　$\Delta H = \int_{T_1}^{T_2} C_\mathrm{p}\,\mathrm{d}T = \overline{C_\mathrm{p}}(T_2 - T_1)$ より，

$$65.3\ \mathrm{kJ \cdot mol^{-1} \cdot K^{-1}} \times (1500 - 300) = 7.836 \times 10^4\ \mathrm{kJ \cdot mol^{-1}}$$

2.5　25 ℃の水を $100\ \mathrm{kg \cdot h^{-1}}$ 蒸発させるのに必要な熱量 Q_r は，

$$Q_\mathrm{r} = 100\ \mathrm{kg \cdot h^{-1}} \times [4.18\ \mathrm{kJ \cdot kg^{-1} \cdot K^{-1}} \times (373 - 298) + 2257\ \mathrm{kJ \cdot kg^{-1}}] = 2.57 \times 10^5\ \mathrm{kJ \cdot h^{-1}}$$

重油の燃焼熱 Q_t は，

$$Q_\mathrm{t} = 4.0 \times 10^4\ \mathrm{kJ \cdot kg^{-1}} \times 50\ \mathrm{kg \cdot h^{-1}} = 2.00 \times 10^6\ \mathrm{kJ \cdot h^{-1}}$$

したがって，

$$\text{熱損失} = \frac{Q_\mathrm{t} - Q_\mathrm{r}}{Q_\mathrm{t}} = \frac{2.00 \times 10^6\ \mathrm{kJ \cdot h^{-1}} - 2.57 \times 10^5\ \mathrm{kJ \cdot h^{-1}}}{2.00 \times 10^6\ \mathrm{kJ \cdot h^{-1}}} = 0.8715 \qquad \therefore \ \text{熱損失}\ 87\ \%$$

第3章

3.1　3B 鋼管…内　径：$\phi_1 = 89.1 \times 10^{-3} - 4.2 \times 10^{-3} \times 2 = 80.7 \times 10^{-3}\ \mathrm{m}$

断面積：$A_1 = (80.7 \times 10^{-3}/2)^2 \pi = 5.11 \times 10^{-3}\ \mathrm{m^2}$

2B 鋼管…内　径：$\phi_2 = 60.5 \times 10^{-3} - 3.8 \times 10^{-3} \times 2 = 52.9 \times 10^{-3}\ \mathrm{m}$

断面積：$A_2 = (52.9 \times 10^{-3}/2)^2 \pi = 2.20 \times 10^{-3}\ \mathrm{m^2}$

水の密度を $1000\ \mathrm{kg \cdot m^{-3}}$ とすると，3B, 2B 鋼管を通過する水の平均流速 $\overline{u_1}, \overline{u_2}$ は，

$$\overline{u_1} = \frac{6.0}{1000 \times 5.11 \times 10^{-3}} = 1.17\ \mathrm{m \cdot s^{-1}}, \qquad \overline{u_2} = \frac{6.0}{1000 \times 2.20 \times 10^{-3}} = 2.73\ \mathrm{m \cdot s^{-1}}$$

いま，大気圧下で操作しているため $\int_{P_1}^{P_2} v\,\mathrm{d}P = 0$。これらの値を(3.15)式に代入すると，

$$W' = \frac{2.72^2 - 1.17^2}{2} + 9.8 \times (30 - 1.5) + 0 + 120 = 402\ \mathrm{J \cdot kg^{-1}}$$

よって，この水を輸送するのに必要な動力 W は(3.16)式より，

$$W = 6 \times 402 = 2.41\ \mathrm{kW}$$

3.2　1/8B 鋼管…内　径：$\phi = 10.5 \times 10^{-3} - 2.0 \times 10^{-3} \times 2 = 6.50 \times 10^{-3}\ \mathrm{m}$

断面積：$A = (6.50 \times 10^{-3}/2)^2 \pi = 3.32 \times 10^{-5}\ \mathrm{m^2}$

1/8B 鋼管を流れるベンゼンの体積流量 V は，$V = \dfrac{6.50 \times 10^{-3}}{878.7} = 7.40 \times 10^{-6}\ \mathrm{m^3 \cdot s^{-1}}$

よって，ベンゼンの平均流速 $\overline{u}$ は，$\overline{u} = \dfrac{7.40 \times 10^{-6}}{3.32 \times 10^{-5}} = 0.223\ \mathrm{m \cdot s^{-1}}$

1/8B 鋼管を流れるベンゼンのレイノルズ数 Re は(3.24)式より，

$$Re=\frac{878.7\times0.223\times6.50\times10^{-3}}{6.52\times10^{-4}}=1953$$

よって，ベンゼンの流れは層流である。圧力損失はハーゲン・ポアズイユの式(3.38)より，

$$\Delta P=\frac{32\times6.52\times10^{-4}\times1\times0.223}{(6.50\times10^{-3})^2}=110\ \mathrm{Pa}$$

3.3　内径 47 mm の銅管…断面積：$(47.0\times10^{-3}/2)^2\pi=1.73\times10^{-3}\ \mathrm{m^2}$

銅管を流れる EtOH の平均流速 $\overline{u}$ は，$\overline{u}=\dfrac{2.70}{784.9}\Big/1.73\times10^{-3}=1.98\ \mathrm{m\cdot s^{-1}}$

銅管を流れる EtOH のレイノルズ数 Re は(3.24)式より，

$$Re=\frac{784.9\times1.98\times47.0\times10^{-3}}{1.20\times10^{-3}}=60867$$

よって，EtOH の流れは乱流である。摩擦係数 f を図 3.14 の摩擦係数 f とレイノルズ数 Re の関係より求める。銅管は平滑面管のため $k/D=0$ である。$Re=6.1\times10^4$ のとき，$f=0.005$。よって摩擦エネルギー損失 F_f は，ファニングの式(3.44)より，

$$F_f=4\times0.005\times\left(\frac{1.98^2}{2}\right)\left(\frac{50}{47.0\times10^{-3}}\right)=41.7\ \mathrm{J\cdot kg^{-1}}$$

また，摩擦圧力損失は，$\Delta p_f=\rho F_f=32.7\ \mathrm{kPa}$

3.4　円管内の断面 1 での断面積：$A_1=(120\times10^{-3}/2)^2\pi=0.0113\ \mathrm{m^2}$

オリフィス板の円孔断面積：$A_0=(75\times10^{-3}/2)^2\pi=4.42\times10^{-3}\ \mathrm{m^2}$

よって，オリフィス孔の開口比 m は，

$$m=\frac{A_0}{A_1}=\frac{4.42\times10^{-3}}{0.0113}=0.391$$

円管内を流れる MeOH の流れが裕度限界レイノルズ数以上と仮定する。$m=0.391$ のとき，流量係数 C は図 3.18(a)より 0.66。また，(3.65)式より，

$$\Delta h=\frac{1.36\times10^4-791.0}{791.0}\times0.15=2.43\ \mathrm{m}$$

これを(3.61)式に代入すると，

$$w=0.66\times4.42\times10^{-3}\times791.0\times\sqrt{2\times9.8\times2.43}=15.9\ \mathrm{kg\cdot s^{-1}}$$

円管内の MeOH の流れが裕度限界レイノルズ数以上であることを確認する。オリフィス孔を通過する MeOH の平均流速は，(3.59)式より，

$$\overline{u_0}=0.66\times\sqrt{2\times9.8\times2.43}=4.55\ \mathrm{m\cdot s^{-1}}$$

オリフィス孔の開口比 $m=0.391$ より，円管内の断面 1 での MeOH の平均流速は，

$$\overline{u_1}=m\overline{u_0}=1.78\ \mathrm{m\cdot s^{-1}}$$

よって，管径基準のレイノルズ数は，(3.62)式より，

$$Re_D=\frac{791.0\times1.78\times120\times10^{-3}}{5.80\times10^{-4}}=2.91\times10^5$$

この値は，図 3.18(b)の $m=0.391$ のときの裕度限界レイノルズ数 1.2×10^5 よりも大きいため，本条件は裕度限界レイノルズ数以上である。

3.5　ダクトの断面積：$A=(50\times10^{-2}/2)^2\pi=0.196\ \mathrm{m^2}$

(3.65)式より Δh は，$\Delta h=\dfrac{800-1.2}{1.2}\times0.013=8.65\ \mathrm{m}$

これらの値を(3.67)式に代入すると，$u=\sqrt{2\times9.8\times8.65}=13.0\ \mathrm{m\cdot s^{-1}}$

よって空気の体積流量 V は，$V=13.0\times0.196=2.55\ \mathrm{m^3\cdot s^{-1}}$

第 4 章

4.1　(4.3)式より，

$$Q=\frac{T_1-T_4}{L_1/k_1A+L_2/k_2A+L_3/k_3A}$$

$Q=\dfrac{T_1-T_2}{R_1}$ より，$T_2=T_1-QR_1=T_1-\dfrac{QL_1}{k_1A}$ が導かれる。同様に，$T_3=T_2-\dfrac{QL_2}{k_2A}$ となる。

4.2 対数平均伝熱面積は，$A_{\mathrm{lm}}=\dfrac{2\pi L(r_2-r_1)}{\ln\dfrac{r_2}{r_1}}$

熱損失は，$Q=k_0A_{\mathrm{lm}}\dfrac{90-20}{r_2-r_1}=\dfrac{140\pi Lk_0}{\ln\dfrac{r_2}{r_1}}$

4.3 2枚の平板問題と考えると，(4.3)式より，平板の順番を入れ替えても伝熱速度は変わらない。どちらを上にしても，熱が逃げる速度は同じとなるので，温かさは同じである。

4.4 固体壁の温度を T_{W} とすると，$Q=hA\varDelta T$ より $800=500\times1\times(T_{\mathrm{W}}-25)$ ∴ $T_{\mathrm{W}}=26.6$ ℃

4.5 管内表面積：$A_1=\pi(27.6\times10^{-3})\times5\ \mathrm{m}^2$

管外表面積：$A_2=\pi(34.0\times10^{-3})\times5\ \mathrm{m}^2$

管平均表面積(管厚が薄いので算術平均で求める)：$A_{\mathrm{av}}=\dfrac{A_1+A_2}{2}\ [\mathrm{m}^2]$

管内面基準の総括伝熱係数を U_1 とおくと，(4.18)式より，

$$\frac{1}{U_1A_1}=\frac{1}{1700\times A_1}+\frac{1}{20\times A_2}+\frac{(34.0-27.6)\times10^{-3}}{46\times A_{\mathrm{av}}}$$

$$\therefore\quad U_1=24.2\ \mathrm{W\cdot m^{-2}\cdot K^{-1}}$$

4.6 (4.23)式より，

$$Q=W_{\mathrm{c}}C_{\mathrm{pc}}(T_{\mathrm{c2}}-T_{\mathrm{c1}})=\frac{380}{3600}\times2010\times(110-50)=1.27\times10^4\ \mathrm{W}$$

4.7 $\dfrac{1}{\phi_{12}}=\dfrac{1}{\varepsilon_1}+\dfrac{1}{\varepsilon_2}-1=1.78$ (4.31)式より，

$$Q_{1\to2}=5.67\times1\times(1.78)^{-1}\left[\left(\frac{800+273}{100}\right)^4-\left(\frac{200+273}{100}\right)^4\right]=4.1\times10^4\ \mathrm{W}$$

第5章

5.1 $x=0.2$ の $T=375.35$ K における蒸気圧 $P_1^\circ=190.870$ kPa，$P_2^\circ=79.279$ kPa を(5.8)式に代入して，$\alpha_{12}=2.41$。

5.2 $x=0.2$, $\alpha_{12}=2.41$ を(5.9)式に代入して，

$$y=\frac{(2.41)(0.2)}{(2.41-1)(0.2)+1}=0.376\qquad(\text{実験値は }0.372)$$

5.3

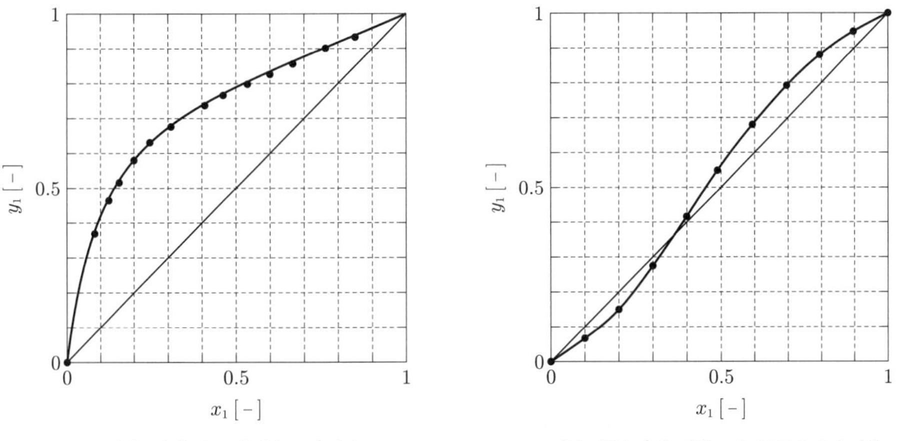

(a) メタノール(1)＋水(2)　　(b) アセトン(1)＋クロロホルム(2)

5.4

x_1	γ_1	γ_2
0.000	2.281	1.000
0.083	1.854	1.009
0.125	1.703	1.019
0.156	1.611	1.028
0.200	1.502	1.044
0.247	1.407	1.063
0.309	1.309	1.093
0.409	1.195	1.150
0.463	1.150	1.185
0.534	1.104	1.234
0.600	1.071	1.283
0.667	1.046	1.337
0.763	1.022	1.419
0.850	1.008	1.500
1.000	1.000	1.651

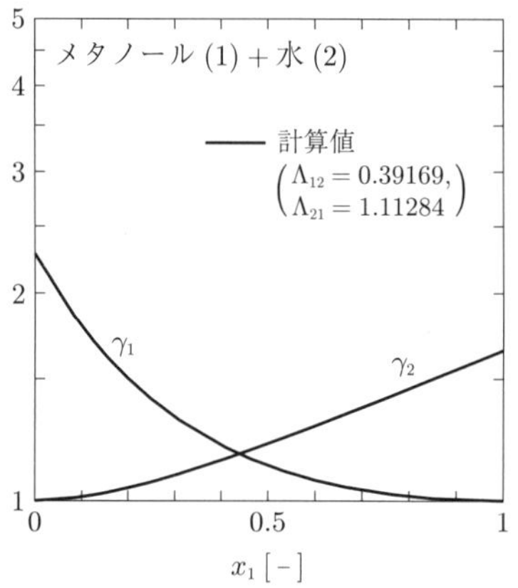

5.5 (5.10)式, (5.11)式に $x_1=0.3993$, $x_2=0.6007$, および $\Lambda_{12}=1.04863$, $\Lambda_{21}=1.85256$ を代入すると, $\gamma_1=0.78117$, $\gamma_2=0.86246$ が得られる。例題5.3の(a)式を用いて, 試行錯誤の結果, $T=338.02$ K のとき, (左辺) = (−) 0.000078 となる。(5.5)式から, 平衡蒸気組成 $y_1=0.4170$, $y_2=0.5830$ が求められる。

5.6 表E5.1(a)のデータより $1/(y-x)$ 対 x のグラフを作成する。$x=0.4\sim0.6$ の間の曲線と x 軸で囲まれる面積は 0.715 となる。$\ln(L_0/L)=0.715$ より $L_0/L=2.04$, したがって $L=49.0$ mol が得られる。平均留出液組成 $\overline{x_D}=0.792$ となる。(下左図)

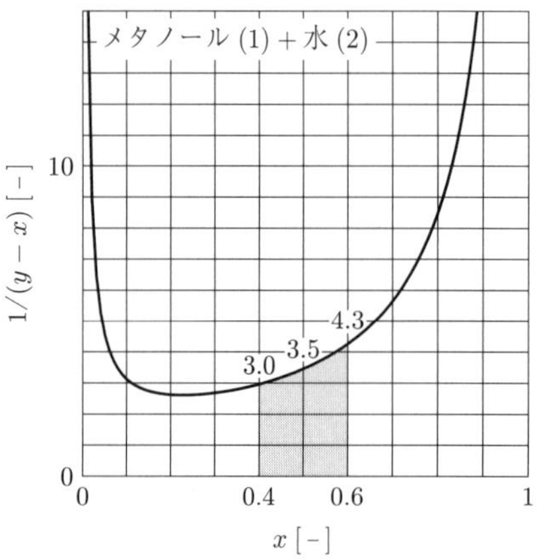

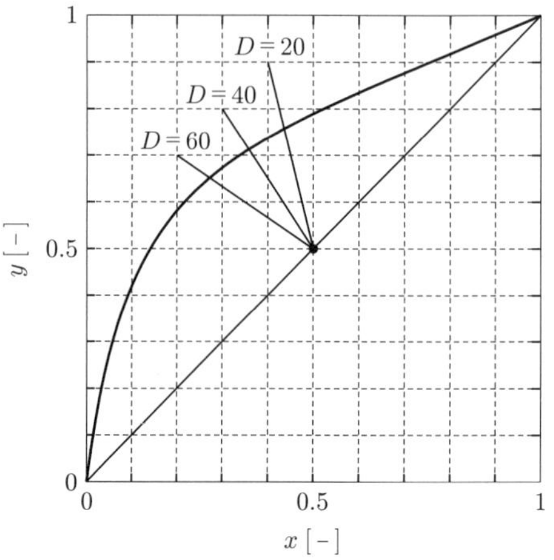

5.7 対角線上の点(0.5, 0.5)から, 傾き −(80/20), −(60/40), −(40/60)の操作線を描き(上右図), x-y 曲線との交点の座標を求めると, それぞれ (x, y) = (0.435, 0.755), (0.357, 0.712), (0.272, 0.651)となる。

5.8 問題から, $D=39.58$ mol·s^{-1}, $W=60.42$ mol·s^{-1}, $x_W=0.033$, $x_D=0.96$。濃縮部操作線の切片 $x_D/(R+1)=0.24$。q 線は垂直線となる。階段作図より, $N=5.8$ 段(x_W から x_D へ上に向かって作図)。(次頁左図)

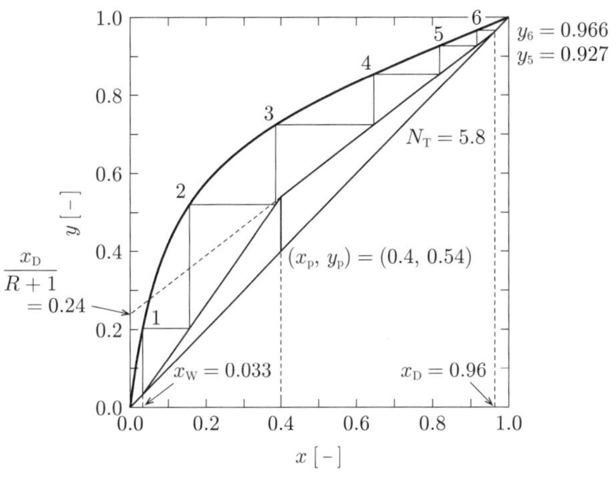

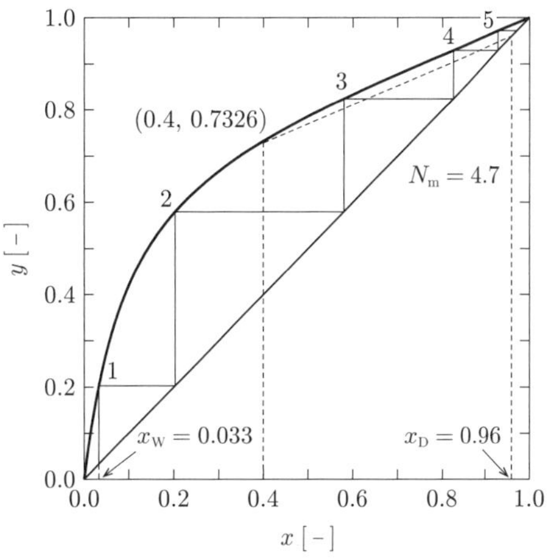

5.9　対角線を操作線とする階段作図（上右図）から $N_m = 4.7$ 段（x_W から x_D へ上に向かって作図）。$q = 1$ なので，q 線と x-y 曲線の交点の座標（x_f, y_f）は原料組成の沸点計算により求める。メタノールの液組成 $x_f = 0.4$ の平衡蒸気組成 $y_f = 0.7326$

$$R_m = \frac{x_D - y_f}{y_f - x_f} = \frac{0.96 - 0.7326}{0.7326 - 0.4} = 0.6837 \qquad \therefore \quad R_m = 0.684$$

5.10　温度 $T = 365.54$ K のとき，$P_A^\circ = 24.659$ kPa，$P_W^\circ = 76.666$ kPa となり，(5.38)式を満足する。(5.39)式から $y_A = 0.243$，$y_W = 0.757$ が求められる。

第6章

6.1　塔断面積 1 m² 当たりの排ガスの流量を SI 単位に換算して求めると，

$$\frac{1700}{3600 \times 1.0} = 0.47\ \mathrm{m^3 \cdot m^{-2} \cdot s^{-1}}$$

$PV = nRT$ を用いてモル流量 G [$\mathrm{mol \cdot m^{-2} \cdot s^{-1}}$] に換算すると，

$$G = \frac{1.013 \times 10^5 \times 0.472}{8.314 \times 298} = 19\ \mathrm{mol \cdot m^{-2} \cdot s^{-1}}$$

排ガス中に含まれる SO_2 の量は，$0.020 \times 19 = 0.38\ \mathrm{mol \cdot m^{-2} \cdot s^{-1}}$。このうちの 80％ を除去するので，塔頂の出口での排出ガスの SO_2 濃度は，$0.20 \times 0.38 = 0.076\ \mathrm{mol \cdot m^{-2} \cdot s^{-1}}$ となる。SO_2 の濃度が希薄なので，塔頂と塔底のガス流量を $19\ \mathrm{mol \cdot m^{-2} \cdot s^{-1}}$ で一定とすると，塔頂での排出ガス中の SO_2 のモル分率 y_{A1} は，

$$y_{A1} = \frac{0.076}{19} = 0.0040$$

6.2　$y_{A1} = 0.0040$, $y_{A2} = 0.020$　(6.15)式にこれらの値を代入して，

$$19 \times (0.0040 - 0.020) = L\,(0 - 0.030) \quad より， \quad L = 10\ \mathrm{mol \cdot m^{-2} \cdot s^{-1}}$$

塔断面積 1.0 m²，水のモル質量は 0.018 $\mathrm{kg \cdot mol^{-1}}$ より，

$$L = 10.0 \times 1.0 \times 0.018 = 1.8 \times 10^2\ \mathrm{kg \cdot s^{-1}} = 6.5 \times 10^2\ \mathrm{kg \cdot h^{-1}}$$

6.3　三角線図上で原料液，抽剤，混合液全体の平均組成，抽出液，抽残液の組成をそれぞれ f, s, m, e, r で表すことにする。原料液と抽剤の組成 f, s を（クロロベンゼン組成，ピリジン組成）で示すと，

$$\mathrm{f} = (0, 0.45), \qquad \mathrm{s} = (1, 0)$$

この 2 点を三角線図上にプロットし，直線で結んで操作線 fs を引く。混合液の平均組成 m のピリジン組成 x_{MA} は，(6.25)式より，

$$x_{MA} = z_A \frac{F}{M} = z_A \frac{F}{F + S} = 0.45 \times \frac{10}{10 + 35} = 0.10$$

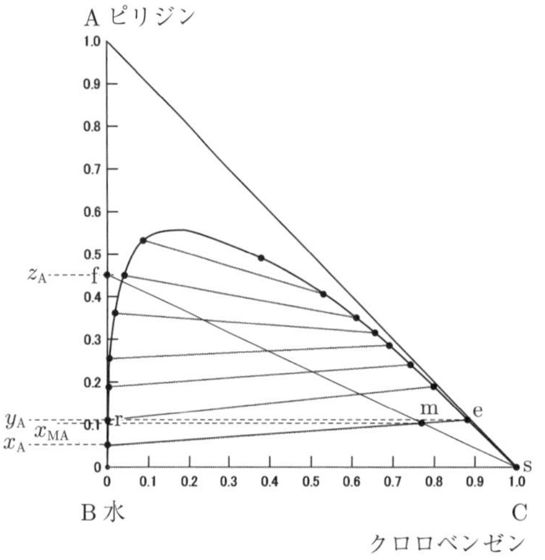

操作線上で $x_{MA}=0.10$ を満たす点が m となり，m を通るタイラインから抽出液と抽残液の組成が

$$e=(0.88, 0.11),\qquad r=(0.00, 0.05)$$

となる。抽出液と抽残液の流量 E [kg·s^{-1}] と R [kg·s^{-1}] との比は，三角線図上で三角形の相似の性質を利用して，r, m, e の座標から求められる。

$$\frac{E}{R}=\frac{\text{線分 rm}}{\text{線分 me}}=\frac{0.78-0.00}{0.88-0.78}=7.8$$

$$\therefore\quad E=7.8R$$

(6.24)式より，

$$8.8R=M\qquad \therefore\quad R=\frac{45}{8.8}=5.1\ \text{kg}\cdot\text{s}^{-1}$$

よって，$E=7.8R=7.8\times5.1=40\ \text{kg}\cdot\text{s}^{-1}$

抽出率 η は，(6.27)式に各値を代入して，

$$\eta=\frac{Ey_A}{Fz_A}=\frac{40\times0.11}{10\times0.45}=0.98$$

分配係数 K_D は，(6.28)式に各値を代入して，

$$K_D=\frac{y_A}{x_A}=\frac{0.11}{0.05}=2.2$$

6.4　(6.34)式に吸着等温式 $q=HC$ を代入する。

$$C_1=\frac{VC_0}{V+HW}=\frac{0.050\times35}{0.050+0.12\times0.40}=17.9\ \text{mol}\cdot\text{m}^{-3}$$

$$C_2=\frac{VC_1}{V+HW}=\frac{0.050\times17.9}{0.050+0.12\times0.40}=9.1\ \text{mol}\cdot\text{m}^{-3}$$

6.5　均質膜の場合，(6.42)式より，

$$\alpha_{AB}=\frac{S_A}{S_B}\cdot\frac{D_A}{D_B}=\frac{3.7\times10^{-4}}{2.8\times10^{-5}}\times\frac{1.4\times10^{-10}}{1.2\times10^{-10}}=15$$

多孔質膜の場合，(6.43)式より，

$$\alpha_{AB}=\sqrt{\frac{M_B}{M_A}}=\sqrt{\frac{28}{44}}=0.80$$

第7章

7.1　遊離基である H· と C_6H_5· の反応速度

$$r_{H\cdot}=2k_1C_{H_2}-2k_2C_{H\cdot}^2-k_3C_{H\cdot}C_{C_6H_5CH_3}+k_4C_{C_6H_5\cdot}C_{H_2}$$

$$r_{C_6H_5\cdot}=k_3C_{H\cdot}C_{C_6H_5CH_3}-k_4C_{C_6H_5\cdot}C_{H_2}$$

に定常状態近似を適用して，$r_{H\cdot}=r_{C_6H_5\cdot}=0$ より，

$$2k_1C_{H_2}-2k_2C_{H\cdot}^2=0\quad よって，\ C_{H\cdot}=(k_1/k_2)^{1/2}C_{H_2}^{1/2}$$

これより，$k_3(k_1/k_2)^{1/2}C_{H_2}^{1/2}C_{C_6H_5CH_3}-k_4C_{C_6H_5\cdot}C_{H_2}=0$

C_6H_6 の生成速度 r は

$$r=k_4C_{C_6H_5\cdot}C_{H_2}=k_3(k_1/k_2)^{1/2}C_{H_2}^{1/2}C_{C_6H_5CH_3}$$

7.2　(1) ES の生成速度と分解速度が等しいことから

$$k_1[\text{E}][\text{S}]=k_2[\text{ES}]+k_3[\text{ES}]\quad\cdots\cdots①$$

また，全酵素濃度 $[\text{E}_0]$ は

$$[\text{E}_0]=[\text{E}]+[\text{ES}]\quad\cdots\cdots②$$

①を変形して

$$[\text{ES}]=\frac{k_1[\text{E}][\text{S}]}{k_2+k_3},\quad ②へ代入すると\quad [\text{E}_0]=[\text{E}]\left(1+\frac{k_1[\text{S}]}{k_2+k_3}\right),\qquad \therefore\quad [\text{E}]=\frac{[\text{E}_0]}{1+\dfrac{k_1[\text{S}]}{k_2+k_3}}$$

Pの生成速度 r_P は $r_P = k_3[ES]$ だから

$$r_P = \frac{k_1k_3[E][S]}{k_2 + k_3} = \frac{k_1k_3[E_0][S]}{k_2 + k_3 + k_1[S]} = \frac{k_3[E_0][S]}{\dfrac{k_2 + k_3}{k_1} + [S]}$$

(2) EとSからESを形成する過程が平衡だから

$$k_1[E][S] = k_2[ES] \quad \cdots\cdots ③$$

③を変形して

$$[ES] = \frac{k_1}{k_2}[E][S], \quad ②へ代入すると \quad [E_0] = [E]\left(1 + \frac{k_1}{k_2}[S]\right), \qquad \therefore \quad [E] = \frac{[E_0]}{1 + \dfrac{k_1[S]}{k_2}}$$

Pの生成速度 r_P は $r_P = k_3[ES]$ だから

$$r_P = \frac{k_1k_3}{k_2}\frac{[E_0]}{1 + \dfrac{k_1[S]}{k_2}}[S] = \frac{k_3[E_0][S]}{\dfrac{k_2}{k_1} + [S]}$$

(3) $k_3 \ll 0$ のとき，すなわちPの生成速度が律速段階のとき。

7.3 (7.7)式の両辺の対数をとると，$\ln k = \ln k_0 - E/RT$ となるので，得られた表より $\ln k$ を $1/T$ に対してプロットすると，その直線の傾き $-E/R$ から活性化エネルギー $E = 76.5\ \mathrm{kJ \cdot mol^{-1}}$ と求まる。

頻度因子 k_0 は，(7.7)式に任意の T における k の値を代入することにより，$k_0 = 9.99 \times 10^8\ \mathrm{s^{-1}}$ と算出できる。

7.4 (1) (7.31)式に $-r_A = kC_A$ を代入し積分すると，$t = -\dfrac{1}{k}\ln(1 - x_A)$ が得られる。$x_A = 0.8$, $t = 60\ \mathrm{min}$ を代入して $k = 0.0268\ \mathrm{min^{-1}}$

(2) 上式を変形すると $x_A = 1 - \exp(-kt)$ となるので，$k = 0.0268\ \mathrm{min^{-1}}$, $t = 40\ \mathrm{min}$ を代入して $x_A = 0.66$。反応生成物 C の濃度は $C_C = 2C_{A0}x_A = 660\ \mathrm{mol \cdot m^{-3}}$

7.5 (1) (7.31)式に $-r_A = kC_A$ を代入し積分すると，$t = -\dfrac{1}{k}\ln(1 - x_A)$ が得られる。$x_A = 0.95$, $k = 0.04\ \mathrm{min^{-1}}$ を代入して $t = 74.9\ \mathrm{min}$

(2) 1回の操作時間 $74.9 + 30 + 60 = 164.9\ \mathrm{min} = 0.1145\ \mathrm{day}$ となるので，反応器の体積を V [$\mathrm{m^3}$]，成分Aの初濃度を C_{A0} [$\mathrm{kmol \cdot m^{-3}}$] とすると，成分Cの生成量は $VC_{A0}x_A = V \times 2.0 \times 0.95 = 1.9V\ \mathrm{kmol}$ となる。よって，$1.9V/0.1145 = 200$ より $V = 12.1\ \mathrm{m^3}$

7.6 (1) 反応速度式を反応率で表す

$$C_A = C_{A0}(1 - x_A)$$

$$C_B = C_{A0}[(C_{B0}/C_{A0}) - (b/a)x_A] = C_{A0}[(20/10) - (1/1)x_A] = C_{A0}(2 - x_A)$$

よって，$-r_A = kC_AC_B = kC_{A0}^2(1 - x_A)(2 - x_A)$

$$t = C_{A0}\int_0^{x_A}\frac{dx_A}{-r_A} = C_{A0}\int_0^{x_A}\frac{dx_A}{kC_{A0}^2(1 - x_A)(2 - x_A)}$$

$$= \frac{1}{kC_{A0}}\int_0^{x_A}\left(\frac{1}{1 - x_A} - \frac{1}{2 - x_A}\right)dx_A = \frac{1}{kC_{A0}}\left(\ln\frac{2 - x_A}{1 - x_A} - \ln 2\right) = \frac{1}{kC_{A0}}\ln\frac{2 - x_A}{2(1 - x_A)}$$

(2) 上式に $k = 1.00 \times 10^{-4}\ \mathrm{m^3 \cdot mol^{-1} \cdot s^{-1}}$, $C_{A0} = 10\ \mathrm{mol \cdot m^{-3}}$, $x_A = 0.7$ を代入して $t = 7.7 \times 10^3\ \mathrm{s}$

7.7 (1) $\varepsilon_A = (3 - 1) \times 0.8 = 1.6$

(2) (7.54)式より，$x_A = (P_t - P_{t0})/\varepsilon_A P_{t0} = (P_t/P_{t0} - 1)/\varepsilon_A = 0.5$

(3) (7.31)式に $-r_A = kC_A$ を代入し積分すると，$k = -\dfrac{1}{t}\ln(1 - x_A)$ が得られる。$x_A = 0.5$, $t = 10\ \mathrm{min}$ を代入して $k = 0.0693\ \mathrm{min^{-1}}$

7.8 (7.36)式より，$-r_A = \dfrac{F_{A0} - F_A}{V} = \dfrac{2.00 - 0.90}{4.8} = 0.229\ \mathrm{mol \cdot m^{-3} \cdot s^{-1}}$

また，$F_{A0} = v_0C_{A0}$ より $2.00 = v_0 \times 250 \qquad \therefore \quad v_0 = 8.0 \times 10^{-3}\ \mathrm{m^3 \cdot s^{-1}}$

定容系CSTRの場合は，$v_0 = v$, $F_A = vC_A$ より，$C_A = 112.5\ \mathrm{mol \cdot m^{-3}}$

反応速度 $-r_{\mathrm{A}}=kC_{\mathrm{A}}$ より，$k=2.04\times10^{-3}\ \mathrm{s^{-1}}$

7.9 入口の全体積流量は，$1.5\times10^{-5}+4.5\times10^{-5}=6.0\times10^{-5}\ \mathrm{m^3\cdot s^{-1}}$

成分 A の入口濃度：$C_{\mathrm{A0}}=\dfrac{30\times1.5\times10^{-5}}{6.0\times10^{-5}}=7.50\ \mathrm{mol\cdot m^{-3}}$

成分 B の入口濃度：$C_{\mathrm{B0}}=\dfrac{15\times4.5\times10^{-5}}{6.0\times10^{-5}}=11.25\ \mathrm{mol\cdot m^{-3}}$

$\tau=0.25/(6.0\times10^{-5})=4167\ \mathrm{s}$

物質収支より，$C_{\mathrm{A0}}-C_{\mathrm{A}}=C_{\mathrm{B0}}-C_{\mathrm{B}}=C_{\mathrm{C}}$。よって

$$C_{\mathrm{B}}=C_{\mathrm{B0}}-C_{\mathrm{A0}}+C_{\mathrm{A}}=11.25-7.5+C_{\mathrm{A}}=3.75+C_{\mathrm{A}}$$

(7.36)式より，$C_{\mathrm{A0}}-C_{\mathrm{A}}=(-r_{\mathrm{A}})\tau=kC_{\mathrm{A}}C_{\mathrm{B}}\tau$ であるから

$7.50-C_{\mathrm{A}}=2.0\times10^{-4}C_{\mathrm{A}}(3.75+C_{\mathrm{A}})\times4167 \qquad \therefore\ 0.833\,C_{\mathrm{A}}^2+4.125\,C_{\mathrm{A}}-7.50=0$

この 2 次方程式を解いて

$$C_{\mathrm{A}}=1.41\ \mathrm{mol\cdot m^{-3}},\quad C_{\mathrm{B}}=5.16\ \mathrm{mol\cdot m^{-3}},\quad C_{\mathrm{C}}=6.09\ \mathrm{mol\cdot m^{-3}}$$

7.10 (1) 連続槽型反応器 1 個の場合，入口濃度を C_{A0}，出口濃度を C_{A1} とおくと，(7.28)式より，$\tau=\dfrac{V}{v_0}=\dfrac{C_{\mathrm{A0}}-C_{\mathrm{A1}}}{-r_{\mathrm{A}}}=\dfrac{C_{\mathrm{A0}}-C_{\mathrm{A1}}}{kC_{\mathrm{A1}}}$。変形すると，$\dfrac{C_{\mathrm{A1}}}{C_{\mathrm{A0}}}=(1-x_{\mathrm{A}})=\dfrac{1}{k\tau+1}$

$$v_0=1.667\times10^{-3}\ \mathrm{m^3\cdot s^{-1}},\quad k\tau=0.0002\times\frac{6.0}{1.667\times10^{-3}}=0.72$$

を代入して，$x_{\mathrm{A}}=1-1/(0.72+1)=0.419$

(2) 第 1 槽 ($V_1=4\ \mathrm{m^3}$) における空間時間 $\tau_1=V_1/v_0=4/0.001667=2400\ \mathrm{s}$

よって，$k\tau_1=0.0002\times2400=0.48$

第 2 槽 ($V_2=2\ \mathrm{m^3}$) における空間時間 $\tau_2=V_2/v_0=2/0.001667=1200\ \mathrm{s}$

よって，$k\tau_2=0.0002\times1200=0.24$

体積の異なる反応槽を組み合わせた系であるから，上式より

$$x_{\mathrm{A}}=1-\frac{1}{(k\tau_1+1)(k\tau_2+1)}=1-\frac{1}{(0.48+1)(0.24+1)}=0.455$$

(3) 連続槽型反応器を用いた反応操作においては，槽数と全反応槽体積が同じであれば反応槽の順序は総括の反応率には影響しない。したがって $x_{\mathrm{A}}=0.455$

7.11 (1) 成分 C の生成速度

$$F_{\mathrm{C}}=2C_{\mathrm{A0}}x_{\mathrm{A}}v_0=2\times1.5\times0.9\times v_0=10.0\ \mathrm{kmol\cdot h^{-1}}$$

より，$v_0=3.70\ \mathrm{m^3\cdot h^{-1}}$　よって，$F_{\mathrm{A0}}=C_{\mathrm{A0}}v_0=1.5\times3.70=5.56\ \mathrm{kmol\cdot h^{-1}}$

(2) (7.45)式より

$$\tau=-\frac{1}{k}\ln(1-x_{\mathrm{A}})=\frac{1}{2.5\times10^{-4}}\ln(1-0.9)=9210\ \mathrm{s}\fallingdotseq2.56\ \mathrm{h}$$

$$\therefore\quad V=\tau v_0=2.56\times3.70\fallingdotseq9.47\ \mathrm{m^3}$$

7.12 (7.45)式より

$$\tau=\frac{V}{v}=C_{\mathrm{A0}}\int_0^{x_{\mathrm{A}}}\frac{\mathrm{d}x_{\mathrm{A}}}{kC_{\mathrm{A}}^2}=\frac{1}{kC_{\mathrm{A0}}}\int_0^{x_{\mathrm{A}}}\frac{\mathrm{d}x_{\mathrm{A}}}{(1-x_{\mathrm{A}})^2}=\frac{1}{kC_{\mathrm{A0}}}\left(\frac{1}{1-x_{\mathrm{A}}}-1\right)$$

$V=2.0\times10^{-3}\ \mathrm{m^3}$，$v=2.0\ \mathrm{m^3\cdot h^{-1}}$，$x_{\mathrm{A}}=0.65$，$C_{\mathrm{A0}}=\dfrac{P}{RT}=\dfrac{2.0\times10^6}{8.314\times573}\fallingdotseq420\ \mathrm{mol\cdot m^{-3}}$ を代入して，$k=4.42\ \mathrm{m^3\cdot mol^{-1}\cdot h^{-1}}$

次に，$k=4.42\ \mathrm{m^3\cdot mol^{-1}\cdot h^{-1}}$，$v=100\ \mathrm{m^3\cdot h^{-1}}$，$x_{\mathrm{A}}=0.85$，$C_{\mathrm{A0}}=\dfrac{P}{RT}=\dfrac{(0.6)(2.0\times10^6)}{8.314\times573}\fallingdotseq252\ \mathrm{mol\cdot m^{-3}}$　これらを上式に代入して，$V\fallingdotseq0.51\ \mathrm{m^3}$

7.13 (1) 連続槽型反応器の物質収支を考える。

成分 A：$v_0C_{\mathrm{A0}}-v_0C_{\mathrm{A}}-k_1C_{\mathrm{A}}V-2k_2C_{\mathrm{A}}^2V=0$　①

成分 C：$0-v_0C_{\mathrm{C}}+2k_1C_{\mathrm{A}}V=0$　②

成分 D：$0-v_0C_{\mathrm{D}}+k_2C_{\mathrm{A}}^2V=0$　③

$\tau = V/v_0$ なので，①は $C_{A0} - C_A - k_1 C_A \tau - 2k_2 C_A^2 \tau = 0$。この式に $C_{A0} = 2.0\times10^3\ \mathrm{mol\cdot m^{-3}}$，$C_A = 2.0\times10^3(1-0.6) = 8.0\times10^2\ \mathrm{mol\cdot m^{-3}}$，$k_1 = 2.0\times10^{-4}\ \mathrm{s^{-1}}$，$k_2 = 6.0\times10^{-8}\ \mathrm{m^3\cdot mol^{-1}\cdot s^{-1}}$ を代入して，$\tau = 5.07\times10^3\ \mathrm{s}$

(2) $C_C = 2k_1 C_A \tau = 1.62\times10^3\ \mathrm{mol\cdot m^{-3}}$，　$C_D = k_2 C_A^2 \tau = 1.95\times10^2\ \mathrm{mol\cdot m^{-3}}$

(3) 収率 $Y = \dfrac{C_C - C_{C0}}{2C_{A0}} \fallingdotseq 0.405$，　選択率 $S = \dfrac{C_C - C_{C0}}{2(C_{A0} - C_A)} \fallingdotseq 0.675$

7.14 成分 A, C, D の反応速度は $r_A = -k_1 C_A$ …①，$r_C = k_1 C_A - k_2 C_C$ …②，$r_D = k_2 C_C$ …③。

①より $t=0$ で $C_A = C_{A0}$，積分して $C_A = C_{A0}\exp(-k_1 t)$

②より $\dfrac{\mathrm{d}C_C}{\mathrm{d}t} + k_2 C_C = k_1 C_{A0}\exp(-k_1 t)$。1 階線形常微分方程式の解より

$$C_C = \frac{1}{k_2 - k_1} C_{A0} k_1 \{\exp(-k_1 t) - \exp(-k_2 t)\}$$

C の濃度が最大になるのは，$\dfrac{\mathrm{d}C_C}{\mathrm{d}t} = 0$ のときなので

$$t_{\max} = \frac{\ln\left(\dfrac{k_2}{k_1}\right)}{k_2 - k_1},\qquad C_{C\max} = C_{A0}\left(\frac{k_2}{k_1}\right)^{-\frac{k_2}{k_2 - k_1}}$$

よって，$t_{\max} = \dfrac{\ln\left(\dfrac{0.13}{0.35}\right)}{0.13 - 0.35} = 4.50\ \mathrm{h}$，　$C_{C\max} = 64\left(\dfrac{0.13}{0.35}\right)^{-\frac{0.13}{0.13-0.35}} = 35.6\ \mathrm{mol\cdot m^{-3}}$

第 8 章

8.1 質量基準（体積基準）1.63 μm，個数基準 0.33 μm

8.2 頻度分布 $\overline{q_3}(x_i)$ は

x_i	x_{i+1} [mm]	$\overline{q_{3i}}$ [%·mm^{-1}]	x_i	x_{i+1} [mm]	$\overline{q_{3i}}$ [%·mm^{-1}]
0.053	0.106	94.3	0.500	1.00	50.0
0.106	0.212	75.5	1.00	2.00	14.0
0.212	0.300	125.0	2.00	3.35	5.9
0.300	0.500	125.0	3.35	5.60	1.8

8.3 $x_s = \dfrac{6}{1500\times10^4} = 4.00\times10^{-7}\ \mathrm{m} = 0.400\ \mathrm{\mu m}$

8.4 ① $C_R = \dfrac{10000}{1/0.008 - 1/0.030} = 109.1\ \mathrm{J\cdot m\cdot kg^{-1}}$，　$E_R = 109.1\left(\dfrac{1}{0.004} - \dfrac{1}{0.025}\right) = 22900\ \mathrm{J\cdot kg^{-1}}$

② $C_K = \dfrac{10000}{\ln(30/8)} = 7566\ \mathrm{J\cdot kg^{-1}}$，　$E_K = 7566\ln\left(\dfrac{25}{4}\right) = 13900\ \mathrm{J\cdot kg^{-1}}$

③ $C_B = \dfrac{10000}{1/\sqrt{0.008} - 1/\sqrt{0.030}} = 1850\ \mathrm{J\cdot m^{0.5}\cdot kg^{-1}}$，

$E_B = 1850\left(\dfrac{1}{\sqrt{0.004}} - \dfrac{1}{\sqrt{0.025}}\right) = 17600\ \mathrm{J\cdot kg^{-1}}$

8.5 (8.19)式より $W = W_i\left(\sqrt{\dfrac{100}{x_{p80}}} - \sqrt{\dfrac{100}{x_{f80}}}\right) = 11.6\left(\sqrt{\dfrac{100}{70}} - \sqrt{\dfrac{100}{35000}}\right) = 13.2\ \mathrm{kWh\cdot t^{-1}}$

∴　所要動力 $= 13.2(150/24) = 82.5\ \mathrm{kW}$

8.6 沈降速度 $u_t = \dfrac{0.05}{7\times60} = 1.1905\times10^{-4}\ \mathrm{m\cdot s^{-1}}$，(8.26)式より，$x = 12.1\ \mathrm{\mu m}$

8.7 (8.14)，(8.15)式より，$\rho_B = \dfrac{0.64}{1000\times10^{-6}} = 640\ \mathrm{kg\cdot m^{-3}}$，$\varepsilon = 1 - \dfrac{\rho_B}{\rho_s} = 1 - \dfrac{640}{1400} = 0.543$，

$e = \dfrac{\varepsilon}{1-\varepsilon} = 1.19$

8.8　液の上昇速度 u_0 は，流量を Q，断面積を A として

$$u_0=\frac{Q}{A}=\frac{0.2/60}{\pi(2.1)^2}=2.41\times10^{-4}\ \mathrm{m\cdot s^{-1}}$$

分離可能な最小粒子の直径を x_{min}，沈降速度を u_{min} とすると，ストークスの式より

$$u_{\mathrm{min}}=u_0=\frac{g(\rho_{\mathrm{p}}-\rho)x_{\mathrm{min}}^2}{18\mu}$$

$$x_{\mathrm{min}}=\sqrt{\frac{18\mu u_0}{g(\rho_{\mathrm{p}}-\rho)}}=\sqrt{\frac{18(10^{-3})(2.41\times10^{-4})}{9.81(2500-1000)}}=1.72\times10^{-5}\ \mathrm{m}=17.2\ \mathrm{\mu m}$$

粒子レイノルズ数を確認すると

$$Re=\frac{x_{\mathrm{min}}v_{\mathrm{min}}\rho}{\mu}=\frac{(1.72\times10^{-5})(2.41\times10^{-4})(1000)}{10^{-3}}$$

$$=4.1\times10^{-4}$$　　ストークス域(層流)である。

8.9　角速度 $\Omega\ [\mathrm{rad\cdot s^{-1}}]$，回転中心から $r\ [\mathrm{m}]$ の位置における遠心加速度は，

$$r\Omega^2=(0.15)\left\{2\pi\left(\frac{5000}{60}\right)\right\}^2=523.6\ \mathrm{rad\cdot s^{-2}}$$

ストークスの式より

$$u=\frac{r\Omega^2(\rho_{\mathrm{s}}-\rho)x^2}{18\mu}=\frac{(523.6)^2(2500-1000)(3\times10^{-6})^2}{(18)(0.001)}=0.0308\ \mathrm{m\cdot s^{-1}}$$

粒子レイノルズ数を確認すると

$$Re=\frac{xu\rho}{\mu}=\frac{(3\times10^{-6})(0.0308)(1000)}{10^{-3}}=0.0925$$　　ストークス域(層流)である。

8.10　定圧ろ過において，時間 $\theta_{\mathrm{f}}\ [\mathrm{s}]$ でろ液量 $v\ [\mathrm{m^3\cdot m^{-2}}]$ を得たとすると，ろ過以外に必要な時間(無駄時間) θ_{d} を含めた1サイクル当たりの平均ろ過速度 q_{av} は次のようになる。

$$q_{\mathrm{av}}=\frac{v}{\theta_{\mathrm{f}}+\theta_{\mathrm{d}}}$$

ろ材抵抗が無視できるとすると，定圧ろ過の場合，$v^2=K\theta_{\mathrm{f}}$ の関係が成立するので，これを上式に代入すると，

$$q_{\mathrm{av}}=\frac{\sqrt{K}\sqrt{\theta_{\mathrm{f}}}}{\theta_{\mathrm{f}}+\theta_{\mathrm{d}}}$$

以下の計算を簡単にするため，q_{av} の2乗を考え，それを最大にする条件を調べる。

$$q_{\mathrm{av}}^2=\frac{K_{\mathrm{v}}\theta_{\mathrm{f}}}{(\theta_{\mathrm{f}}+\theta_{\mathrm{d}})^2}\qquad\therefore\quad\frac{\mathrm{d}}{\mathrm{d}\theta_{\mathrm{f}}}(q_{\mathrm{av}}^2)=K_{\mathrm{v}}\frac{(\theta_{\mathrm{f}}+\theta_{\mathrm{d}})^2-2\theta_{\mathrm{f}}(\theta_{\mathrm{f}}+\theta_{\mathrm{d}})}{(\theta_{\mathrm{f}}+\theta_{\mathrm{d}})^4}=K_{\mathrm{v}}\frac{\theta_{\mathrm{d}}-\theta_{\mathrm{f}}}{(\theta_{\mathrm{f}}+\theta_{\mathrm{d}})^3}$$

上式から，q_{av}^2 は $\theta_{\mathrm{f}}<\theta_{\mathrm{d}}$ のとき増加し，$\theta_{\mathrm{f}}>\theta_{\mathrm{d}}$ のとき減少するので，$\theta_{\mathrm{f}}=\theta_{\mathrm{d}}$ のとき最大値をとる。

8.11　題意より，(8.38)式で，$v_{\mathrm{m}}=0,\theta_{\mathrm{m}}=0$ である。また，$V=vA$ であるので，

$$V^2=KA^2\theta \tag{a}$$

である。(a)式を θ で微分すると

$$\frac{\mathrm{d}V}{\mathrm{d}\theta}=\frac{KA^2}{2V} \tag{b}$$

ろ過終了時のろ過速度が洗浄速度に等しいと考えると，(b)式の V に $20\ \mathrm{m^3}$ を代入した速度で洗浄が行われる。(a)式より

$$(20)^2=KA^2(1800),\quad\text{よって}\quad KA^2=\frac{(20)^2}{1800}$$

であるので，洗浄速度は

$$\frac{\mathrm{d}V}{\mathrm{d}\theta}=\frac{(20)^2}{(1800)(2)(20)}=0.00556\ \mathrm{m^3\cdot s^{-1}}$$

となる。したがって，1200秒の洗浄に必要な液量は $0.00556\times1200=6.67\ \mathrm{m^3}$ となる。

8.12　(8.39)式によりプロットを行う。積算ろ液体積 V をろ材単位面積当たりの量 v に換算し，θ/v を求めると以下の表になる。

ろ過時間 θ [s]	68	206	414	687	1029	1433	1903	2435	3033	3695
ろ液量 v [$cm^3 \cdot cm^{-2}$]	0.195	0.391	0.586	0.781	0.977	1.172	1.367	1.563	1.758	1.953
θ/v [$s \cdot cm^{-1}$]	348	527	707	879	1054	1223	1392	1558	1725	1892

θ/v 対 v のプロットを行うと，直線関係が得られ，

$$傾き = \frac{1}{K} = 876.5\ \mathrm{s \cdot cm^{-2}},\quad 切片 = \frac{2v_\mathrm{m}}{K} = 189.0\ \mathrm{s \cdot cm^{-1}}$$

$$切片/傾き/2より\quad v_\mathrm{m} = 1.078 \times 10^{-3}\ \mathrm{m^3 \cdot m^{-2}}$$

であった。したがって，定圧ろ過係数 $K = 1.14 \times 10^{-7}\ \mathrm{m^2 \cdot s^{-1}}$ となる。また，(8.37)式より $\alpha_\mathrm{av} = \dfrac{2p(1-ms)}{\mu\rho sK} = 4.43 \times 10^{12}\ \mathrm{m \cdot kg^{-1}}$ が得られ，(8.35)式より $w_\mathrm{m} = \dfrac{\rho s}{1-ms} v_\mathrm{m} = 0.488\ \mathrm{kg \cdot m^{-2}}$ であるので，(8.34)式より $R_\mathrm{m} = \alpha_\mathrm{av} w_\mathrm{m} = 2.16 \times 10^{12}\ \mathrm{m^{-1}}$ が求められる。

第 9 章

9.1　下図に代表的なバルブ容量特性を示す。

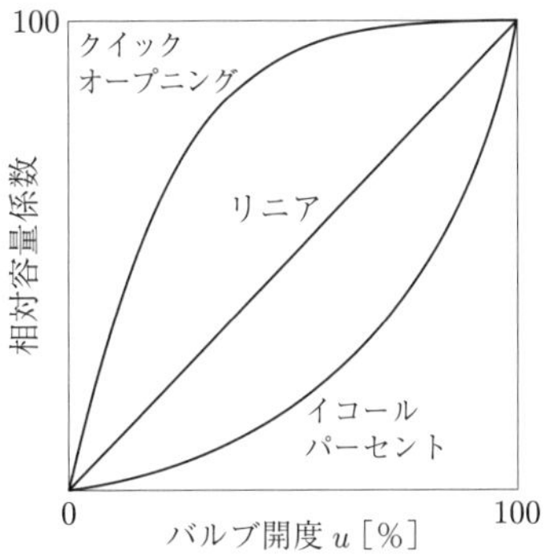

9.2　(9.13)式より，比例制御された系の時定数は $T/(1+\alpha K_\mathrm{p})$ である。$K_\mathrm{p} < 0$ であっても，$1+\alpha K_\mathrm{p} > 0$ であれば時定数が長くなる（応答が遅くなる）が，安定な制御が可能である。さらに，$1+\alpha K_\mathrm{p} = 0$ では無定位系となり，$1+\alpha K_\mathrm{p} < 0$ のとき応答は発散する。

9.3　ジグラー・ニコルスのステップ応答法の場合：$T_\mathrm{I} = 3.3$ min，$K_\mathrm{p} = 1.8$

IMC 法の場合：$T_\mathrm{I} = 2.5$ min，$K_\mathrm{p} = 1.0$

9.4　タンクへの（体積）流入流量を F_in [$\mathrm{m^3 \cdot s^{-1}}$]，タンクからの流出流量を F_out [$\mathrm{m^3 \cdot s^{-1}}$]，タンクの断面積を A [$\mathrm{m^2}$]，タンク内の流体の液位を h [m] とすると，プロセスの動特性は，

$$A\frac{\mathrm{d}h}{\mathrm{d}t} = F_\mathrm{in} - F_\mathrm{out} \qquad ①$$

で表される。この系は無定位系であること（時定数が無限大）に注意されたい。

F_in をセンサーで計測して，F_out をこれに等しく設定すると，①式より $\mathrm{d}h/\mathrm{d}t = 0$ となって，液位は一定となり問題ないように思えるかもしれない。しかし，流量計の測定値にわずかな誤差 δ [$\mathrm{m^3 \cdot s^{-1}}$] があり，$F_\mathrm{out} = F_\mathrm{in} + \delta$ であった場合，液位の応答は次のようになる：

$$A\frac{\mathrm{d}h}{\mathrm{d}t} = -\delta \qquad ②$$

すなわち，十分時間が経つと，タンクは空になるか溢れるかのどちらかである。

この制御系は，フィードバック制御系ではなく，外乱に対するフィードフォワード制御となっている。フィードフォワード制御系により，プロセスの時定数は変更されないことに注意されたい（無定位系は無定位系のままである）。

安定な制御系を構成するには，液位を計測して比例制御を行えばよい（もちろん PI 制御でも

よい)。すなわち，

$$F_{\mathrm{out}} = -K_{\mathrm{p}}(r-h) + F_{\mathrm{out}}^{*} \qquad ③$$

ここに，K_{p} は比例ゲイン，r は液位の目標値，F_{out}^{*} は基準流量である。

①式，③式より，液位 h の応答は，

$$\frac{\mathrm{d}h}{\mathrm{d}t} = -\frac{K_{\mathrm{p}}}{A}h + \frac{K_{\mathrm{p}}}{A}r + \frac{1}{A}(F_{\mathrm{in}} - F_{\mathrm{out}}^{*}) \qquad ④$$

となる。④式は，時定数 A/K_{p} の1次遅れ系であり，ステップ状の外乱に対する定常値は有限である(タンクが空になったり，溢れたりすることはない)。

第10章

10.1 逆数をとって L-B プロットを作図する。阻害剤がある場合の L-B プロットの式は

$$\frac{1}{v} = \frac{K_{\mathrm{m}}}{V_{\mathrm{m}}}\left(1 + \frac{C_{\mathrm{I}}}{K_{\mathrm{I}}}\right)\frac{1}{C_{\mathrm{S}}} + \frac{1}{V_{\mathrm{m}}}$$

L-B プロットの x 軸切片が $-1/K_{\mathrm{m}}\left(1 + \frac{C_{\mathrm{I}}}{K_{\mathrm{I}}}\right)$ となる。阻害剤なしの場合の K_{m} と V_{m} を求めて，阻害剤ありのときの K_{I} を求めていく。$1/K_{\mathrm{m}} = 0.53$ から，$K_{\mathrm{m}} = 1.89\ \mathrm{mol \cdot m^{3}}$。$1/V_{\mathrm{m}} = 1.8 \times 10^{-3}$ より，$V_{\mathrm{m}} = 0.56\ \mathrm{mol \cdot m^{-3} \cdot h^{-1}}$。$1/K_{\mathrm{m}}\left(1 + \frac{C_{\mathrm{I}}}{K_{\mathrm{I}}}\right) = 0.18$ から $K_{\mathrm{I}} = 2.57\ \mathrm{mol \cdot m^{3}}$ となる。

10.2 1時間で6回分裂するから，$2^{6} = 64$ 個である。

10.3 (10.12)式より，$C_{\mathrm{X}} = C_{\mathrm{X0}} \exp(\mu_{\mathrm{m}} t)$ に代入して，$t = 18.4\ \mathrm{h}$

10.4 $C_{\mathrm{S0}} = 20.1\ \mathrm{kg \cdot m^{-3}}$，$C_{\mathrm{S}} = 0.1\ \mathrm{kg \cdot m^{-3}}$，$V = 10\ \mathrm{m^{3}}$

10.5 $t = \frac{1}{V_{\mathrm{m}}}[C_{\mathrm{S0}} x_{\mathrm{S}} - K_{\mathrm{m}} \ln(1 - x_{\mathrm{S}})]$ に代入して必要な滞留時間を求める。

$$t = \left(\frac{1}{5.14 \times 10^{-1}}\right) \times [6.0\ \mathrm{mol \cdot m^{-3}} \times 0.9 - 0.12 \ln(1 - 0.9)] = 9.97\ \mathrm{min}$$

$\tau = V/F$ より，$V = \tau \times F = 9.97 \times 60 \times 2.0 \times 10^{-3} = 1.20\ \mathrm{m^{3}}$

10.6 ミカエリス・メンテンの式の V_{m} は $V_{\mathrm{m}} = k_{2} C_{\mathrm{E0}}$ であるから，酵素量に比例する。酵素量 $2.0 \times 10^{-3}\ \mathrm{kg \cdot m^{-3}}$ に相当する V_{m} は

$$V_{\mathrm{m}} = \left(\frac{2.0 \times 10^{-3}}{3.0}\right) \times 7.26 \times 10^{2} = 0.242\ \mathrm{mol \cdot m^{-3} \cdot s^{-1}}$$

となる。$t = \frac{1}{V_{\mathrm{m}}}[C_{\mathrm{S0}} x_{\mathrm{S}} - K_{\mathrm{m}} \ln(1 - x_{\mathrm{S}})]$ に代入して反応所要時間を求める。

$$t = \left(\frac{1}{0.242}\right) \times [200 \times 0.95 - 23.8 \ln(1 - 0.95)] = 1080\ \mathrm{s}$$

10.7 反応速度 $v = 8.01 \times 10^{-5} C_{\mathrm{A}}/(0.1058 + C_{\mathrm{A}})$ であり，$0.5\ \mathrm{mol \cdot m^{-3}}$ のアルギニンエチルエステルを $1.0 \times 10^{-3}\ \mathrm{m^{3} \cdot s^{-1}}$ の 85 % を反応させたいことから，$t = \frac{1}{V_{\mathrm{m}}}[C_{\mathrm{S0}} x_{\mathrm{s}} - K_{\mathrm{m}} \ln(1 - x_{\mathrm{S}})]$ に代入して

$$t = \frac{1}{8.01 \times 10^{-5}}[0.5 \times 0.85 - 0.1058 \ln(1 - 0.85)] = 7800\ \mathrm{s}$$

で単位酵素質量当たりの滞留時間が求まり，流量 $1.0 \times 10^{-3}\ \mathrm{m^{3} \cdot s^{-1}}$ を乗ずることで 7.8 kg を得る。

10.8 (1) (10.30)式より，$D = 1\ \mathrm{min}$，滅菌前の菌数の 90 % が滅菌される場合，N_{1}/N_{2} は 10 であるため，$2.303\ \mathrm{min^{-1}}$

(2) (10.30)式より，$k_{\mathrm{d}} = 2.303$，N_{1}/N_{2} は 10^{6} であるため，6.00 min

付　表

1. 単位換算表*)

表1　長　さ

m	cm	in	ft
1	100	39.37	3.281
0.01	1	0.3937	0.03281
0.02540	2.54	1	0.08333
0.3048	30.48	12.00	1

1 μm = 10^{-6} m
1 nm = 10^{-9} m
1 Å = 10^{-10} m

表2　質　量

kg	t	lb
1	0.001	2.205
0.001	1×10^{-6}	0.002205
1000	1	2205
0.4536	4.536×10^{-4}	1

表3　力

$m\cdot kg\cdot s^{-2}=N$	kgf	lbf	pdl
1	0.1020	0.2248	7.233
9.807	1	2.205	70.93
4.448	0.4536	1	32.17
0.1383	0.0141	0.03108	1

N はニュートンの略記号。

表4　密　度

$kg\cdot m^{-3}$	$g\cdot cm^{-3}$	$lb\cdot ft^{-3}$
1	0.001	0.06243
1000	1	62.43
16.02	0.01602	1

水の 4℃，15℃および 20℃における密度は，それぞれ 1000.0，999.1 および 998.2 $kg\cdot m^{-3}$。

表5　圧　力

Pa	$kgf\cdot cm^{-2}$	atm	$lbf\cdot in^{-2}$ (=psi)
1	1.0197×10^{-5}	9.8692×10^{-6}	1.4504×10^{-4}
9.8067×10^{4}	1	0.96784	14.223
1.0133×10^{5}	1.0332	1	14.696
6.8948×10^{3}	0.070307	0.68046	1

Pa はパスカルの略記号，psi は pound per square inch の略。

表6　粘　度

$N\cdot s\cdot m^{-2}=Pa\cdot s$	P(poise) = $g\cdot cm^{-1}\cdot s^{-1}$	$lb\cdot ft^{-1}\cdot s^{-1}$
1	10	0.6720
0.1	1	0.06720
1.4881	14.881	1

*）表 1～表 10 は「基礎化学工学」化学工学会編，培風館(1999)をもとに作成。

表7　エネルギー

J（$=N \cdot m$） $=10^7$ erg	kgf·m	kW·h	kcal	B.t.u.
1	0.102	2.778×10^{-7}	2.389×10^{-4}	9.480×10^{-4}
9.807	1	2.724×10^{-6}	0.002343	0.009296
3.6×10^6	3.671×10^5	1	860	3413
4186	426.9	0.001163	1	3.968
1055	107.6	2.930×10^{-4}	0.2520	1

1 W·s = 1 J = 2.778×10^{-7} kW·h
1 cal = 10^{-3} kcal
表中の熱量 cal, kcal および B.t.u. は，温度を指定しない場合の仕事当量の定義式による値。
J はジュールの略記号。

表8　仕事率・工率・動力・電力

W（$=J \cdot s^{-1}$）	kW	$kgf \cdot m \cdot s^{-1}$	PS（仏馬力）	$kcal \cdot h^{-1}$
1	0.001	0.1020	0.001360	0.8604
1000	1	102.0	1.360	860.4
9.807	0.009807	1	0.01333	8.438
735.5	0.7355	75.00	1	632.8
1.162	0.001162	0.1185	0.001580	1

表9　熱伝導度

$J \cdot m^{-1} \cdot s^{-1} \cdot K^{-1}$ （$=W \cdot m^{-1} \cdot K^{-1}$）	$kcal_{IT} \cdot m^{-1} \cdot h^{-1} \cdot ℃^{-1}$	$Btu \cdot ft^{-1} \cdot h^{-1} \cdot °F^{-1}$
1	0.8598	0.5778
1.1630	1	0.6719
1.7307	1.4882	1

表10　伝熱係数

$J \cdot m^{-2} \cdot s^{-1} \cdot K^{-1}$ （$=W \cdot m^{-2} \cdot K^{-1}$）	$kcal_{IT} \cdot m^{-2} \cdot h^{-1} \cdot ℃^{-1}$	$Btu \cdot ft^{-2} \cdot h^{-1} \cdot °F^{-1}$
1	0.8598	0.1761
1.163	1	0.2048
5.682	4.882	1

2. 原子量の概数

Ag	107.9	Cl	35.5	Hg	200.6	Na	23.0
Al	27.0	Cr	52.0	I	126.9	O	16.0
Ba	137.3	Cu	63.5	K	39.1	P	31.0
Br	79.9	F	19.0	Mg	24.3	S	32.1
C	12.0	Fe	55.8	Mn	54.9	Si	28.1
Ca	40.1	H	1.0	N	14.0	Zn	65.4

（小数点以下 1 けたに丸めた値）

3. 配管用炭素鋼鋼管の標準寸法(JIS G 3452)

管のよび方		外　径	厚　さ	近似内径	管のよび方		外　径	厚　さ	近似内径
(A)	(B)	[mm]	[mm]	[mm]	(A)	(B)	[mm]	[mm]	[mm]
6	⅛	10.5	2.0	6.5	90	3 ½	101.6	4.2	93.2
8	¼	13.8	2.3	9.2	100	4	114.3	4.5	105.3
10	⅜	17.3	2.3	12.7	125	5	139.8	4.5	130.8
15	½	21.7	2.8	16.1	150	6	165.2	5.0	155.2
20	¾	27.2	2.8	21.6	175	7	190.7	5.3	180.1
25	1	34.0	3.2	27.6	200	8	216.3	5.8	204.7
32	1 ¼	42.7	3.5	35.7	225	9	241.8	6.2	229.4
40	1 ½	48.6	3.5	41.6	250	10	267.4	6.6	254.2
50	2	60.5	3.8	52.9	300	12	318.5	6.9	304.7
65	2 ½	76.3	4.2	67.9	350	14	355.6	7.9	339.8
80	3	89.1	4.2	80.7					

注：管のよび方は(A)，(B)のどちらかを用いる。ただし必要に応じて(A)による場合にはA，(B)による場合にはBの符号をそれぞれの数字のあとにつけて区別する。

4. 単位の接頭語

名　称	記号	大きさ	名　称	記号	大きさ
テ　ラ(tera)	T	10^{12}	デ　シ(deci)	d	10^{-1}
ギ　ガ(giga)	G	10^{9}	セ ン チ(centi)	c	10^{-2}
メ　ガ(mega)	M	10^{6}	ミ　リ(milli)	m	10^{-3}
キ　ロ(kilo)	k	10^{3}	マイクロ(micro)	μ	10^{-6}
ヘ ク ト(hecto)	h	10^{2}	ナ　ノ(nano)	n	10^{-9}
デ　カ(deca)	da	10	ピ　コ(pico)	p	10^{-12}

5. ギリシア文字

大文字	小文字	読み方	大文字	小文字	読み方	大文字	小文字	読み方
A	α	アルファ	I	ι	イオタ	P	ρ	ロー
B	β	ベータ	K	κ	カッパ	Σ	σ	シグマ
Γ	γ	ガンマ	Λ	λ	ラムダ	T	τ	タウ
Δ	δ	デルタ	M	μ	ミュー	Υ	υ	ユ(ウ)プシロン
E	ε, ϵ	エ(イ)プシロン	N	ν	ニュー	Φ	φ, ϕ	ファイ
Z	ζ	ジータ(ゼータ)	Ξ	ξ	クサイ(クシー)	X	χ	カイ
H	η	イータ	O	o	オミクロン	Ψ	ψ	プサイ
Θ	θ, ϑ	シータ	Π	π	パイ	Ω	ω	オメガ

索　引

欧文・数字

あ　行

か　行

さ 行

た 行

な　行

は　行

ま　行

や　行

ら　行

編者略歴

森《もり》　秀《ひで》樹《き》

1977年　名古屋工業大学工学部工業化学科卒業

1980年　名古屋工業大学大学院工学研究科修士課程修了

1983年　ウエストバージニア大学大学院工学研究科修士課程修了

2004年　名古屋工業大学教授

工学博士（京都大学）

加《か》　藤《とう》　格《いたる》

1981年　東京農工大学工学部化学工学科卒業

1999年　東京都立大学大学院工学研究科博士課程修了

2012年　東京工業高等専門学校教授

博士（工学）（東京都立大学）

Ⓒ　森　秀樹・加藤　格　2020

2020年6月30日　初　版　発　行

化学系学生のための

化　学　工　学

編　者　森　　秀樹
　　　　加藤　　格

発行者　山本　　格

発行所　株式会社　培　風　館

東京都千代田区九段南 4-3-12・郵便番号 102-8260

電話 (03) 3262-5256 (代表)・振替 00140-7-44725

三美印刷・牧 製本

PRINTED IN JAPAN

ISBN 978-4-563-04635-4　C3043